TEXT＆WORKBOOK

機械保全の徹底攻略

3級機械系学科・実技

テキスト＆問題集

日本能率協会マネジメントセンター［編］

JMAM

日本能率協会マネジメントセンター

はじめに

1　技能検定試験とは

技能検定とは、職業能力開発促進法に基づき、技能者の技能の程度を一定の基準によって検定することにより、技能者の技能が一層みがかれ、技能者の社会的・経済的な地位向上を図ることを目的とした国家試験制度である。

技能検定は検定職種ごとに特級、1級、2級、さらに2003年から3級が新設された。各級ともに、それぞれ学科試験と実技試験によって実施される（外国人技能実習生を対象とした基礎級もある）。

技能検定に合格した者には、特級、1級が厚生労働省大臣名の、2級、3級が公益社団法人日本プラントメンテナンス協会名の合格証書が交付され、職業能力開発促進法に基づき「技能士」と称することができる。

2　本書刊行の趣旨・目的

1984年に機械保全技能士が制定され、年々増加の一途をたどり、近年では、3万人を超える受験者を擁するほどになった。これは厚生労働省所管の技能検定で2番目に多い受験者数である。

2003年度前期からは、新たに機械系保全作業の3級がスタートし、実施された。さらに2004年度からは、機械系保全作業に加えて、電気系保全作業が実施され、3級の受験者は6400人を超えるほどになった。受験者は今後ますます増加すると思われる。

日本能率協会マネジメントセンター（JMAM）では、3級の受験者の学習に寄与するため、本書を刊行する。

3　本書の構成と特徴

（1）本書のベースとなっているものは、JIPM（公益社団法人日本プラントメンテナンス協会）発行の『新 機械保全技能ハンドブック』全6巻である。本書は、検定試験の範囲と基準の細目どおりに、要約をベースに編集したものである。

（2）本書では、まず公示されている基準および細目に掲げられている分野・項目の種類、構造、機能および用途について基礎知識を習得してもらい、その後に問題、解答、解説で理解を深める構成になっている。数多くの図表類を用いてていねいな解説を加えた。また、基礎知識を習得しやすい要素を随所に盛り込んでいるので、テキストで学習し、その後問題を解くことで、知識を深めることが望ましい。

（3）各章の始めに「学習の範囲とポイント」を、各章の末尾に「出題傾向のまとめ・重要ポイント」「今後の学習・重要ポイント」を掲載したので参照されたい。

（4）本書はおもに機械系保全作業の受験者を対象として、第1～第6章は学科試験の学習として、後半は実技試験の学習として構成した（第1～第5章は、電気系保全作業と共通の範囲である）。

（5）実技試験では、実際に出題されたものを参考に、写真、図などを豊富に用いた模擬問題を掲載している。

改訂にあたっては、学科試験の解説として多くのページを追加し、実技試験についても解説を加えて、より理解を得やすい構成とした。

本書によって、読者諸氏が全員合格の栄冠を勝ちとられることを念願している。

2020年11月

日本能率協会マネジメントセンター

目次

第3章 機械保全法一般

第4章 材料一般

第5章 安全衛生

第6章 [1] 機械の主要構成要素の種類、形状および用途

第6章 [2] 機械の点検

第6章 [3] 機械の主要構成要素に生じる欠陥の種類、原因および発見方法

第6章 [4] 潤滑および給油

第6章 [5] 機械工作法の種類および特徴

第6章 [6] 非破壊検査

第6章 [7] 油圧装置および空気圧装置

第6章 [8] 非金属材料、金属材料の表面処理

第6章 [9] 力学の基礎知識、材料力学の基礎知識

第6章 [10] 日本産業規格に定める図示法、材料記号、油圧・空気圧用図記号、電気用図記号およびはめあい方式

実技試験

技能検定試験の試験科目およびその範囲ならびにその細目

試験科目及びその範囲	試験科目及びその範囲の細目
学科試験 1　機械一般	
機械の種類及び用途	次に掲げる機械の種類及び用途について概略の知識を有すること。 (1) 工作機械　(2) 化学機械　(3) 製鉄機械 (4) 鋳造機械　(5) 繊維機械　(6) 荷役機械 (7) 自動組立て機械　(8) その他の機械
2　電気一般	
電気用語	次に掲げる電気用語について概略の知識を有すること。 (1) 電　流　(2) 電　圧　(3) 電気抵抗 (4) 電　力　(5) 周波数
電気機械器具の使用方法	電気機械器具の使用方法に関し、次に掲げる事項について概略の知識を有すること。 (1) 誘導電動機の回転数、極数及び周波数の関係 (2) 電動機の回転方向の変換方法 (3) 開閉器の取扱いの方法　(4) 回路遮断器の取扱い方法
電気制御装置の基本回路	電気制御装置の基本回路については概略の知識を有すること。
3　機械保全法一般	
機械の保全計画	機械の保全計画に関し、次に掲げる事項について一般的な知識を有すること。 (1) 次の保全用語 イ　ライフサイクル ロ　初期故障、偶発故障及び摩耗故障 ハ　一次故障、二次故障及び複合故障 ニ　故障解析　ホ　故障率　ヘ　定期保全 ト　予防保全　チ　改良保全　リ　事後保全 ヌ　予知保全　ル　保全性 (2) 保全内容の評価の方法
機械の履歴	機械の履歴に関し、次に掲げる事項について概略の知識を有すること。 (1) 機械履歴簿の作成方法　(2) 機械の故障傾向の解析方法
機械の異常時における対応措置の決定	機械の異常時における対応措置に関し、次に掲げる事項について一般的な知識を有すること。 (1) 異常の原因に応じた対応措置の決定の方法 (2) 点検表及び点検計画の修正の必要性の判定の方法 (3) 機械の主要構成要素の使用限界の判定の方法
品質管理	1　次に掲げる品質管理用語について一般的な知識を有すること。 (1) 規格限界　(2) 特性要因図　(3) 度数分布 (4) ヒストグラム　(5) 正規分布　(6) 抜取り検査 (7) パレート図　(8) 管理限界　(9) 散布図 (10) 作業標準　(11) 官能検査 2　次に掲げる管理図について一般的な知識を有すること。 (1) $\bar{x}$-R 管理図　(2) p 管理図　(3) np 管理図　(4) c 管理図

試験科目及びその範囲	試験科目及びその範囲の細目
4　材料一般	
金属材料の種類、性質及び用途	次に掲げる金属材料の種類、性質及び用途について概略の知識を有すること。 (1) 炭素鋼　(2) 合金鋼　(3) 工具鋼　(4) 鋳　鉄 (5) 鋳　鋼　(6) アルミニウム及びアルミニウム合金 (7) 銅及び銅合金
金属材料の熱処理	金属材料の熱処理に関し、次に掲げる事項について概略の知識を有すること。 (1) 次の熱処理の方法、効果及びその応用 イ　焼入れ　ロ　焼もどし　ハ　焼ならし ニ　焼なまし　ホ　表面硬化 (2) 熱処理によって材料に生じやすい欠陥の種類及び原因
5　安全衛生	
安全衛生に関する詳細な知識	1　機械保全作業に伴う安全衛生に関し、次に掲げる事項について概略の知識を有すること。 (1) 機械、工具、原材料等の危険性又は有害性及びこれらの取扱い方法 (2) 安全装置、有害物抑制装置又は保護具の性能及び取扱い方法 (3) 作業手順 (4) 作業開始時の点検 (5) 機械保全作業に関して発生するおそれのある疾病の原因及び予防 (6) 整理整頓及び清潔の保持 (7) 事故時等における応急措置及び退避 (8) その他機械保全作業に関する安全及び衛生のために必要な事項 2　労働安全衛生法関係法令のうち、機械保全作業に関する部分について詳細な知識を有すること。
6　前各号に掲げる科目のほか、次に掲げる科目のうち、受検者が選択できるいずれか一の科目	
イ　機械系保全法	
機械の主要構成要素の種類、形状及び用途	1　機械の主要構成要素に関し、次に掲げる事項について詳細な知識を有すること。 (1) 次のねじ用語の意味 イ　ピッチ　ロ　リード　ハ　呼　び　ニ　有効径 (2) ねじの種類、形状及び用途 (3) ボルト、ナット、座金等のねじ部品の種類、形状及び用途 (4) 次の歯車用語の意味 イ　モジュール　ロ　ピッチ円　ハ　円ピッチ ニ　歯先円　ホ　歯底円　ヘ　かみあい率 ト　歯　厚　チ　歯　幅　リ　圧力角 ヌ　歯たけ　ル　歯　形　ヲ　バックラッシ 2　機械の主要構成要素に関し、次に掲げる事項について一般的な知識を有すること。 (1) 次の歯車の形状及び用途 イ　平歯車　ロ　はすば歯車　ハ　かさ歯車 ニ　やまば歯車　ホ　ウォーム及びウォームホイール

試験科目及びその範囲	試験科目及びその範囲の細目
	ヘ　ねじ歯車　　ト　ラック及びピニオン チ　ハイポイドギヤ　　リ　フェースギヤ (2) 次のものの種類、形状及び用途 イ　キー、コッタ及びピン　　ロ　軸、軸受及び軸継手 ハ　リンク及びカム装置 ニ　リベット及びリベット継手 ホ　ベルト及びチェーン伝導装置 ヘ　ブレーキ　　ト　ば　ね　　チ　歯車伝導装置 リ　摩擦伝導装置　　ヌ　無段変速装置 ル　管、管継手、弁及びコック　　ヲ　密封装置
機械の点検	機械の点検に関し、次に掲げる事項について一般的な知識を有すること。 (1) 点検表及び点検計画書の作成方法 (2) 機械の主要構成要素の点検項目及び点検方法 (3) 機械の点検に使用する次の器工具等の種類、構造及び使用方法 イ　テストハンマ　　ロ　聴音器　　ハ　アイスコープ ニ　ノギス　　ホ　マイクロメータ　　ヘ　すきまゲージ ト　ダイヤルゲージ　　チ　シリンダゲージ リ　温度計　　ヌ　水準器　　ル　粘度計　　ヲ　振動計 ワ　回転計　　カ　騒音計　　ヨ　硬さ試験機 タ　流量計　　レ　回路計
機械の主要構成要素に生ずる欠陥の種類、原因及び発見方法	機械の主要構成要素に生ずる損傷及び異常現象に関し、次に掲げる事項の種類、原因及びその徴候の発見方法について一般的な知識を有すること。 (1) 焼付き　　(2) 異常摩耗　　(3) 破　損　　(4) 過　熱 (5) 発　煙　　(6) 異　臭　　(7) 異常振動　　(8) 異　音 (9) 漏　れ　　(10) 亀　裂　　(11) 腐　食　　(12) つまり (13) よごれ　　(14) 作業不良
潤滑及び給油	潤滑及び給油に関し、次に掲げる事項について一般的な知識を有すること。 (1) 潤滑剤の種類、性質及び用途 (2) 潤滑方式の種類、特徴及び用途 (3) 次の潤滑状態の特徴 イ　流体潤滑　　ロ　境界潤滑　　ハ　固体潤滑 (4) 潤滑剤の劣化の原因及び防止方法 (5) 潤滑剤の分析の方法及び浄化の方法
機械工作法の種類及び特徴	次に掲げる工作法の種類及び特徴について概略の知識を有すること。 (1) 機械加工　　(2) 仕上げ　　(3) 溶　接 (4) 鋳　造　　(5) 鍛　造　　(6) 板　金
非破壊検査	非破壊検査の種類、特徴及び用途について概略の知識を有すること。
油圧装置及び空気圧装置の基本回路	油圧装置及び空気圧装置に関し、次に掲げる事項について概略の知識を有すること。 (1) 圧　力　　(2) 流　量　　(3) パスカルの原理
油圧機器及び空気圧機器の種類、構造及び機能	次に掲げる油圧機器及び空気圧機器の種類、構造及び機能について一般的な知識を有すること。 (1) 油圧ポンプ　　(2) 油圧シリンダ及び空気圧シリンダ

試験科目及びその範囲	試験科目及びその範囲の細目
	(3) 油圧モータ及び空気圧モータ　(4) 油圧計及び空気圧計 (5) 電磁弁　(6) 圧力スイッチ及び圧力センサ (7) フィルタ　(8) 空気圧縮機　(9) アキュムレータ
油圧装置及び空気圧装置に生ずる故障の種類、原因及び防止方法	油圧装置及び空気圧装置に生ずる故障の種類、原因及び防止方法について一般的な知識を有すること。
作動油の種類及び性質	作動油の種類及び性質について一般的な知識を有すること。
非金属材料の種類、性質及び用途	次に掲げる非金属材料の種類、性質及び用途について概略の知識を有すること。 (1) プラスチック　(2) ゴム　(3) セラミック
金属材料の表面処理	次に掲げる金属材料の表面処理の方法及びその効果について概略の知識を有すること。 (1) 表面硬化法　(2) 金属皮膜法　(3) 電気めっき (4) 塗装　(5) ライニング
力学の基礎知識	力学に関し、次に掲げる事項について概略の知識を有すること。 (1) 力のつりあい　(2) 力の合成及び分解 (3) モーメント　(4) 速度及び加速度　(5) 回転速度 (6) 仕事及びエネルギ　(7) 動力　(8) 仕事の効率
材料力学の基礎知識	材料力学に関し、次に掲げる事項について概略の知識を有すること。 (1) 荷重　(2) 応力　(3) ひずみ (4) 剛性　(5) 安全率
日本工業規格に定める図示法、材料記号、油圧・空気圧用図記号、電気用図記号及びはめあい方式	1　日本工業規格に関し、次に掲げる事項について一般的な知識を有すること。 (1) 次の図示法 イ　投影及び断面　ロ　線の種類 ハ　ねじ、歯車等の略画法　ニ　寸法記入法 ホ　表面あらさと仕上げ記号　ヘ　加工方法記号 ト　溶接記号　チ　平面度、直角度等の表示法 (2) おもな金属材料の材料記号 (3) 油圧・空気圧用図記号 (4) 電気用図記号 2　日本工業規格に定めるはめあい方式の用語、種類及び等級等について一般的な知識を有すること。
ロ　電気系保全法	
電気機器	1　次に掲げる電気機器の種類、構造、機能、制御対象、用途、具備条件及び保護装置について概略の知識を有すること。 (1) 回転機　(2) 変圧器　(3) 配電盤・制御盤 (4) 開閉制御器具 2　次に掲げる事項について概略の知識を有すること。 (1) 次の電気機器関連機器の構造、機能及び用途 イ　サーボモータ　ロ　ステッピングモータ ハ　シンクロモータ　ニ　電力用コンデンサ ホ　リアクトル　ヘ　サイリスタ及び整流装置 ト　インバータ (2) 主要な関連部品の種類、構造、機能及び用途

試験科目及びその範囲	試験科目及びその範囲の細目
	3　配線及び導体の接続に関し、配線の種類、配線方式、接続法、配線の良否の判定及び接続部の絶縁処理について概略の知識を有すること。 4　電気機器の計測に関し、次に掲げる事項について概略の知識を有すること。 （1）測定の種類　（2）計測器の種類及び用途 （3）測定誤差の表し方及び種類
電子機器	1　次に掲げる電子機器用部品の種類、性質及び用途について概略の知識を有すること。 （1）トランジスタ　（2）ダイオード （3）集積回路　（4）制御整流素子 （5）センサ（光学スイッチ、磁気近接スイッチ、エンコーダ、レゾルバ等） （6）抵抗器　（7）コンデンサ　（8）コイル及び変成器 （9）継電器 2　次に掲げる電子機器用部品の種類、性質及び用途について概略の知識を有すること。 （1）レーザー素子　（2）液晶素子　（3）振動素子 （4）磁気テープ、磁気ディスク等の磁気記録用媒体 （5）光ディスク　（6）その他の電子機器用部品 3　次に掲げる電子機器の基本的構造、機能及び用途について概略の知識を有すること。 （1）オシロスコープ、計数器、テスタ、発振器、ノイズシミュレータ等の電子計測器 （2）プログラマブルコントローラ、ワンボードマイコン、パーソナルコンピュータ等のコンピュータ及びその周辺機器 （3）遠隔制御機器、データ伝送端末機器等の制御機器及びデータ機器 （4）調節計、変換器等の工業用計器 （5）ソナー、探傷機器、NC 機器、産業用ロボット等の電子応用機器 4　次に掲げる電子機器の計測について概略の知識を有すること。 （1）電圧、電流及び電力　（2）周波数及び波長 （3）波形及び位相 （4）抵抗、インピーダンス、キャパシタンス及びインダクタンス （5）半導体素子特性　（6）増幅回路特性
電気及び磁気の作用	電気及び磁気の作用に関し、次に掲げる事項について概略の知識を有すること。 （1）静電気 イ　静電現象　ロ　静電誘導　ハ　電　界 ニ　静電容量 （2）磁　気 イ　磁気現象　ロ　磁性体　ハ　磁界及び磁力線 （3）電磁誘導 イ　電流と磁気作用　ロ　電流と磁気の間に働く力 ハ　電磁誘導　ニ　インダクタンス
電子とその作用	電子とその作用に関し、次に掲げる事項について概略の知識を有すること。

試験科目及びその範囲	試験科目及びその範囲の細目
	(1) 電　子 　イ　原子の構造　　ロ　自由電子　　ハ　電子の運動 (2) 電子放出 　イ　熱電子放出　　ロ　2次電子放出　　ハ　光電子放出 　ニ　電界放出
電気回路	電気回路に関し、次に掲げる事柄について一般的な知識を有すること。 (1) 直流回路 　イ　オームの法則及びキルヒホッフの法則 　ロ　電気抵抗　　ハ　電流の熱作用 (2) 交流回路 　イ　交流の性質　　ロ　交流のベクトル表示 　ハ　インピーダンス及びリアクタンス 　ニ　L.C.R の直列、並列接続 　ホ　交流電力　　ヘ　三相交流 　ト　過渡現象（直流電源と C.R 直列回路）
電子回路	次に掲げる電子回路の構成、動作原理及び動作特性について概略の知識を有すること。 (1) 増幅回路　(2) 発振回路　(3) 電源回路　(4) 論理回路 (5) 計数回路　(6) パルス回路　(7) 演算増幅回路
機械の電気部分の点検	機械の電気部分の点検に関し、次に掲げる事柄について概略の知識を有すること。 (1) 点検項目及び点検方法 (2) 点検に使用する次の器工具等の種類、構造及び使用方法 　イ　回路計　　ロ　絶縁抵抗計　　ハ　オシロスコープ 　ニ　回転計　　ホ　検相器　　ヘ　力率計　　ト　検電器 　チ　サーモテスタ　　リ　聴音器　　ヌ　振動計 　ル　電力計　　ヲ　電圧計　　ワ　電流計（クランプメータ）
機械の電気部分に生ずる欠陥の種類、原因及び発見方法	機械の電気部分に生ずる異常現象に関し、次に掲げる事項の種類、原因及びその徴候の発見方法について、ソフトウェアを含め、概略の知識を有すること。 (1) 静電誘導　(2) 電磁誘導　(3) 混　触　(4) 短　絡 (5) 地　絡　(6) 高調波　(7) うなり　(8) 過　熱 (9) 発　煙　(10) 異　臭　(11) 焼付き　(12) 亀　裂 (13) 変　色　(14) 作動不良　(15) 異　音　(16) 振　動 (17) 接触不良　(18) 電圧低下　(19) 過電流　(20) 欠　相 (21) 絶縁抵抗の低下　(22) 断　線　(23) 溶　断 (24) 漏　電　(25) ノイズとサージ
配線及び結線並びにそれらの試験方法	1　配線及び結線に関し、次に掲げる事項について概略の知識を有すること。 (1) 次の配線方式 　イ　ケーブル配線方式　　ロ　ダクト配線方式 　ハ　ラック配線方式　　ニ　管内配線方式 　ホ　ケーブルベア配線方式　　ヘ　地中埋設配線方式 (2) 配線に関する次の事項 　イ　電線の屈曲半径　　ロ　電線被覆損傷の防止 　ハ　防湿及び防水　　ニ　テーピング 　ホ　振動機器に対する配線

試験科目及びその範囲	試験科目及びその範囲の細目
	(3) 接続及び分岐作業に関する次の事項 イ　はんだ付け作業　　ロ　圧着接続作業 ハ　締め付け接続作業　　ニ　リングマーク取付作業 ホ　プログラマブルコントローラの入出力の接続方法 ヘ　アース及びシールドの接続方法 ト　配線の色分け、制御系の区分方法 チ　結線作業に使用する器工具の種類、構造、管理及び使用方法 2　配線及び結線の試験に関し、次に掲げる事柄について概略の知識を有すること。 (1) 導通試験及び絶縁抵抗試験の方法 (2) シーケンス試験の方法　(3) 試験測定器の使用方法
半導体材料、導電材料、抵抗材料、磁気材料及び絶縁材料の種類、性質及び用途	1　半導体材料の種類、性質及び用途について概略の知識を有すること。 2　導電材料（接点材料を含む）及び抵抗材料の種類、性質及び用途について概略の知識を有すること。 3　磁気材料の種類、性質及び用途について概略の知識を有すること 4　絶縁材料の種類、性質及び用途について概略の知識を有すること。
機械の主要構成要素の種類、形状及び用途	次に掲げる機械部品の種類、性質及び用途について概略の知識を有すること。 (1) ねじ、ボルト、ナット及び座金 (2) キー、コッタ及びピン　(3) 軸、軸受及び軸継手 (4) 歯　車　(5) ベルト及びチェーン伝動装置 (6) リンク及びカム装置　(7) ブレーキ及びクラッチ (8) ば　ね　(9) 搬送位置決め機構　(10) ハンドリング機構
日本産業規格に定める図示法、材料記号、電気用図記号、シーケンス制御用展開接続図及びはめあい方式	1　日本工業規格等に関し、次に掲げる事項について概略の知識を有すること。 (1) 製図通則　(2) 電気用図記号 (3) 電子機器に関する記号 (4) シーケンス制御用展開接続図 (5) 回路図、束線図、プリント基板パターン図等の読図 (6) 制御フローチャート 2　日本産業規格に関し、次に掲げる事項について概略の知識を有すること。 (1) 計装用記号　(2) 金属材料の種類及び記号 (3) 絶縁材料の種類及び記号 (4) 電気機器及び制御機器の絶縁の種類 (5) 電気装置の取手の操作と状態の表示　(6) はめあい方式
実技試験 次の各号に掲げる科目のうち、受検者が選択するいずれか一つの科目 **1　機械系保全作業** 機械の主要構成要素に生ずる欠陥の発見	機械の主要構成要素に生ずる次に掲げる損傷等の徴候の発見ができること。 (1) 焼付き　(2) 異常摩耗　(3) 破　損　(4) 過　熱 (5) 発　煙　(6) 異　臭　(7) 異常振動　(8) 異　音

試験科目及びその範囲	試験科目及びその範囲の細目
	(9) 漏　れ　(10) 亀　裂　(11) 腐　食
機械の異常時における対応措置の決定	機械の異常時における対応措置に関し、次に掲げる作業ができること。 (1) 異常の原因の発見 (2) 異常の原因に応じた対応措置の決定
潤滑剤の判別	潤滑剤に関し、次に掲げる判別ができること。 (1) 種　類　(2) 粘　度　(3) 劣化の速度　(4) 混入不純物
2　電気系保全作業	
機械の電気部分に生ずる欠陥の発見	1　機械の電気部分の点検に関し、次に掲げる作業ができること。 (1) 電動機の点検　(2) 電線の点検 (3) はんだ付け部の点検　(4) 圧着接続部の点検 (5) 遮断機の点検　(6) 電磁開閉器の点検 (7) 検出スイッチの点検　(8) 計装機器の点検 2　機械の電気部分に生ずる次に掲げる欠陥等の徴候の発見ができること。 (1) 短　絡　(2) 断　線　(3) 地　絡　(4) 接触不良 (5) 絶縁不良　(6) 過　熱　(7) 異　音　(8) 発　煙 (9) 異　臭　(10) 焼付き　(11) 溶　断　(12) 漏　電
電気及び電子計測器の取扱い	回路計（テスター）を用いて計測作業ができること。
機械の制御回路の組立及び異常時における対応措置の決定	1　プログラマブルコントローラのプログラミング及びリレーシーケンス回路の組立てができること。 2　機械の電気部分に生ずる異常時における対応措置に関し、次に掲げる作業ができること。 (1) 異常の原因の発見 (2) 修理部品の選定及び異常個所の復旧 (3) 保全作業時に必要な工具、測定器の選定及び使用 (4) 不良箇所研究時及び修理完了後の機能及びシーケンスの動作のチェック (5) 電気回路の改善 (6) 電気、エア、油圧に関する安全性の確認 (7) 再発防止の対策

第1章

機械一般

出題の傾向

公示されている技能検定試験の範囲および細目によると、次にあげる機械の種類および用途について概略の知識を有することとなっている。

（1）工作機械、（2）化学機械、（3）製鉄機械、（4）鋳造機械、（5）繊維機械、（6）荷役機械、（7）自動組立機械、（8）その他の機械

対象は広範囲であるが、実際に出題されているのは（1）の工作機械がほとんどであり、その種類と用途および特徴、そしてどのような加工ができるかを理解しておく。

また、ポンプ、圧縮機、送風機に関する代表的なトラブル原因（キャビテーション、ウォータハンマ、サージング）などの意味を理解しておこう。

1 工作機械

1-1　旋盤

旋盤とは、工作物（加工品）を主軸側（チャック）に取り付けて回転させながら、刃物（バイト）を取り付けた刃物台を手動または自動送りによって縦方向（ベッドの長手方向）または横方向（ベッドと直角方向）に移動させて切削加工を行う工作機械である（**図表 1-1、2**）。

旋盤の大きさは、振りスイング（ベッドに触れないで回転して切削できる工作物の最大径）と両センター間の最大距離で表す。

（1）旋盤の種類

① 普通旋盤：もっとも基本的な形式のもの

② 正面旋盤：外径が大きく長さの短い加工物の主として正面加工を行うもの

③ たて旋盤：加工物を水平面内で回転するテーブル上に取付け刃物台をコラムまたはクロスレールに沿って送りながら切削する（ブレーキディスク、ドラム加工など）

図表 1-1 ●旋盤

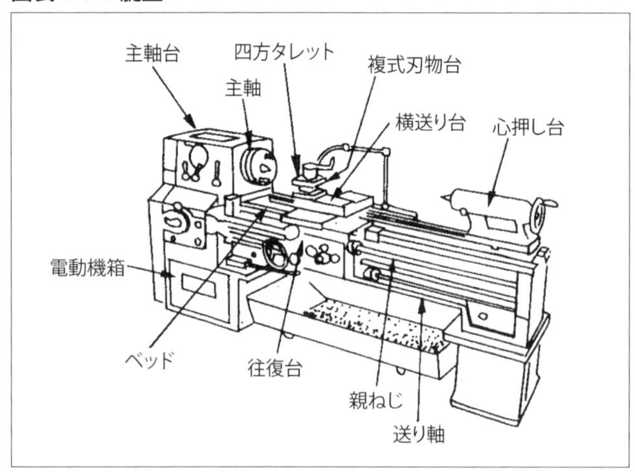

図表 1-2 ●旋盤による加工

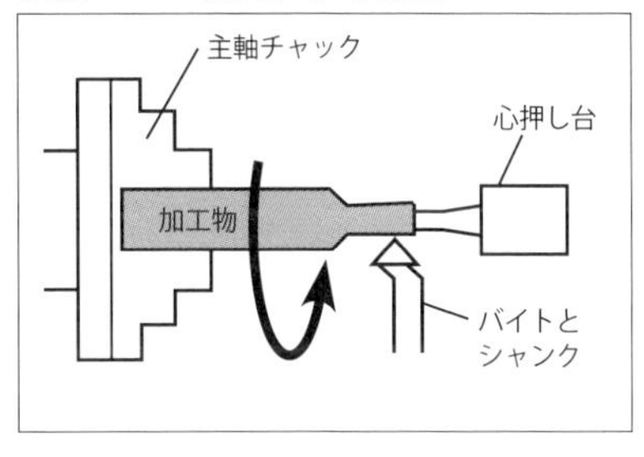

図表 1-3 ●ボール盤

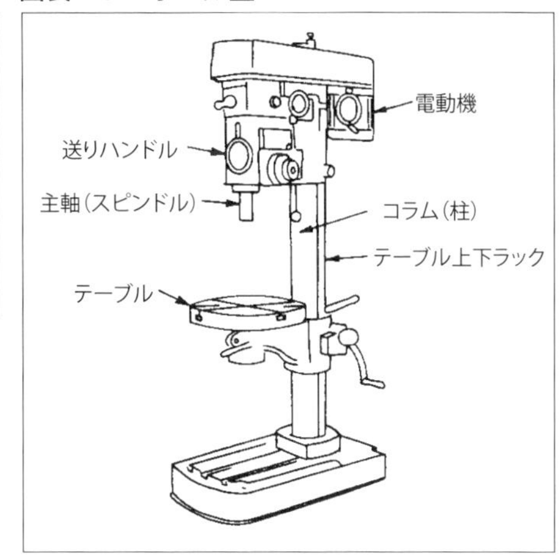

④ タレット旋盤：普通旋盤の心押し台の代わりに、タレットという旋回する刃物台に多数の刃物を装着して、1 加工工程ごとにタレット台のヘッドを回転して次工程の刃物を切削位置に付けて加工を行う。刃物交換の遊び時間をなくすとともに、同一加工部品の大量生産に適している

⑤ NC 旋盤および CNC 旋盤：数値制御の略で、汎用性を持った旋盤に数値制御装置を付けて加工寸法、形、必要な工具、送り速度などを選択して、指示する数値データをプログラムにより切削工具を自動位置決めしたり、自動切削を行わせる。特徴は、以下のとおりである。

- 加工精度が高く製品の均品質性がある
- 複雑な形状の加工が容易にできる
- 1 回の段取りで複数の工程加工ができる

⑥ ならい旋盤：普通旋盤に、ならい装置（自動追跡装置）を組合わせてモデルに沿って刃物を移動させて自動的に加工する

1-2　ボール盤

スピンドル（主軸）を回転させて、これに刃物を取り付けて軸方向に動かし、穴あけ作業などを行う機械である。ドリルによる穴あけ、リーマ、タップ、中ぐり、座ぐり加工などができる（**図表 1-3**）。

図表 1-4 ●フライス盤

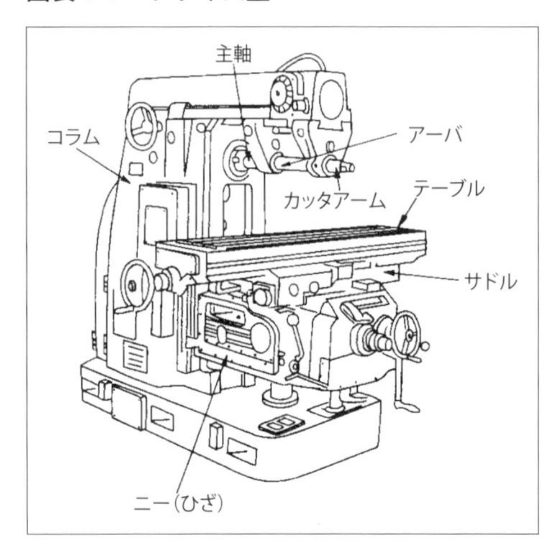

ボール盤の大きさは、加工能力から見て、きりもみできる最大穴径と振り（スピンドルの中心から柱の表面までの長さの２倍をいう）で表す。

(1) ボール盤の種類

① 直立ボール盤、ラジアルボール盤

② 多軸ボール盤：1 つのドリルヘッド（主軸頭）に多数のドリル、スピンドル（主軸）を持ち、同時に多数の穴あけができる

③ 多頭ボール盤：1 つのベース板上にボール盤の上部機構を複数個並べて加工する方法である

1-3 フライス盤

円周上に多くの同形の回転切刃を持つ刃物（フライス）を回転させて、工作物（加工物）に送りをかけながら削る（**図表 1-4**）。

テーブルの大きさ、テーブルの移動量（左右×前後×上下）主軸中心線からテーブル面までの最大距離（もしくは主軸端からテーブル面までの最大距離）で表す。

形式、大きさは呼び番号で表す。0 番が最小、5 番が通常最大となる。

加工例としては、平削り、みぞ削り、切断加工、角削り、正面削り、歯切りなどの切削加工ができる。

(1) フライス盤の種類と用途

① 横フライス盤

- 主軸が水平のもの
- 一般に軽切削用、小型部品の加工に適する

② たてフライス盤

- 主軸が垂直なもの
- 平面削り、みぞ削り、形削りに適する

③ 万能フライス盤

- テーブルを水平面内で旋回可能としたもので、作業範囲が広くなる
- サドル上に旋回台がありねじれみぞ加工など作業範囲が広い

1-4 形削り盤

ラムと刃物台の移動方向により横形とたて形がある。

(1) 横形削り盤

往復運動する刃物台に取り付けたバイト（工具）を使用して工作物の平面削り加工を行う。ラムと刃物台が水平方向(前後)に移動して加工を行う。

その特徴は以下のとおりである。

① 比較的小さな加工物を仕上げることができる

② ラムと刃物台が前進の時だけ切削し、後退時は切削しないので後退速度を速くしてタイムロスを少なくしている

③ 平面方向の加工例としては、平面削り、垂直削り、側面削り、広幅みぞ削りなどができる

(2) たて形削り盤

ラムと刃物台が垂直方向（上下）に移動して加工を行う。スプロケットやプーリ穴のキーみぞ削り加工などができる。

1-5 研削盤

高速回転している砥石を用いて、砥石の砥粒の切刃によって加工物を少しずつ研削・研磨する。

図表 1-5 ●放電加工の構造

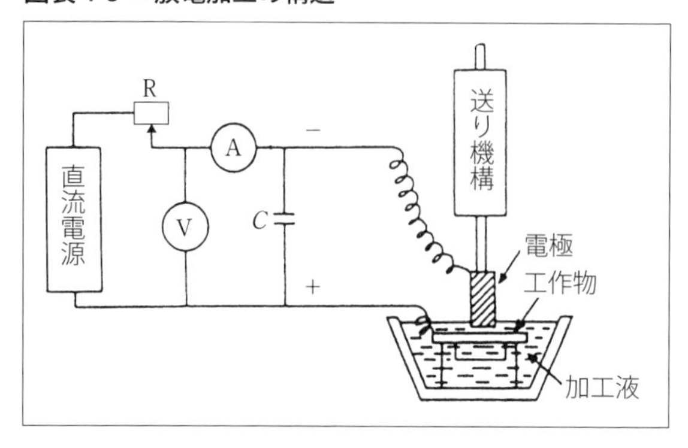

(1) 研削盤の特徴

① 研削により排除される切くずは小さく、砥石表面に無数にある切刃の切込み深さは 1 μ m 前後である

② 研削仕上げ精度を良くするためには、工作物の軸送りの速度を小さくして、砥石の回転速度（周速度）を大きくする

砥石の周速度は 1500m/min 以上の値が設定される。

(2) 砥石の要素

普通砥粒砥石と超砥粒砥石に大別される。普通砥粒砥石は、

① 砥粒：切刃に相当するもので、天然ダイヤモンドと人口酸化アルミニウム系、炭化ケイ素系に分けられる

② 結合剤：砥粒をつなぎ合わせて保持するものでボンドと呼ばれ粘度、ケイ酸ソーダ、天然樹脂、合成樹脂などが使われる

③ 気孔：砥粒とのすき間のことで切粉を逃がす空間をつくる

④ 砥石は、種類、粒度、結合度、組織、結合剤で選択される

1-6 放電加工機

絶縁性のある液体中（灯油、絶縁性の水系加工液）で導電性のある電極と加工物を 5 ～数 10 μ m の間隔を隔てて対向させ、電極と加工物との間に間欠的なパルスエネルギを供給することで放電を発生させて、少しずつ加工物を除去して加工する（**図表 1-5**）。

図表 1-6 ●マシニングセンタ

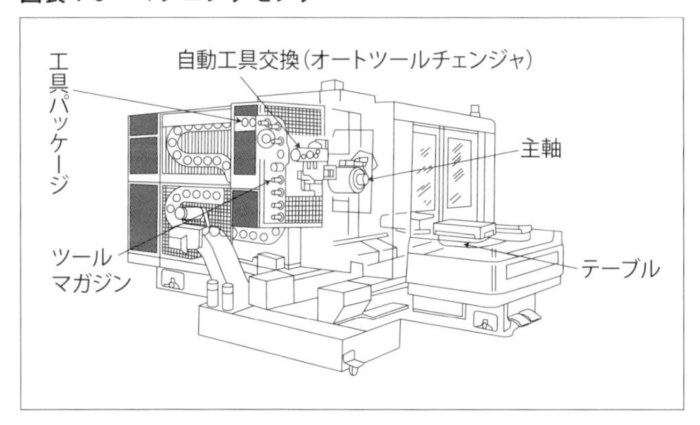

(1) 放電加工機の特徴

① 切削の難しい超硬合金鋼、焼入れ鋼、耐熱鋼など高硬度材料を比較的容易にまた経済的に加工することができる

② 導電性のある金属、非鉄金属、合金材料の加工ができる

③ 非接触で電極と加工物間の相対的運動を必要としないので、さまざまな形状でも加工ができる

④ 加工時に機械的な外力が加わらないので変形が少ないが、寸法精度が多少低いという欠点がある

⑤ 彫り込み加工、切断加工、研削加工などがあり、加工物の表面加工、穴あけ、切断加工を行うことができる

電極にはグラファイトが多く使用される。

(2) ワイヤカット放電加工機

0.03 ～ 0.35mm のタングステンなどのコイル線状からのワイヤ電極を移動させながら、くり抜き、輪郭加工を行う放電加工機である。

1-7 マシニングセンタ

主軸の取付け方向によって、横形とたて形に分類される。NC 工作機械に多数の工具を自動的に交換する自動工具交換機能（ATC）を備えた装置を持ち、多軸制御ができる高度な NC 工作機械である（**図表 1-6**）。

ドリル加工、中ぐり加工、リーマ加工、ねじ立て加工、フライス加工などを１台の機械で自動的に高い精度で加工する。

1-8　超音波洗浄機

被洗浄体を純水または有機溶媒中に入れて、超音波を電子的に発生させて洗浄する。純水の中に発生する約100ミクロンから10数ミリの泡(キャビティ）を発生させて洗浄を行う洗浄方法である。

洗浄作用は、

① 泡の消滅による衝撃力

② 純水の分子振動の加速度

③ 振動面から遠方に向かって発生する直進流

の３つの作用により行われる。

周波数が高ければ泡の発生は少ないが、分子の加速度は大きくなり、高精度な洗浄が可能となる。

1-9　ポンプなどに起こるトラブルと現象

(1) キャビテーション

ポンプ内の吸込み部分の流れに局部的な真空状態が生じると、流体は気化して蒸気の細かい気泡が発生する。この現象が発達すると、ポンプに騒音や振動が起こり破損に至る。これがキャビテーションである。

(2) ウォータハンマ

ウォータハンマとは、配管管路において、なんらかの原因で流速が急激に変化し、管内の圧力が過度的に変動する現象をいう（ドーンなどの衝撃音）起動停止時、回転速度の変化、バルブ類の開閉時に発生しやすい。

(3) サージング

サージングとは、配管管路内において、特有の周期で圧力、流量が変動して騒音、振動が発生して息つきを起こす現象である。

実力確認テスト

問題 1 旋盤とは、工作物を主軸に取り付け、これを回転させながら刃物を取り付けた刃物台によって、横送り台、往復台を移動させて切削加工を行う工作機械である。

問題 2 旋盤の切削加工には、円筒内外の切削、ねじ切り、端面切削、正面切削などがあり、加工範囲が広い。

問題 3 タレット旋盤は、回転式刃物台を備えて、工程ごとにタレットを回転して切削を行うもので、同一部品の多量生産に適している。

問題 4 ボール盤とは、主軸を回転させ、これに刃物を取り付けて軸方向に動かして穴あけ作業を行う機械である。

問題 5 ボール盤では、リーマ通し、ねじ立て、中ぐり、座ぐりなどの作業はできない。

問題 6 多軸ボール盤とは、1つのドリルヘッド（主軸頭）に多数のドリルスピンドル（主軸）をもち、同時に多数の穴あけを行うボール盤である。

問題 7 フライス盤は、円周上に多くの回転切歯をもつ刃物を回転させ、工作物に送りをかけながら削る機械である。

問題 8 フライス盤作業では、回転切刃での切削方向によって、上向き削りと下向き削りがある。

問題 9 フライス盤の加工では、みぞ加工はできない。

問題 10 ホブというウォーム状の刃物（ホブカッタ）を使って、ウォーム歯車などを切削する機械をホブ盤という。

問題 11 形削り盤は往復運動するラムに、刃物台に取り付けたバイトを使用して、工作物の平面・みぞ削りを行う工作機械である。

問題 12 ホーニング加工とは、おもに円筒内面の精密仕上げに用いられるもので、砥石の回転と往復運動により内面を砥ぎあげる工作法である。

問題 13 マシニングセンタは、数値制御（NC）工作機械に自動工具交換機能（ATC）を備えた装置をもち、フライス加工、ドリル加工、リーマ加工、ねじ立て加工などを、1台の機械で自動的に高い精度で加工するものである。

問題 14 ブローチ盤による切削加工は、加工物の内周（穴）加工しかできない。

問題 15 レーザ加工とは、効率の高い連続波 CO_2 レーザを用いて熱処理、溶接、切断などを行う加工法である。

問題 16 放電加工は放電現象を利用して工作物を加工するもので、工作物との間に放電を起こして、この放電作用によって工作物の穴あけ、表面加工、切断などを行う加工法である。

問題 17 放電加工では、超硬合金鋼、焼入れ鋼、導電性のある金属、非鉄金属は加工できない。

問題 18 ワイヤ放電加工は、電極として細いワイヤ電極線を用い、絶縁性のある水や灯油の中で、糸のこ式に工作物に輪郭加工を行う。

問題 19 ポンプは一般的に、ターボ型、容積型、特殊型などがある。

問題 20 ポンプ内の水の流れに局部的な高い真空が生じると、水は気化して蒸気の細かい気泡が多数発生する。この現象をキャビテーションという。

問題 21 キャビテーションの防止策の1つとして、吸込み配管を細くして流速を上げることが有効である。

問題 22 水槽などから長い配管で水を流出させるとき、管末端にある弁を急に閉じると、管内に非常に高い圧力と低い圧力が交互に発生して、激しい振動が生じる。この現象をウォーターハンマという。

問題 23 送風機とは、ブロワとファンの総称である。

問題 24 大気圧を基準にして圧力を表示したものを絶対圧という。

問題 25 送風機において、風量が息をついて圧力が脈動し、騒音や振動を発生する現象をサージングという。

問題 26 圧縮機において、アンロード機構とは圧力調整弁の作動で無負荷運転ができる機構のことである。

問題 27 管の中に、ねじ状の羽根を取り付けた軸を入れ、その軸の回転により粉体などを輸送する装置をスクリューコンベヤという。

解答と解説

問題1　○

工作物に回転を与え、おもに円筒形のものを加工する工作機械である。旋盤の外観は**図表1・1**に示している。

問題2　○

旋盤はもっとも広く使用されている重要な工作機械である。**図表1・7**に旋盤加工の例を示す。

図表1・7 ●旋盤加工の例

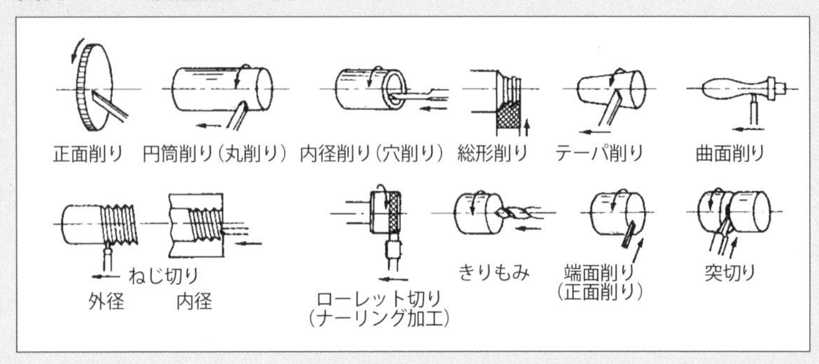

問題3　○

大量生産を目的とした旋盤の一種で、タレット刃物台に数種類の刃物を取り付け、複雑な加工を短時間で行うことができる。プログラム化による順次動作が可能なので効率のよい作業ができ、同一部品の大量生産に適している（**図表1・8**）。

問題4　○

ボール盤は主軸に取り付けたドリルに回転運動を与え、おもに穴あけをする工作機械である。工作物は静止し、主軸は切削と送りを同時に行う（**図表1・3**を参照）。

問題5　×

穴あけにはドリルを用いるが、切削工具を取り換えてリーマ通

図表 1・8 ●タレット旋盤

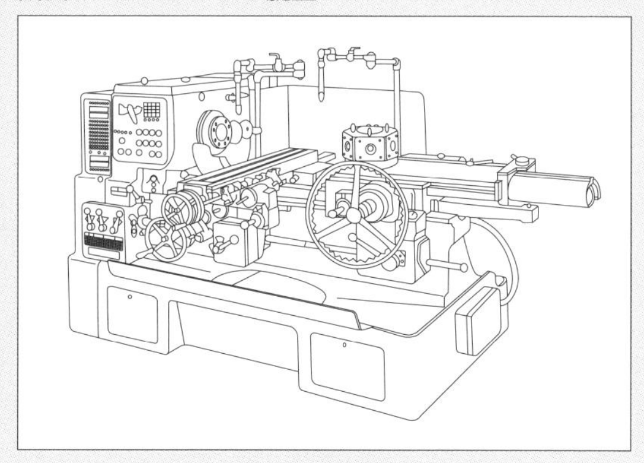

図表 1・9 ●ボール盤加工の例

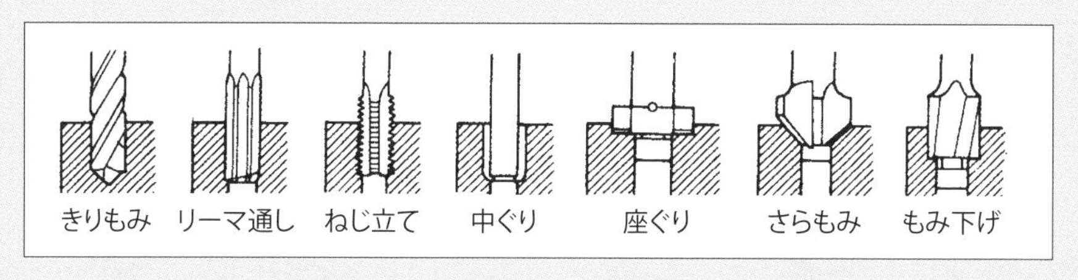

し、ねじ立て、中ぐり、座ぐりなどの形状の加工ができる（**図表 1・9**）。

問題 6　○

1 つの工作物に多数の穴をあける場合は、同時に加工したほうが効率的である。そのような観点から工夫されたのが多軸ボール盤である。自動車などのホイールの穴あけ（4 穴、5 穴）は、この多軸ボール盤専用機で加工されている。

問題 7　○

フライス（複数の切刃をもつ工具）に回転運動を与え、テーブル上に取り付けた工作物を切削する工作機械である。**図表 1・4** にフライス盤の外観を示している。

問題 8　○

多くの切刃をもつフライスカッタを回転させ、工作物に送りを与えて切削する。**図表 1・10** に削りの向きを示す。

図表 1・10 ●上向き削りと下向き削り

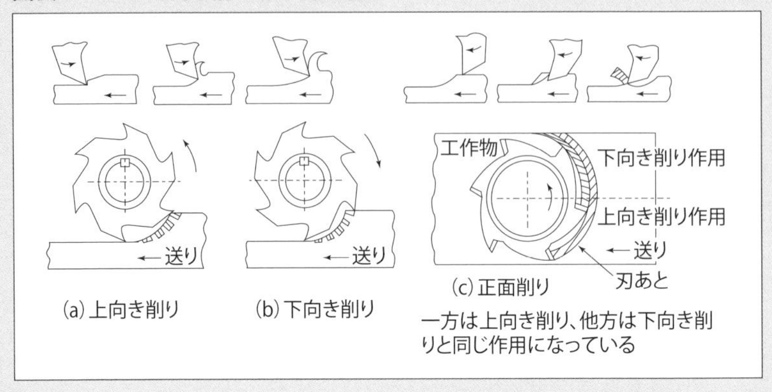

問題 9　×

いろいろなフライスを用いることにより、**図表 1・11** のような多様な加工を行うことができる。

図表 1・11 ●フライス盤加工の例

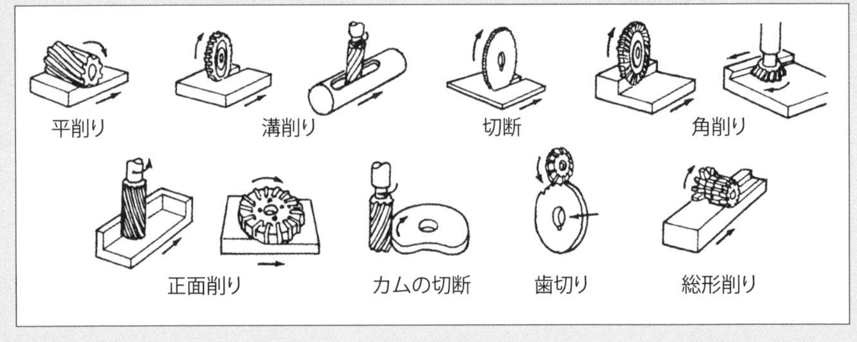

問題 10　○

ホブという切削工具に回転運動を与え、材料も同様に回転しながら相対運動を与えて切削が行われる。立ホブ盤、横ホブ盤の 2 種類があり、歯切り用刃物を使って歯切り加工をする工作機械である。

問題 11　○

刃物台に取り付けたバイトに切込みと水平直線往復運動を与え、テーブルに取り付けた工作物に送り運動を与えて加工する。**図表 1・12** に加工の例を示す。

図表1・12 ●形削り盤加工の例

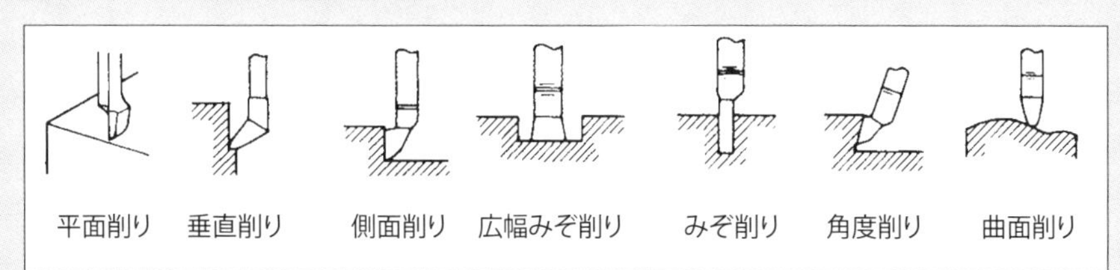

問題12 ○

ホーニング盤はホーンを主軸に取り付け、これに回転運動と往復運動（軸方向）を与える機構を備えており、工作物はテーブル上に取り付ける。その種類は以下のとおりである。

① 立型ホーニング盤：主軸が直立したもので、横型に比べて加工精度、加工能率ともにすぐれている

② 横型ホーニング盤：非常に長い工作物の加工に用いられるもので、工作物を手で持って往復運動するような小型のホーニング盤に多い

③ 傾斜型ホーニング盤：V型エンジンのシリンダなどを同時にホーニングする場合に用いられる

問題13 ○

マシニングセンタは、NCフライス盤をもとに自動工具交換装置（ATC）を備え、穴あけ、中ぐりなど複数の加工が可能である。主軸の取付け方向によって、横型と立型に分類される。**図表1・6**にマシニングセンタの外観を示している。

問題14 ×

加工形状と相似する多数の刃が、順次寸法を増しながら軸線方向の切削加工を行うもので、内周加工、外周加工ができる。穴の大量生産加工法として発達したものである。

問題15 ○

題意のとおりで、真空加工室が不要なので、高い実稼動率が可能となる。レーザ加工の特徴は、以下のとおりである。

① 超硬合金、耐火合金などの難削材を加工する際に、バイト加工と併用する。そのため工具寿命、加工度、能率の大幅改善を図ることができる

② 宝石類、電子機器の穴あけ、溶接、切断に用いる

③ アルミニウム、ステンレスなどのシートの高速切断が可能である

④ 金属の表面硬化、またはパルスショックによって、20～30%の硬さ向上を図ることができる

問題 16 ○

電気エネルギーを利用して、灯油などの絶縁性のある加工液中で、電極と加工物間に火花放電を繰り返して溶解・蒸発を利用した加工法である。

問題 17 ×

放電加工は以下のような特徴がある。

① 超硬合金鋼、耐熱鋼などのような高硬度材料の加工も比較的容易である

② 導電性のある金属、非鉄金属も加工できる

③ 加工時に機械的外力が加わらないので、工作物が変形する心配がない

しかし、仕上げ面が鏡面にならず、寸法精度が多少低いという欠点がある。

問題 18 ○

ワイヤ放電加工のメカニズムは放電加工法と同じで、電極として細いワイヤ電極線を用い、絶縁性液の中で糸のこ式に工作物の輪郭加工を行う。

問題 19 ○

ポンプは原動機によって駆動される流体機器の一種で、液体に機械的エネルギーを連続して与える。ポンプの種類は次のとおりである。

① ターボ型：羽根車をケーシング内で回転させ、液体にエネルギーを与える

② 容積型：ピストンプランジャ、またはロータなどの押しのけ作用によって液体を圧送する

③ 特殊型：ターボ型、容積型以外のもので、還流ポンプ、粘性ポンプ、気泡ポンプなどがある

問題 20　○

キャビテーションとは沸騰現象で、気泡が崩壊するときに金属面に大きな衝撃を与える。ポンプでは、もっとも低圧になる羽根車入口部で局部的に発生する初期のキャビテーションはほとんど害がない。しかし、吸込み圧力が低くなってキャビテーションに発展すると、発生しては押しつぶされる気泡のためにポンプ内に騒音が起こり、ポンプ効率や吐出し量が低下する。

問題 21　×

キャビテーションの防止策として、以下の３点が有効である。

① 吸込み揚程をできるだけ小さくする

② 吸込み配管を太くして流速を下げる

③ 吸込み側バルブによる流量調整は行わない

問題 22　○

ウォーターハンマは、次のような場合に生じることがある。

① ポンプの起動時、停止時

② ポンプ回転速度の変化時

③ バルブの開閉時

したがって、バルブを急速に開閉してはならない。

問題 23　○

ブロワは羽根車またはロータの回転運動により気体を圧送するもので、圧力比が少ないものをファンという。**図表 1・13** に日本機械学会による送風機の分類を示す。

図表 1・13 ●送風機の分類（日本機械学会）

名 称	送風機		圧縮機
	ファン	ブロワ	
圧 力	9.8kPaG（1000mmAq）未満	9.8 ～ 98kPaG（1 以上 10mAq）未満	98kPaG（1kgf/cm^2）以上

問題 24 ×

① ゲージ圧：大気圧を基準にして表示したもの

② 絶対圧：完全真空を基準にした圧力で表示したもの

③ 絶対圧＝ゲージ圧＋大気圧

という関係になる。

問題 25 ○

サージングを防止するには、まずサージング限界が小風量側にある送風機を採用する必要があるが、運転方法としては次の防止策がある。

① 送風機の回転数を変化させる

② 吸込み弁を絞る

③ 吐出し風量の一部を放風する

問題 26 ○

アンロード機構は、圧力調整弁より設定圧力以上の圧力がかかるとピストンや弁押さえが下げられ、弁が開の状態となり、ここから吸込み、吐出しを行うことで無負荷運転が可能となる。

問題 27 ○

コンベヤとは、モノを移動させる目的で、ベルトやチェーンを用いた搬送装置である。**図表 1・14** にコンベヤの種類と用途を示す。

図表 1・14 ●コンベヤの種類と用途

分　類	構　造	種　類	用途ー輸送物の特性			
			粉	粒	塊	箱袋物
1. ベルトコンベヤ	フレームの両端に設けたプーリに、無端環状のベルトをかけ、一定方向に連続的に運搬するコンベヤ。大量の品物を高速運搬することが可能で、その能率性などにより、コンベヤの主流を占めている	・ゴムベルトコンベヤ ・スチールベルトコンベヤ（その他、布ベルト、ケーブルベルト、金網ベルトなど）	○ ○	○ ○	○ △	○ ○
2. チェーンコンベヤ	各種のチェーンをエンドレスにつなぎ、それに板、バケットなどの支持物を取り付け、または直接チェーンによって、品物を運搬するコンベヤ	・エプロンコンベヤ ・スラットコンベヤ ・トロリーコンベヤ ・スクレーパーコンベヤ	○ ○	○ ○	○ ○	 ○ ○
3. スクリューコンベヤ	トラフまたは管の中に、ねじ状の羽根を取り付けた軸を横たえ、その回転により粉体などを輸送する装置	・スクリューコンベヤ（カットフライト、リボンスクリュー、パドルスクリューなど）	○	○		
4. ローラコンベヤ	軽快に回転するローラまたはホイールを運搬方向に多数並べ、その上に品物を乗せ、人力で押したり、傾斜をつけて重力で滑走させたり、動力でローラを回転させて輸送する装置	・ローラコンベヤ ・駆動ローラコンベヤ ・ホイールローラコンベヤ				○ ○ ○

[出題傾向のまとめ・重要ポイント]

毎年この分野からは２問以上出題されている。ここ数年間で出題頻度の多いのは以下のとおりである。

(1) ボール盤での加工方法､加工作業ができるか。ボール盤は、工作物を固定して刃物（ドリルなど）を回転させて加工を行う。穴あけ加工､リーマ加工､タップ加工､中ぐり加工などができる。

(2) 旋盤は､工作物を回転する主軸（チャック）に取り付けて、移動する刃物台の切削工具（バイト）により送り加工を行う。円筒削り、内径削り、ねじ切り、端面削り、突切り、ロレット切りなどが加工できる。

(3) NC 工作機械（マシニングセンタなど）は、工具を自動で交換することで（ATC 自動工具交換装置）複雑な形状や精度の高い加工ができる。

[今後の学習・重要ポイント]

(1) ポンプなどに起こるトラブル現象で、キャビテーション、ウォータハンマ、サージングなどはどのような現象で、発生する部分はどこかを学習しておく。

(2) 放電加工機の原理や加工できるもの、できないものを学習しておく。

① 電極と加工物との間で放電を発生させて加工する
② 導電性のある加工物である
③ 超硬合金鋼など硬い材料も加工できる
④ ゴム、プラスチックなど絶縁体は加工できない

(3) 多軸ボール盤と多頭ボール盤の特徴を理解しておく。

(4) フライス盤の特徴、種類と加工できる例を学習しておく。

第2章

電気一般

出題の傾向

（1）電気用語について概略の知識を有すること。

（2）電気機械器具の使用方法について概略の知識を有すること。

（3）電気制御装置の基本回路について概略の知識を有すること。

対象が広範囲であるが、（1）（2）（3）の範囲から各1問程度出題されている。

① 電気の基礎として、オームの法則、電力と電力量などのなど公式理解を確かめる出題

② 電動機の原理、回転数、回転方向、始動方法などがポイントとなる

③ シーケンス制御の基本回路、基本接点の理解が大切なポイントである

電気が苦手な人も、1つひとつ理解しながら取り組んでほしい。

1 電気回路の基礎（電気用語）

1-1　オームの法則

電圧、電流、抵抗には次のような関係がある。

電流 (I) [A（アンペア）] ＝電圧 (V) [V（ボルト）] ／抵抗 (R) [Ω（オーム）]

つまり「電流は電圧に比例して、抵抗に反比例する」のであり、言い換えると、分子側に比例して、分母側に反比例するということである。

(例題)

50 Ωの抵抗（R）に 100V の電圧（V）を加えたとき、何 A の電流（I）が流れるか？

$I = V / R$ より、 $I = 100/50 = 2$ ［A］となる。

1-2　抵抗および抵抗率

抵抗（R）値は、導体の材質、形状、温度により変わる。抵抗値には次のような関係がある。

抵抗 R ［Ω］＝電気抵抗率 ρ ［Ω・m］×長さ L ［m］/ 断面積 A ［m^2］

同じ材質であれば、抵抗値は長さが長くなればなるほど増大し、断面積が大きく（太く）なると減少する。つまり、長さに比例して、断面積に反比例する。電気抵抗率 ρ （ロー）は､金属材料の電気の通しにくさを表す。

金属（銅や銀）などの導体は、温度が上昇すると抵抗値が増大し、半導体（シリコン）や不導体（絶縁体ゴム）などは反対に減少する。

1-3　周波数 f　記号：Hz（ヘルツ）

交流は、一定時間に周期的な変化を繰り返す。単位時間（1 秒間）に同じ変化を繰り返す周期の回数を周波数という。

周期とは、1 回の変化（1 つの周波）にかかる時間のことで、記号は T、単位は秒（s）で表す。

図表 2-1 ●正弦波交流

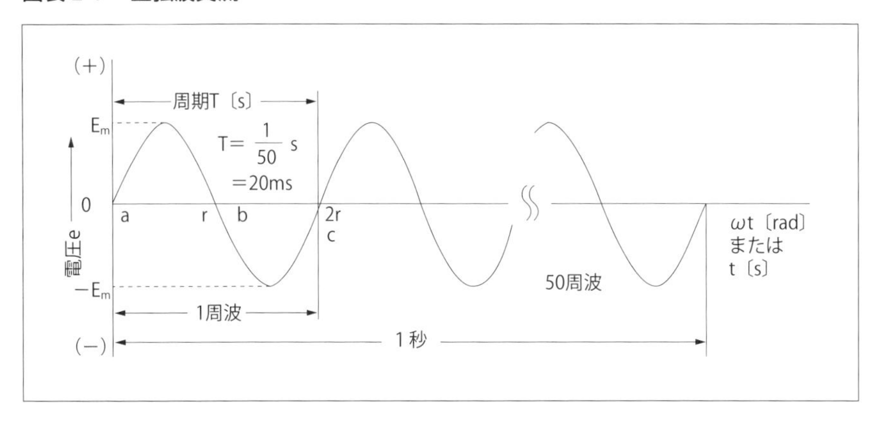

(1) 周波数：*f* (frequency) と周期：*T*

周波数と周期の関係は、周期 $T = 1 / f$（ゆらぎともいう）がある。

周波数 $f = 50$ Hz の交流は、1 秒間に 50 回変化を繰り返すので、1 周期の時間 T は、

$T = 1 / f$ より、$T = 1 / 50 = 0.02$［s］となり、

周波数 $f = 60$ Hz では、

$T = 1/60 = 0.016666$［s］≒ 0.017［s］となる。

1-4　電力と電力量（直流と交流の場合がある）

(1) 電力

電力とは、1 秒間あたりの電気のする仕事をいう。

P = 電力［W］、V = 電圧［V］、I = 電流［A］とすると、

$P = V \times I$［W］で表される。オームの法則により、$V = I \times R$ なので、

$P = (I \times R) \times I = I^2 \times R$［W］$= I^2 \times R \times 10^{-3}$［kW］と表される。

(2) 電力量

電力量とは、モータを回すような電気的仕事量をいう。P =電力［W］、t = 時間［s］とすると、ある時間内に仕事をした量のことであり、

電力量 = P［W］× t［秒］= $P \times t$［W・s］= P［W］× T［時間］= $P \times T$［Wh］と表される。

2 誘導電動機

2-1　電動機（モータ）

電動機とは、電磁力を利用して電気エネルギを機械エネルギに変える機器である。電動機や発電機の回転原理は、フレミングの法則で説明される。

(1) フレミングの左手の法則

人差し指を磁束の方向、中指を電流の方向にとれば、親指の方向が力（電磁力）の方向となり、この力の大きさは磁束密度と電流の大きさの積に比例する。これが回転トルクを生む原理であり、モータはこの電磁力を利用したものである（**図表 2-2**）。

また、回転する磁界中にかごを入れると、導線に電流が流れる。電流が流れると導線には電磁力が働いてかごは回転する（フレミングの左手の法則）。これが交流かご形誘導電動機の原理である。

(2) フレミングの右手の法則

人差し指を磁束の方向、親指を導体の動く方向にとると、中指の示す方向が起電力の方向となる。これが発電機の原理である。このように導体が磁束を切ると、導体の中に起電力（電流）が生じて電流が流れる。この現象を電磁誘導という（**図表 2-3**）。

2-2　三相誘導電動機

三相交流でつくられる固定子の回転磁界により回転子に誘導電流を発生させて回転力、回転トルクをえる電動機である。

(1) 三相誘導電動機の回転方向の変更

三相交流電源（R・S・T）3 本の電源線のうち任意の相の 2 線を入れ替えることにより、モータの回転方向（正転・逆転）を変更することができる。

(例)（図表 2-4）

正転回転方向がＲ・Ｓ・Ｔの結線であるとすれば、逆回転方向をＳ・Ｒ・Ｔ

図表 2-2 ●フレミングの左手の法則

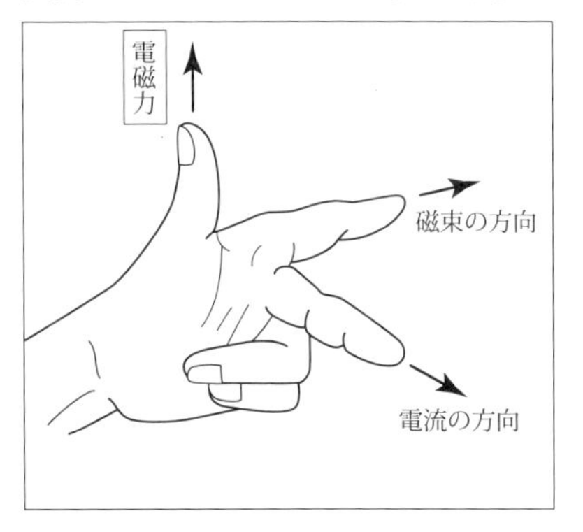

図表 2-3 ●フレミングの右手の法則

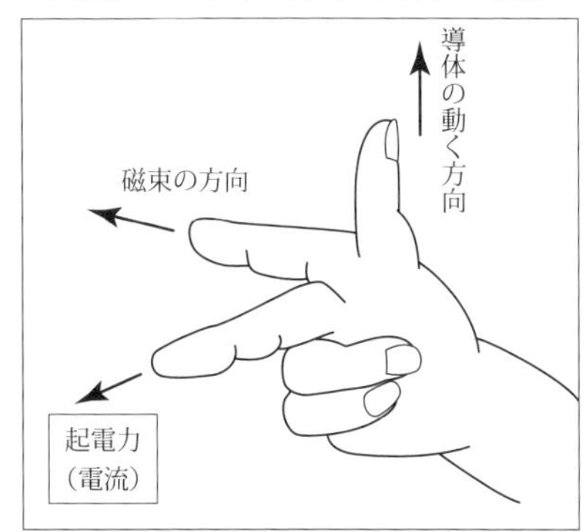

図表 2-4 ●結線の入換えと相の入換え

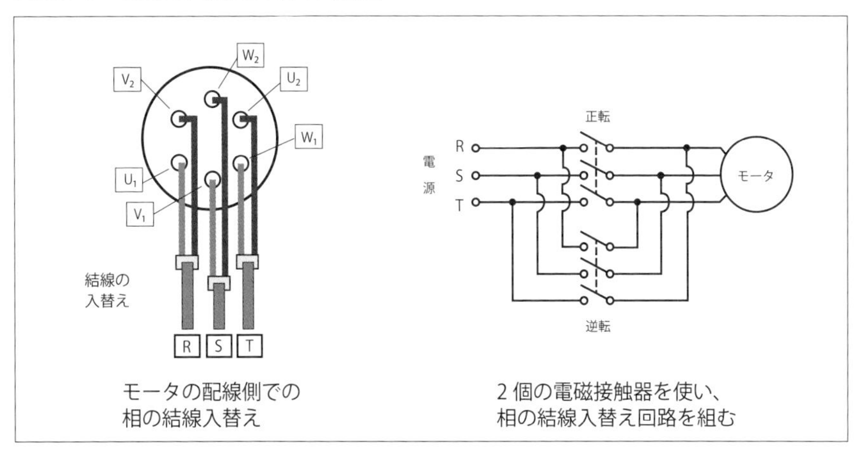

の結線にすればよい。ただし、電源ブレーカ側で相の入替えではなく、モータの配線側での結線変更、または、電磁接触器により相の入替えを行う。

2-3 単相誘導電動機

比較的小容量タイプとして利用される。始動トルクがないので、始動装置が必要である。

① 自力回転始動ができない

② コンデンサや補助コイルを組み込むことで可能になる

③ 交流回路では、電圧に対して電流の位相が 90° 進む

図表 2-5 ● 単相誘導電動機の構造

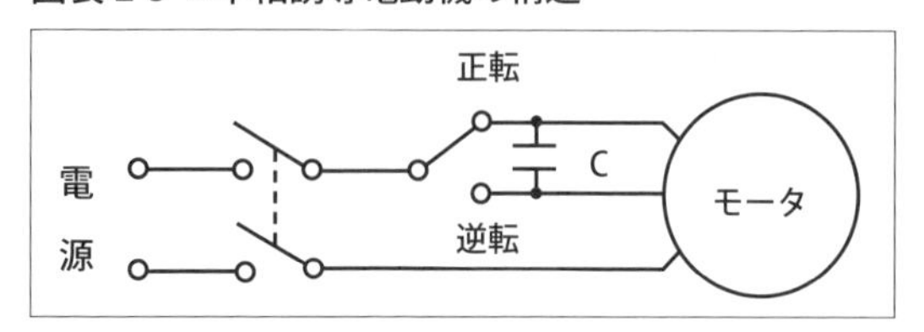

④ このコンデンサ（無極性）を進相用コンデンサという

⑤ 正転・逆転回路では、コンデンサの端子を入れ替えることで制御が可能になる（**図表 2-5**）

3 制御機器

3-1 MCCB（配線用しゃ断器）

一般的に、主回路電源の開閉（ON、OFF）を行う機器には負荷開閉器としゃ断器がある。

負荷開閉器（ナイフスイッチなど）は、通常の回路に流れる負荷電流を開閉することはできるが、回路が故障して電源などが短絡したときに流れる大きな短絡電流はしゃ断できない。

しゃ断器は、通常の負荷電流の開閉とともに、故障時の大電流をしゃ断可能である。接点開閉機構としゃ断のときに発生するアークエネルギを速やかに消滅させる消弧装置を持っている。

低圧回路（AC600 V 以下）では、動作が確実で操作上も安全な配線用しゃ断器（MCCB）を使用するのが一般的である。

(1) 配線用しゃ断器

MCCB は、電線を接続する端子、主回路を開閉する接触子接点の開閉を行う開閉機構、過電流や短絡電流に応答してトリップ（MCCB が回線保護のためにしゃ断すること）させる過電流引外し機構、アークを消滅させる消弧装置、そしてこれらを一体化するモールドケースからできている。

3-2　交流電磁開閉器

交流電磁開閉器は、電磁接触器（コンタクタ）に過負荷継電器（サーマルリレー）を組み合わせたものである。

3-3　ELB（ろう電しゃ断器）

ろう電しゃ断器は、地絡電流を検出し、回路をしゃ断して安全保護するために用いられる。電気設備は、主回路や制御回路などの電気機器のすべてが絶縁されているが、絶縁低下や絶縁破壊により地絡故障が生じると、大地へのろう電電流（地絡電流）が流れ、感電事故や火災が発生する危険が生じる。

ろう電しゃ断器は、配線用しゃ断器の開閉機構および過電流保護構造に加えて、地絡電流が流れるとその地絡電流を検出してろう電しゃ断器をトリップさせて回路をしゃ断して安全を確保する働きがある。

一般的に、動作が確実な地絡電流を検出して動作する電流動作形が使用される。

動作感度には、

・高感度形 = 高速形　　30mA 以下 0.1sec 以下

・中感度形 = 高速形　　30mA0.1sec 以下～ 1A 以下

があり、感電防止には、高感度、高速形が主体的に用いられる。

4 誘導電動機の速度制御

4-1　速度制御方式

電動機（モータ）の回転速度制御の 3 要素とは、極数変換、すべり制御、周波数制御である（**図表 2-6**）。

(1) 極数変換方式

$N_s = 120f/P$ [min^{-1}] のうち、モータ極数の P を変化させ、段階的

図表 2-6 ●電動機（モータ）の回転速度制御の 3 要素

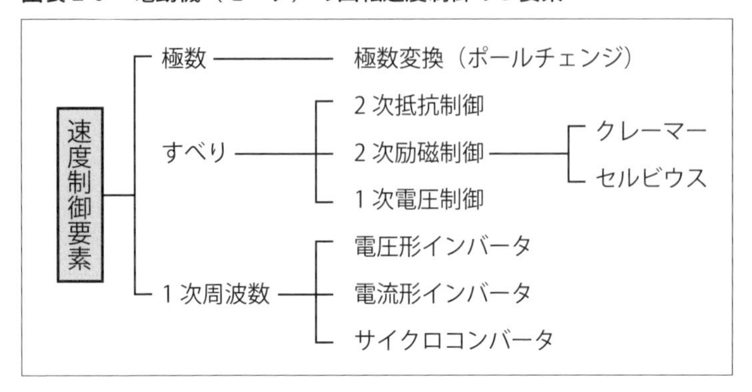

な速度制御を行う。2 段変速では、4/6 極、6/8 極、8/10 極、3 段変速では、2/4/6 極、4/6/8 極などがある。

(2) すべり制御方式

$N_s = (1 - s) \times (120 \cdot f) / P$ のすべり（s）を制御する。

2 次抵抗制御と 2 次励磁制御がある。

(3) 1 次周波数制御方式

総称してインバータといい、主回路の方式により電圧形と電流形に大別される（**図表 2-7**）。

① 電圧形インバータ：電圧の周波数を変える方式で、ファンや工作機械などの速度制御に用いられる（PWM 方式の周波数変換方式）

② 電流形インバータ：リアクトルを設置して、定電流電源としてインバータ電流の周波数を変えるベクトル制御方式とも呼ばれる。一般に、定トルク特性のかく袢機や押出し機などの大きな負荷トルク特性の装置の速度制御に用いられる

インバータとは、厳密には直流電力を交流電力に変換する電源回路、またはその回路をもつ電力変換装置のことである。

一方、商用電源の単相交流、三相交流を一度整流して直流に変換してから再度交流にするため、整流器（コンバータ）とインバータを組み合わせて同一本体内に収めた電力変換装置全体をインバータと呼ぶことも多い。

図表 2-7 ●インバータの構造

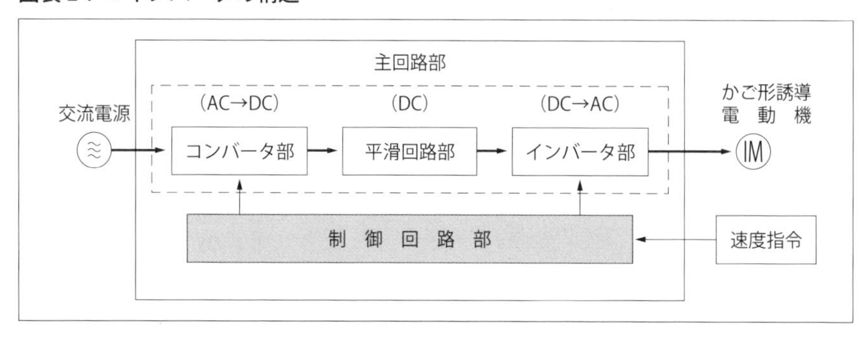

図表 2-8 ●極数と回転数

極数	回転数［min^{-1}］	
	50 Hz	60 Hz
2 極	3,000	3,600
4 極	1,500	1,800
6 極	1,000	1,200

(4) 誘導電動機の回転数（1 分間の回転数［min^{-1}］）

P 極機は 1 サイクル 2 / P 回転と表される。

同期速度（回転磁界の回転数）は、

Ns ＝（$2/P$）× f × 60［min^{-1}］＝（120 × f）/P で表される。

Ns：同期速度（1 分間の回転数）

f：周波数（Hz）

P：極数（ポール数）すべりはないものとする

回転磁界は、1 サイクルで 360°回転する。4P（極数）では、電気角 360°は物理角 180°なので、1 サイクルで 1/2 回転することになる。一般に、P 極機は 1 サイクル 2/P 回転と表される。

同期速度（回転磁界の回転数）は、

Ns ＝（$2/P$）× f × 60 ＝（120 × f）/P で表される（**図表 2-8**）。

5 制御回路

5-1　制御装置の基本回路

機械装置を安全に安定的に維持管理するために、さまざまな制御装置および制御方式が用いられている。

(1) シーケンス制御

あらかじめ定められた順序に従って制御の各段階を逐次進めていく制御である。

(2) 自己保持回路

シーケンス制御に使われる回路で、スイッチをONにすることで、電磁リレーのコイルを動作させると、その電磁リレー自身のａ接点をバイパス動作回路として、スイッチをOFFにしてもリレーの励磁が続く回路である。

(3) インターロック回路

自己保持回路で、リレーR_1、R_2が同時に動作した場合に異常が発生するような回路では、各リレー回路に相手側リレーのｂ接点を接続して、一方が動作するともう一方の回路は動作しないようになり、異常の発生を防止する回路である。

機器の保護と操作者の安全を守ることを目的として用いられる。

(4) フィードバック制御

サーボモータを用いて精密な位置決め制御や速度制御を行う場合、あらかじめ目標値をモータに指令して、検出器で速度を検出して演算装置で指令値と検出値を比較し、両者の差がゼロとなるように指令することを繰り返す。こうした繰返しによって運転状態を常に指令側に帰還することで目標値に近づける制御のことである。

(5) シーケンス制御回路の基本接点

・ａ接点とは「制御機器が不動作状態において開放している」接点で、動

作時閉じる接点、メーク接点とも呼ばれる

- b 接点とは、「制御機器が不動作状態において閉じている」接点で、動作時開放される接点、ブレイク接点とも呼ばれる
- c 接点とは、可動切替接点のことで、トランスファ接点とも呼ばれる

図表 2-9 ●端子表示記号

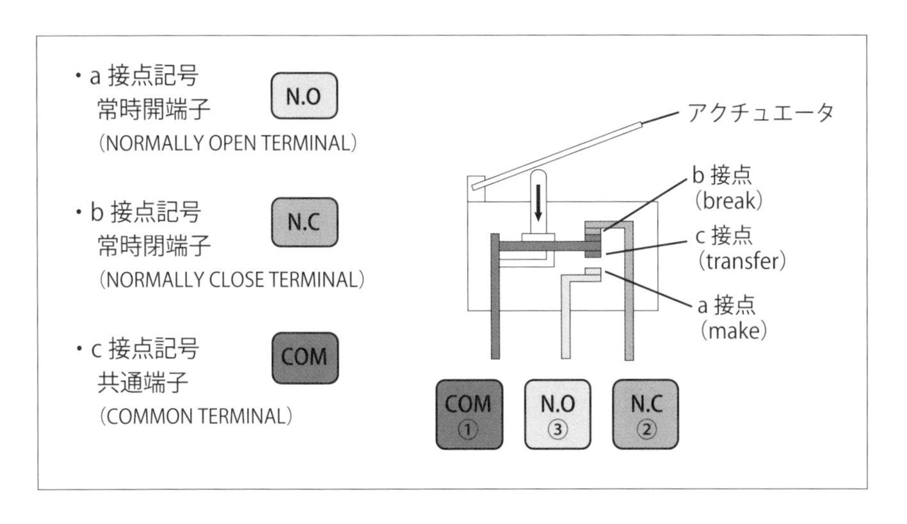

電気一般
▼
実力確認テスト

問題 1　異なる物質をこすり合わせると、双方に静電気が生じる。物体が電気を帯びることを帯電という。

問題 2　一般に、電気を通しやすい金属材料は、温度の上昇とともに抵抗値が減少する性質がある。

問題 3　抵抗に流れる電流は電圧に反比例し、抵抗に比例する。これをオームの法則という。

問題 4　1 秒間に電気がする仕事を電力といい、電気がある時間内に仕事をした量を電力量という。

問題 5　交流とは、時間とともに電流（電圧）の大きさと向きが周期的に変化すると定義され、そのうち正弦波で変化するものを正弦波交流という。

問題 6　交流は、電気の大きさと向きが周期的に変化し、同じ波形を繰り返す。1 秒間に同じ波形を何回繰り返すかを周波数といい、単位は Hz（ヘルツ）を用いる。

問題 7　電動機（モータ）は、電磁力を利用して電気エネルギを機械エネルギに変える機器である。

問題 8　電動機の種類には、直流電動機や交流電動機がある。

問題 9　交流電動機の種類には、かご形、巻線形三相誘導電動機などがある。

問題 10　かご形三相誘導電動機は、交流、直流のどちらでも使用できる。

問題 11　漏電遮断器は、地絡電流を検出して、規定値以上の電流が流れたら回路を遮断する目的に使用される。

問題 12　誘導電動機の始動方法には、直入れ始動、減電圧始動などがある。

問題 13　交流電磁開閉器とは、電磁リレーとほぼ同様の構造をもった電磁接触器（コンタクタ）に、熱動継電器（サーマルリレー）が付加されたものである。

問題 14 三相誘導電動機の円滑な始動を行う方法の 1 つに、スターデルタ始動法がある。

問題 15 機械設備装置に用いられる AC、DC サーボモータは電流、速度、位置がフィードバック制御（クローズドループ）で構成されている。

問題 16 電磁誘導による起電力（電流）の発生は、フレミングの左手の法則によって説明される。

問題 17 ダイオードの電気的特性はアノードにプラス、カソードにマイナスの電圧がかかるとダイオードは導通する。

問題 18 電動機の原理は、フレミングの右手の法則によって説明される。

問題 19 半導体とは金属（導体）と絶縁物の中間の抵抗率をもった物質である。

問題 20 一般に金属など電気をよく通すものを導体、ゴムやガラスなど電気をほとんど通さないものを不導体（絶縁体）という。

問題 21 シーケンス回路で b 接点はメーク接点、a 接点はブレイク接点という。

問題 22 ステッピングモータは、パルス 1 個を与えるごとにモータが一定角度回転するオープンループ制御方式で構成される制御方式である。

問題 23 アナログ式テスターは、直流電圧、直流電流、交流電圧、抵抗の測定ができる。

問題 24 回路制御においてインバータとは、交流電源を直流に変換する名称である。

問題 25 絶縁電線およびケーブルの導体の太さを表す場合、撚り線は断面積〔mm^2〕を、単線は直径〔mm〕を用いる。

問題 26 リミットスイッチは、主として検出スイッチに用いられ、機械や製品の動きをカムやドックを介してマイクロスイッチに伝えて作動させる。

問題 27 表示灯は制御盤や配電盤に取り付けられ、機器の運転・停止や動作状態を表すために用いられる。

問題 28 コンデンサには直流は通すが、交流は通さないという働きがある。

問題 29 はんだ付けは、電気的接続と機械的接続、その他密封などの目的で使用される。

問題 30 50Hz で使用している三相誘導電動機を 60Hz で使用すると、同期速度（回転数）は 1.2 倍になる

問題 31 三相誘導電動機は、3 本（R.S.T）の配線のうち任意の 2 本の配線接続を入れ換えると、回転方向が逆転する。

問題 32 単相誘導電動機は、進相用コンデンサに接続する端子を入れ換えることで正転、逆転ができる。

第2章

電気一般

解答と解説

問題 1　○

静電気には、正電気（＋）と負電気（－）の２種類がある。帯電系列で互いに離れているものほど静電気が発生しやすい。**図表 2-10** に帯電系列の一覧を示す。

図表 2-10 ●摩擦電気の帯電系列

(+) 空気・人間の手・アスベスト・ウサギの毛・ガラス・雲母・ナイロン・毛皮・鉛・絹・アルミニウム・紙・木綿エボナイト・鋼・木・こはく・ふうろう・硬質ゴム・ニッケル・銅・すず・銀・金・プラチナ・硫黄・アセテート・レーヨン・ポリエステル・セルロイド・ウレタン・ポリエチレン・ビニール・シリコン・テフロン (−)

問題 2　×

半導体（シリコン、ガリウムヒ素など）や絶縁体（ゴム、雲母、ベークライトなど）は、逆に減少する（**図表 2-11**）。

図表 2-11 ●温度と抵抗の関係

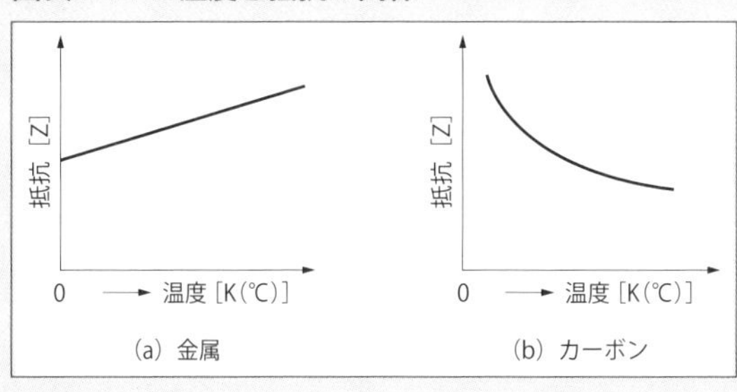

問題 3　×

電流は電圧に比例して、抵抗に反比例する。

I〔A〕＝ V〔V〕/ R〔Ω〕

問題 4　○

P：電力 ＝ ワット〔W〕

W：電力量 ＝ ワット時間〔Wh〕

P〔W〕＝ V〔V〕× I〔A〕＝ I^2R

W〔Wh〕＝ Pt ＝ VIt ＝ I^2Rt

問題 5　○

題意のとおりである。直流は電流の向きと強さが一定で、時間がたっても変わらない。一方、交流は電流の向きと強さが周期的に入れ変わっている。**図表 2-12** に直流と交流の違いを示す。

図表 2-12 ●直流と交流の違い

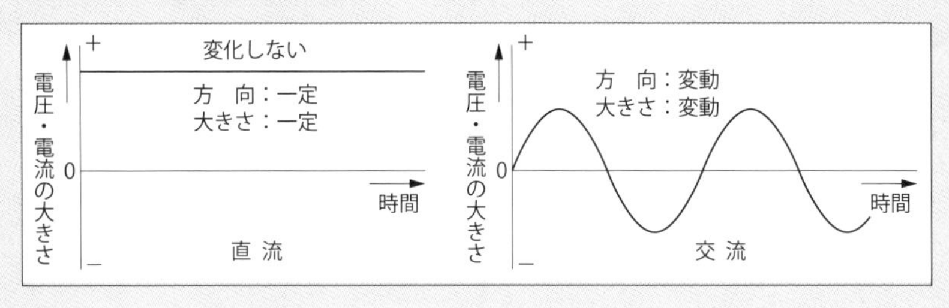

問題 6　○

50Hz は 1 秒間に 50 周波、60Hz は 1 秒間に 60 周波となる（**図表 2-1** を参照）。

問題 7　○

フレミングの左手の法則で説明される（**図表 2-13**）。

図表 2-13 ●フレミングの左手の法則

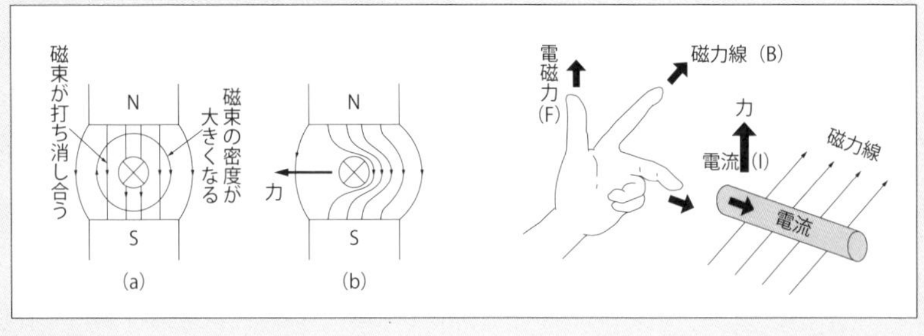

問題 8　○

図表 2-14 に電動機の種類と特徴を示す。

図表 2-14 ●電動機の種類と特徴

種別	電動機の名称	おもな用途
直流	他励電動機 分巻電動機	精密で広範囲な速度や張力の制御を必要とする負荷（圧延機など）
	直巻電動機	大きな始動トルクを必要とする負荷（電車、クレーン）
	複巻電動機	大きなトルクを必要とし、かつ速度があまり変化しては困る負荷（切断機、コンベヤ、粉砕機）
交流	かご形 三相誘導電動機	ほぼ定速の負荷（ポンプ、ブロワ、工作機械、その他）
	巻線形 三相誘導電動機	大きな始動トルクを必要とする負荷、速度を制御する必要がある負荷（クレーンなど）
	単相誘導電動機	小容量負荷（家庭用電気品など）
	整流子電動機	広範囲な速度制御を必要とする小容量負荷（電気掃除機、電気ドリルなど）
	同期電動機	速度不変の大容量負荷（コンプレッサ、送風機、圧延機など）

問題 9　○

交流電動機は、かご形三相誘導電動機、巻線形三相誘導電動機、単相誘導電動機、整流子電動機、同期電動機に分類される。

問題 10　×

交流タイプで使用する。構造が簡単で堅牢なため保守に手間がかからず、取扱いが容易である。しかも価格が安いことから、一般に広く使用されている（**図表 2-15**）。

図表 2-15 ●かご形誘導電動機

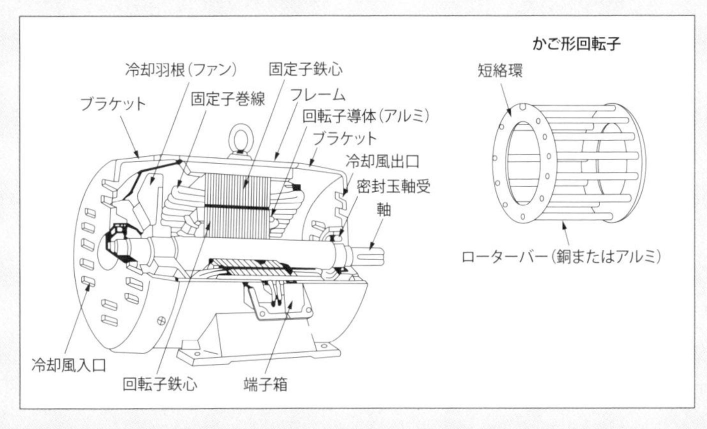

図表 2-16 ●漏電遮断機＋の感度電流による分類と特性

電流動作形					
高速形				普通形	
高感度形		中感度形			
定格感度電流	動作時間	定格感度電流	動作時間	定格感度電流	動作時間
30mA以下	0.1sec以下	30mAを超え 1A以下	0.1sec以下	30mAを超え 1A以下	0.1sec超過

図表 2-17 ●かご形モータの始動方式比較

始動方式／比較項目		全電圧始動	減電圧始動		
		直入れ始動	スターデルタ始動	リアクトル始動	コンドルファ始動
始動電圧 (モータ)		V (基準＝1)	0.58V	0.5～0.8V	0.5～0.8V
始動電流 (モータ側)		Is (基準＝1)	0.33Is	0.5～0.8Is	0.5～0.8Is
始動電流 (電源側)		Is (基準＝1)	0.33Is	0.5～0.8Is	0.25～0.64Is
始動トルク		Ts (基準＝1)	0.33Ts	0.25～0.64Ts	0.25～0.64Ts
始動時間		ta (基準＝1)	3ta	4～ 1.6 ta	4～ 1.6ta
特性 (トルク―速度)		↑トルク % 100 0 T_S 1 すべり 0	↑トルク % 100 33 T_S T_f 1 すべり 0 加速中のトルクの増加少ない	↑トルク % 100 25 T_S T_R 1 すべり 0 加速中のトルクの増加大きい (T_Rは0.5Vのトルクカーブ	↑トルク % 100 25 T_S T_C 1 すべり 0 加速中のトルクの増加少ない (T_Cは0.5Vのトルクカーブ)
特徴		設備費が安い 始動時間が短い 始動時のショックが大きい ・もっとも一般的な方式	・始動電流は変更できない ・軽負荷始動に適している	・始動電流はタップ切換えで可変できる	・電流側の始動電流を小さくできる ・単巻トランスを必要とするので設備費が高い
適応容量	200V	2.2～ 75kW	5.5～160kW	5.5～ 90kW	11～ 75kW
	400V	3.7～150kW	11～300kW	11～110kW	22～150kW

問題 11　○

動作原理から分類すると電流動作形と電圧動作形があるが、動作が確実な電流動作形が多く用いられる（**図表 2-16**）。

問題 12　○

始動方法を大別すると、直入れ始動と減電圧始動に分かれる（**図表2-17**）。

問題13　○

交流電磁開閉器とは、電磁接触器と熱動継電器が組み合わされたもので、主回路が50Hzまたは60Hzの低圧（220～660V）、定格容量500kW以下の回路に使用される（**図表2-18**）。

図表2-18 ●電磁接触器とサーマルリレー

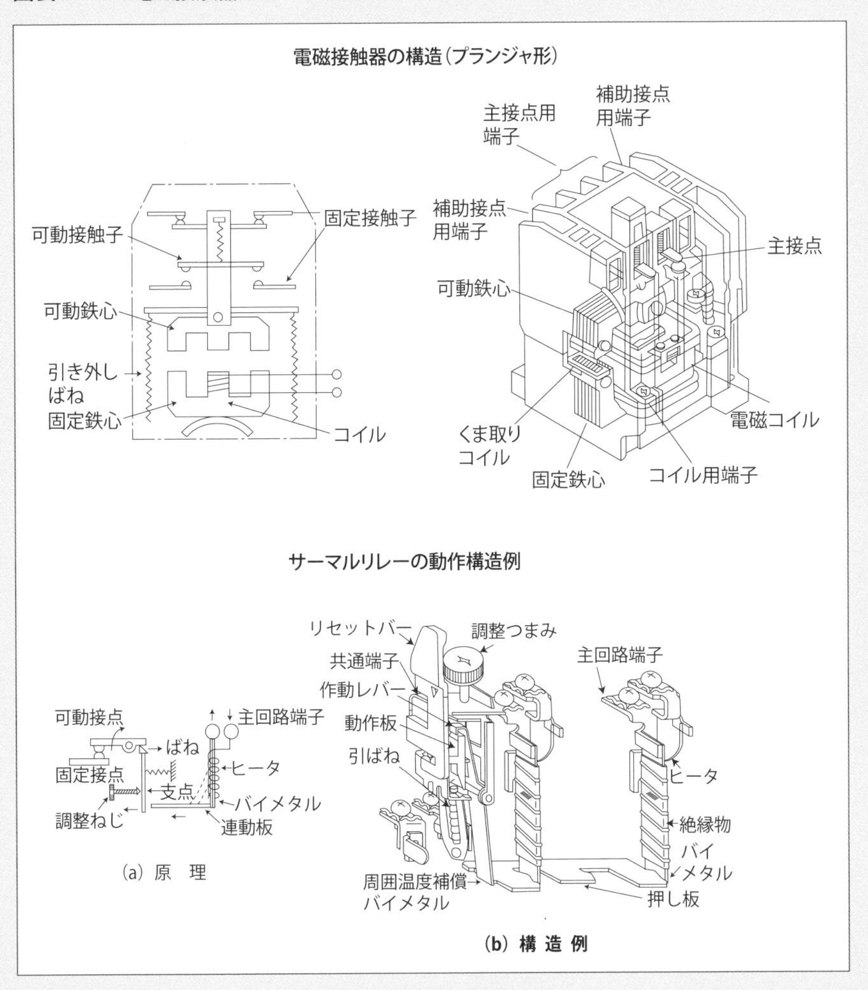

問題 14　○

減電圧始動には、以下の方法がある。

① スターデルタ始動

② リアクトル始動

③ コンドルファ始動

問題 15　○

サーボモータとは、指令に従って動くモータ駆動系のうち、物体の位置、方位、姿勢、回転数などを制御量としてセンサで検出し、目標値の任意の変化に追従するように、クローズドループでフィードバック制御されるように構成されたモータをいう。

問題 16　×

磁界中の導体を動かすことにより導体に電流が生じる。このような現象を電磁誘導という。このときの電流(起電力)の方向は、フレミングの右手の法則によって説明できる。発電機はこの電磁誘導の性質を利用したものである（**図表 2・19**）。

図表 2-19 ●フレミングの右手の法則

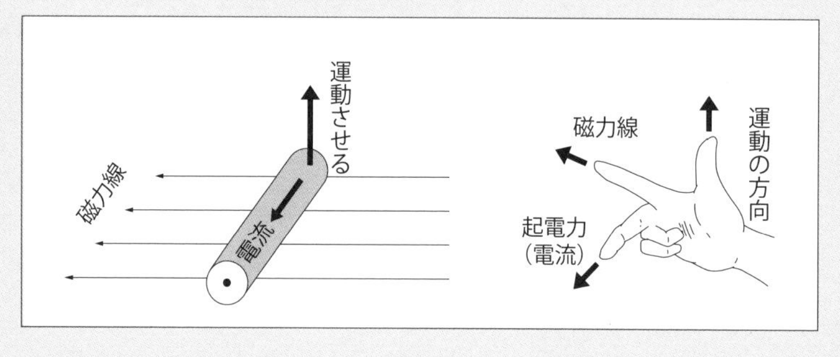

問題 17　○

ダイオードとは 2 極管を意味し、2 つの端子はアノード（陽極）とカソード（陰極）という。ダイオードには、アノード（A）からカソード(K)方向にしか電流を流さないという特徴がある。ダイオードの電気的特性を**図表 2・20** に示す。

図表 2-20 ●ダイオードの電気的特性

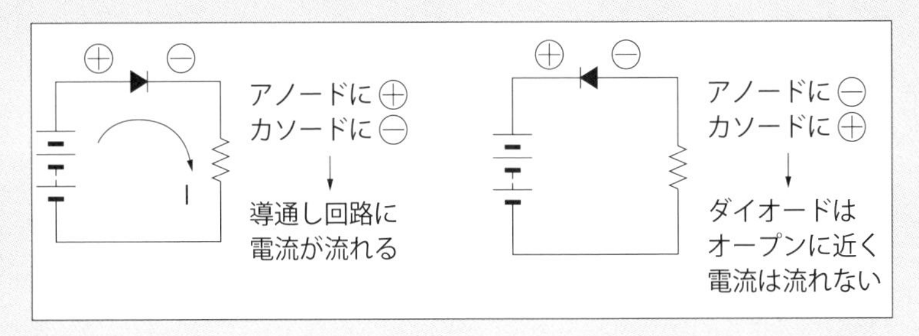

問題 18 ×

電磁力は磁界中の導体に電流を流すと発生するが、その電磁力と電流の方向は、左手の指を使って説明できる。中指が電流の方向、人指し指が磁界の方向、親指が電磁力の方向になる。これをフレミングの左手の法則という（**図表 2・2** を参照）。

問題 19 ○

抵抗率が小さい物質を導体、抵抗率の大きな物質を絶縁体という。おもな物質の抵抗率を**図表 2・21** に示す。

図表 2-21 ●主な物質の抵抗率

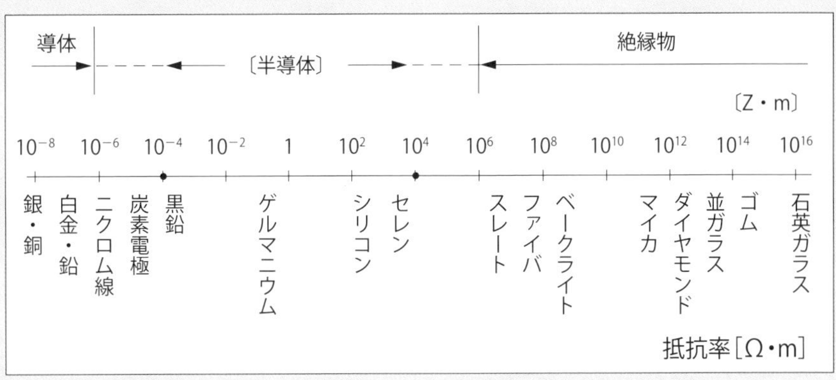

問題 20 ○

材質の違いや長さ、太さによって流せる電流の量が異なる。一般に、抵抗値は次の式で表される。

$$R = \rho \frac{L}{S} \text{〔Ω〕}$$

ρ：抵抗率〔Ω・m〕　L：材料の長さ〔m〕　S：材料の断面積〔m^2〕
導体とは銅やアルミなどで、電気をよく通す性質がある。一方、ゴムやガラスなどはほとんど電気を通さない。これらを絶縁体（不導体）という。

問題 21　×

シーケンス制御とは、JIS によると、あらかじめ定められた順序に従って制御の各段階を逐次進めていく制御と定義されている。コイルが励磁されると a 接点は閉じ（メーク接点）、b 接点は開く（ブレイク接点）（**図表 2・22**）。

図表 2-22 ● a、b、c 接点の概要

<table>
<tr><td rowspan="3">区分</td><td>名称</td><td colspan="2">a 接点</td><td colspan="2">b 接点</td><td colspan="2">c 接点</td></tr>
<tr><td>機能</td><td colspan="2">メーク接点</td><td colspan="2">ブレイク接点</td><td colspan="2">トランスファ接点</td></tr>
<tr><td>書き方</td><td>縦書き</td><td>横書き</td><td>縦書き</td><td>横書き</td><td>縦書き</td><td>横書き</td></tr>
<tr><td rowspan="2">第二系列図</td><td>シンボル</td><td>動き</td><td>動き</td><td></td><td></td><td>a b c</td><td>b c a</td></tr>
<tr><td>接点の動き方</td><td colspan="6">・縦書き＝可動接点は、「右から左へ」動き作動する（閉または開）
・横書き＝可動接点は、「上から下へ」動き作動する（閉または開）</td></tr>
<tr><td rowspan="2">第一系列図</td><td>シンボル</td><td>動き</td><td>動き</td><td></td><td></td><td>b a c</td><td>a c b</td></tr>
<tr><td>接点の動き方</td><td colspan="6">・縦書き＝可動接点は、「左から右へ」動き作動する（閉または開）
・横書き＝可動接点は、「下から上へ」動き作動する（閉または開）</td></tr>
<tr><td colspan="2">機能説明</td><td colspan="6">シンボルは、すべて無電圧、無操作で接点が復帰している状態で示す
コイルが励磁されると a 接点は閉じ（メーク）、b 接点は開く（ブレイク）</td></tr>
</table>

問題 22　○

低いパルス周波数で駆動するモータは、ステップ状に回転、停止を繰り返すが、パルス周波数を高くするとステッピングモータはなめらかに回転するので、定速運転用にも用いられる。図

図表 2-23 ●ステッピングモータの運転システム

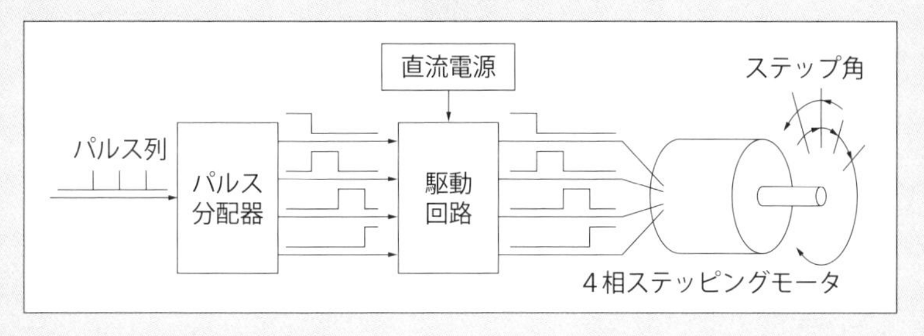

図表 2-24 ●テスタの外観

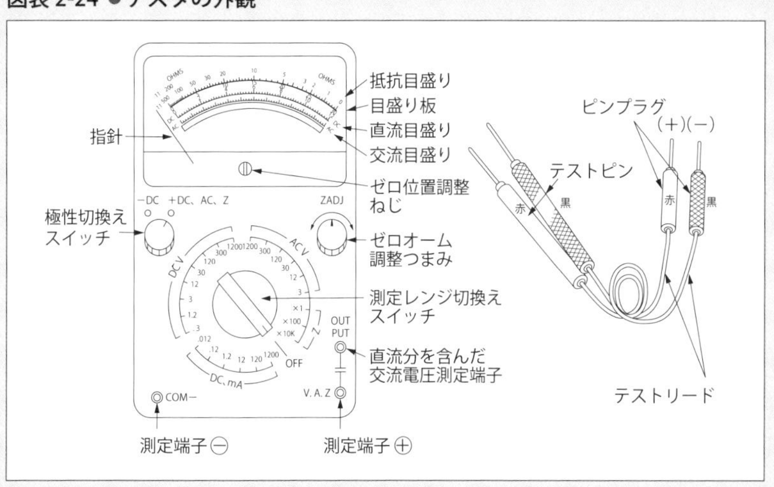

表 2・23 に運転システムを示す。

問題 23　○

これはテスタ回路計のことで、直流電圧計、直流電流計、交流電圧計が組み込まれているほか、抵抗を手軽に測定できる抵抗計も組み込んであり、携帯用測定器としてよく使用される。**図表 2・24** にテスタの外観を示す。

問題 24　×

インバータは、コンバータ部で交流電源をいったん直流に変換し、インバータ部で再度交流に逆変換する。その際に、交流出力の周波数を制御する（**図表 2・7** を参照）。

問題 25　○

図表 2・25 に、撚り線と単線の断面を示す。

図表 2-25 ●撚り線と単線の断面

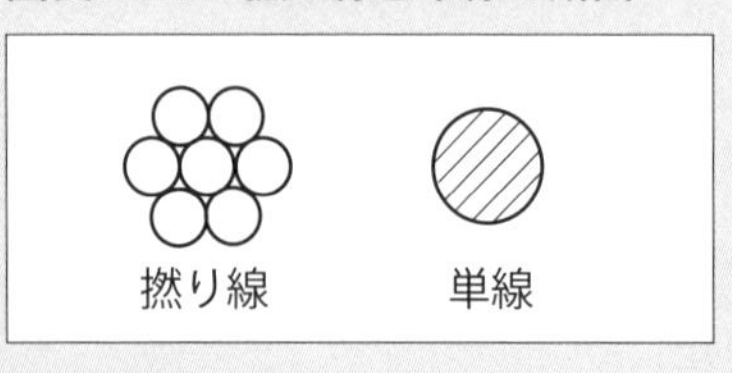

問題 26　○

リミットスイッチは、マイクロスイッチを外力、水、油、塵埃などから保護するために、金属ケースのアクチュエータ（操作器）に組み込んだものである。

問題 27　○

表示灯の色は 7 種類あり、慣用的には以下のような意味がある。

・赤：運転中、開閉器の閉路（投入中）、注意、故障

・青：開閉器の開路（開放中）

・緑：休止中、開閉器の開路（開放中）、安全、復帰

・だいだい：注意

・黄：故障

・白：電源、注意

・透明：地絡相表示、その他

問題 28　×

絶縁物をはさんで 2 極の金属電極を向かい合わせると、電荷を蓄える性質が生じる。このような素子をコンデンサという。コンデンサには、以下のような働きがある。

① 電気を蓄積する

② 交流は通すが、直流は通さない

③ 電気回路にコンデンサを接続すると電流の位相が進む

④ 脈流を平滑し、きれいな直流にする

コンデンサに蓄えられる電荷 Q〔C〕は、電圧 V〔V〕、比例常数 C とすると、$Q = CV$〔C〕という関係がある。比例常数を

静電容量といい、単位は〔F〕で表す。

問題 29 ○

はんだ付けは、金属面間にそれより融点の低い金属を毛細管現象によって接合する方法で、電気的・機械的接続や密封などの目的で使用される。

問題 30 ○

P 極機は 1 サイクル 2/P 回転なので、同期速度（回転磁界の回転数）は、

$N_s = (2 / P) \times f \times 60$ [min^{-1}] $= (120 \times f) / P$ となる。

N_s：同期速度（1 分間の回転数）

f：周波数（Hz）

P：極数（ポール数）　すべりはないものとする

電動機の原理は、フレミングの左手の法則による 4 極（ポール）の電動機として、

$N_s(60) = (120 \times 60)/4 = 7200/4 = 1800$ [min^{-1}]

$N_s(50) = (120 \times 50)/4 = 6000/4 = 1500$ [min^{-1}]

$N_s(60) / N_s(50) = 1800/1500 = 1.2$ より、1.2 倍となる

問題 31 ○

題意のとおり。電動機側の配線の入換え、または電磁接触器で相の切換えをすると、回転方向は逆転する。

問題 32 ○

題意のとおり。進相用コンデンサ（無極性）の配線の入換え、または電磁接触器の端子接続の切換えをすることで正転、逆転ができる。

[出題傾向のまとめ・重要ポイント]

毎年この分野からは、3問程度出題されている。ここ数年間で出題頻度が高いのは、

(1) オームの法則から、$V = I \cdot R$ を展開すると $I = V/R$、$R = V/I$ を理解して、
電力 $P = V \cdot I$ より、$P = IR \cdot I = I^2 \cdot R$ となることも理解する。

(2) 誘導電動機の回転数は、50 Hz から 60 Hz 地区で使用すると回転数は 1.2 倍になる。逆に 60 Hz から 50 Hz で使用すると 5/6 倍の回転数になる。

(3) 三相誘導電動機の回転方向を変更する場合は、R.S.T 任意の 2 線を入れ替える。

(4) シーケンス回路の a 接点、b 接点を確実に理解しておく。

[今後の学習・重要ポイント]

(1) オームの法則や電力、電力量の公式に対して簡単な数値が設定される問題では、公式に代入して計算できるようにする。

(2) 誘導電動機は、フレミングの左手の法則で回転原理が説明される。単相・三相交流誘導電動機の回転方向の変更方法、回転数の計算の方法を理解しておく。

(3) 始動方法には、全電圧始動と減電圧始動方法があり、スターデルタ始動方法などが用いられていることを理解しておく。

第3章

機械保全法一般

出題の傾向

（1）機械の保全計画について一般的な知識を有すること。

（2）機械の履歴について概略の知識を有すること。

（3）機械の異常時における対応措置について一般的な知識を有すること。

（4）品質管理用語について一般的な知識を有すること。

対象が広範囲であるが、次の①、②、③、④の範囲から各1問ずつ程度出題されている。

① 生産保全の保全用語から予防保全、点検活動、保全性について

② 保全記録、設備履歴簿（台帳）、点検方法、計画工事について

③ 異常時における対応措置について（第6章（3）を参照）

④ 品質管理の手法、管理のサイクル、分布図

1 機械の保全計画

1-1　保全方式に関する用語

保全とは、システムや設備装置を整備・調整して、その機能がいつでも必要なときに最適な状態で発揮できるようにしておくことである。

(1) 生産保全（PM：Productive Maintenance）

設備の一生涯を対象として、生産性を高めるためのもっとも経済的な保全をいう。その目的は、設備の設計、製作、運転、保全に至る一生涯にわたって、コストや保全維持費と設備劣化損失との合計を引き下げるとともに、生産性を高めようとするものである。

目的達成のため、各種の保全手段がある（**図表 3-1**）。

① 予防保全（PM：Preventive Maintenance）

設備の性能を維持するには、設備の劣化を防ぐための予防措置が必要である。そのためには、潤滑、調整、取替えなど日常の保全活動と同時に、計画的に定期点検、定期修理、定期取替えを行う必要がある。その保全方式を予防保全といい、次の３つの活動がある。

- 劣化を防ぐ活動：日常保全
- 劣化を測定する活動：定期検査診断（診断）
- 劣化を回復する活動：補修、整備

予防保全を大別すると、時間基準保全と状態基準保全に分けられる。

a）時間基準保全（TBM：Time Based Maintenance）

過去の故障実績や整備工事実績を参考にして、

- 一定周期（一般的には１ヵ月以上）で行われる点検検査、補修、取替え、更油を計画実施するもの
- クレーンの月例点検など法的規制に準拠して、一定周期で点検、検査、補修、取替えを計画・実施する場合、時間を基準にして一定周期で行うものであり、タイムベース保全、定期保全ともいう

図表 3-1 ●生産保全の手段

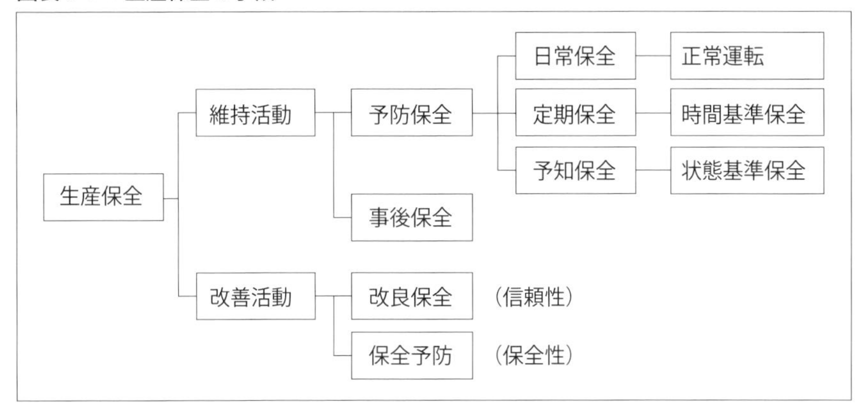

b）状態基準保全（CBM：Condition Based Maintenance）

設備の状態を基準にして保全の時期を決める方法で、設備診断技術によって設備の構成部品の劣化状態を定量的に傾向把握し、その部品の劣化特性、稼働状況などをもとに劣化の進行を定量的に予知、予測し、補修や取替えを計画的に実施する。これを予知保全（Predictive Maintenance）ともいう。

② 事後保全（BM：Breakdown Maintenance）

設備装置、機器が機能低下もしくは機能停止（故障停止）した後に補修や取替えを実施するもので、予防保全（事前処理）よりも事後保全の方が経済的である機器について、計画的に事後保全を行う保全のやり方である。

③ 改良保全（CM：Corrective Maintenance）

設備の信頼性、保全性、安全性などの向上を目的として、現存設備の悪いところを計画的、積極的に体質改善（材質や形状など）して劣化、故障を減らし、保全不要の設備を目指す保全方法である。

④ 保全予防（Maintenance Prevention）

設備を新しく計画、設計する段階で、保全不要（メンテナンス・フリー）の設備づくりを目指すものである。

（2）ライフサイクル

ライフサイクルとは、システムや装置（設備）の開発から使用、廃棄に至るまでの全段階およびその期間のことで、いわばシステムや装置の一生のことをいう。

① ライフサイクルコスト（LCC：Life Cycle Cost）とは、設備や装置の一生涯にかかる総費用をいう

② ライフサイクルコスティング（LCC：Life Cycle Costing）とは、この設備の一生涯にかかるすべて費用の合計（たとえば開発費、製造費、保全費、補給費、教育訓練費など）を最適の状態を維持しつつ、最小化に努めてバランスをとりながら最良点を見出し、維持継続しようとする活動をいう。

1-2　信頼性と保全性に関する用語

(1) 信頼性

装置や機械が故障を起こさないようにするのが信頼性であり、それらが与えられた条件で規定の期間中、要求された機能を果たすことができる性質のことである。設備が計画した期間中に故障しないで稼働すると、製品が満足しうる状態にあり、これを信頼性の高い設備という。

(2) 信頼度

信頼性は抽象的な表現であり、これを量的に表す尺度が信頼度である。

(3) 保全性

保全のしやすさ（正常に保つ能力）を表す。故障を防ぐための清掃、点検、給油、定期整備が容易で、故障、劣化したときに迅速に不良個所が発見でき、短時間に修復して正常に維持できる設備のことである（修理容易なこと）。

(4) 保全度

保全のしやすさを量的に表すもので、修理可能なシステムや設備などの保全を行うとき、与えられた条件において要求された期間内に終了する確率のことである。

(5) MP 設計（Maintenance Prevention Design）

新しい設備の設計、稼働中の設備の改善、改良を行うとき、新しい技術

の導入だけでなく、既存・類似設備の保全データや情報などを十分に反映させ、信頼性、保全性、経済性、操作性、安全性などの高い設計・改造を行い、故障、劣化損失、保全費を少なくする活動である（メンテナンスフリーを目指す）。

(6) フェールセーフ設計

システムや設備に異常が生じても安全側に動作したり、全体の故障、事故が災害につながらず、安全性が保持されるように配慮してある設計のことである。

(7) フールプルーフ設計

システムや設備などを稼働させる段階において、誤操作を避けるように、また人為的に誤操作があっても、設備が誤動作せずに故障しないようにする設計のことである。

1-3　故障解析に関する用語

(1) 故障（Failure）

システム、設備、部品が、規定された機能を失うことである。

(2) 故障モード

故障メカニズムから発生した結果としての故障状態の分類で、特性値の劣化、断線、短絡、折損、変形、クラック、摩耗、腐食などがある。

(3) 故障のメカニズム

ある故障が表面に現れるまで、物理的、化学的、機械的、電気的、人間的などの原因によって、システムや設備がどのような過程をたどってきたかという仕組みである。

(4) 故障の木解析（FTA：Fault Tree Analysis）

システム、設備、部品の開発のとき、または使用時点において発生が予想される故障あるいは発生した故障について、論理記号を用いてその発生の過程をさかのぼって樹形図に展開して、トップダウンで発生過程および発生原因を予測、解析する技法である。

(5) 故障モード影響解析（FMEA：Failure Mode and Effect Analysis）

部品（部分）に発生する故障モードや人間のエラーモードなどの原因が、機能的に見て、より複雑な上位の装置やシステムの故障にどのような影響を及ぼすのか、どのような対策があるのか、改善方法はあるのかなどについて、表によって順次解析する技法である。

FMEA は、信頼性、保全性のみでなく、安全性の評価にもしばしば使われる。この場合は、ハザード解析（Hazard Analysis）と呼ばれる。

1-4 保全計画・工事に関する用語

(1) 重点設備

重点的に予防保全を行う設備をいう。通常、重点設備を選ぶ際には、P（生産量）、Q（品質）、C（コスト）、D（納期）、S（安全衛生）、M（作業意欲）、E（環境）の各要素について設備を評価し、順位をつける。

(2) オーバーホール

単一設備の総合的分解検査、復元修理を行うことをいう。

(3) ガントチャート法

工事の進行状況や余力を把握するための方法で、縦軸に作業名、横軸に時間を入れて作業の長さを Bar で表示する。そのため、別名 Bar-chart ともいう（**図表 3-2**）。

単位作業が少なく、比較的短期の工事における工程管理として使用される。

(4) PERT 法（Program Evaluation & Review Technique）

ガントチャート法は、単位作業ごとの前後関係および作業余裕を表示しにくい、管理可能な単位作業数に限度があるというような欠点を持っているため、それを補うために考案されたのが PERT 法である（**図表 3-3**）。

PERT 法の特徴は、以下のとおりである。

・ネットワーク表示により単位作業の相互関係が明らかになる
・ネック工程の考え方により、各作業の所要時間の工期に対する拘束性が明示され、余力管理に適している
・要員、資材、予算のタイムリーな投入計画が立てられる

図表 3-2 ● ガントチャート工程表の例

		1週	2週	3週	4週	5週	6週	7週	備考
1	基礎工事	―							
2	骨組み組立		―	―					
3	建具取付け				―				組立完了しないと着工できない
4	木部仕上げ					―			
5	外壁仕上げ						―		外壁ができないと着工できない
6	電気工事					―			
7									
8									

図表 3-3 ● PERT（ネットワーク表示）による工程表

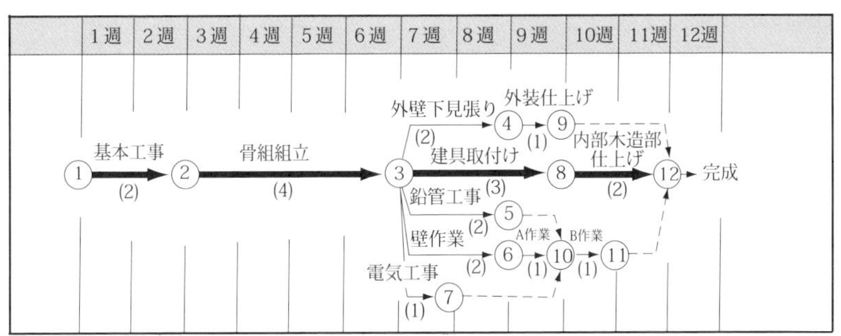

表示の説明
1. 太線はクリティカルパス（ネック作業）
2. ①→②：単位作業①の起点と終点および単位作業②の起点を示す
3. ④→⑨→⑫：単位作業④→⑨の余裕時間（ダミー）を⑨→⑫に示す

・プロジェクトあるいは工事に関係する人々の目標が明確化するため総合力の発揮にきわめて有利である

2 機械の点検

2-1　点検方法

(1) 日常点検

設備の運転に支障をきたさないために、日常行う外観点検・検査で 1 カ月未満のものをいう。通常は操業中に行われ、主として人間の五感で行うが、簡易な計測器を使用する場合もある。

(2) 定期点検

点検周期が1ヵ月以上のものとすることが多い。外観点検、簡易測定器による稼働中の点検診断と、設備を休止して行う分解・点検検査がある。

(3) 精密点検

回転機械の異常や劣化の傾向を簡易測定器で定量的に把握した診断結果から、より具体的に、異常の位置・原因・修復方法や範囲を決定するための点検をいう。また、精密点検は、設備診断技術者などの専門技術者が行う点検である。非破壊検査、破壊検査、設備診断などがある。

(4) 設備診断技術

設備の性能、劣化状態などを設備の運転中に定量的に把握し、その結果をもとに設備の信頼性、安全性、寿命の予測を行う活動である。

不具合現象を発見するために、電力、潤滑油、振動、音、温度、圧力などを調べる。

2-2 寿命特性曲線

稼動時間に対して設備の故障率を示すと、初期と後期に故障率が高くなる。初期故障、偶発故障、摩耗故障の3つの期間に分けられ、これをバスタブカーブという（84ページの**図3-11**を参照）。

(1) 初期故障期

使用開始後の比較的早い時期に、設計、製造上の欠陥あるいは使用条件、環境との不具合によって故障が生じる時期をいう。

(2) 偶発故障期

初期故障期を過ぎて、摩耗故障期に至る以前の故障が偶発的（ランダム）に発生する時期で、いつ次の故障が起こるか予測できないが、故障率はほぼ一定とみなすことができる時期をいう。

(3) 摩耗故障期

疲労、摩耗、老化現象などによって、時間の経過とともに故障率が大きくなる時期である。この時期は事前の検査または監視によって予知できる故障期間で、上昇する故障率を下げることができる。

2-3　保全記録と測定指標

保全活動を進めていくうえで、設備から起こる現象と原因、原因と結果の因果関係を、つねに正しい事実とそれらのデータによって科学的に分析し、活動をすることが重要である。その活動を効果的・効率的に実施していくためには保全記録が必要である。

(1) 保全記録の種類

・劣化を防ぐ活動：日常点検チェックシート、給油、更油記録
・劣化を測定する活動：定期検査記録、改良保全記録
・劣化を回復する活動：保全報告書、設備台帳、MTBF分析記録表

(2) 設備の効率を測定する指標

・設備総合効率 ＝ 時間稼動率 × 性能稼動率 × 良品率
・信頼性を表す指標：MTBF、故障度数率
・保全性を表す指標：MTTR、故障強度率

(3) 設備履歴簿（機械の履歴台帳）

購入した機械設備の内容（仕様、メーカ、購入金額など）と現在までの点検、交換、修理、改良点などの履歴および金額を記録したものである。機械ごとに履歴簿（台帳）を作成・管理しておくことで、保全計画や故障解析、改修、更新に適切な判断資料として役に立つ。

3 品質管理

3-1　品質管理手法に関する用語

(1) 管理のサイクル

ある仕事を計画値どおりに達成することで、その基本的な進め方とは、Plan（計画）⇒ Do（実行）⇒ Check（点検、診断）⇒ Action（修正、改善）

図表 3-4 ●管理（コントロール）の輪

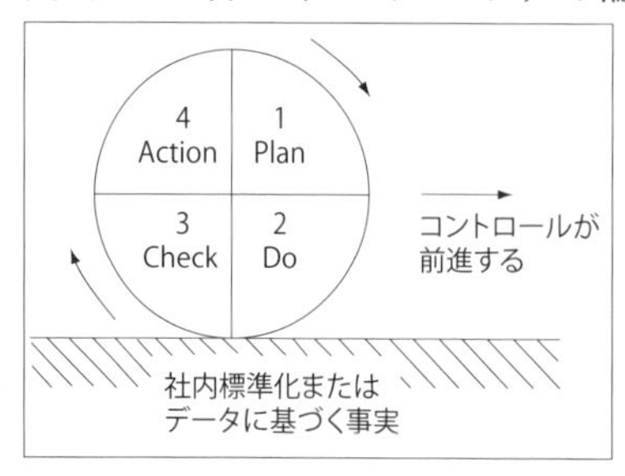

図表 3-5 ●特性要因図の例

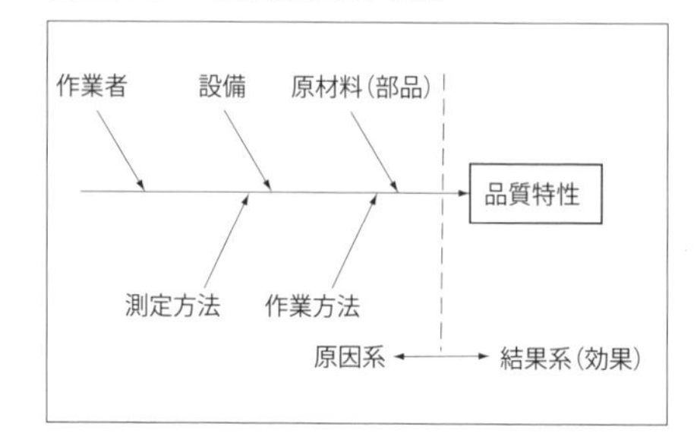

の管理（コントロール）の輪を回すことである。これを管理のサイクルと呼んでいる（**図表 3-4**）。

(2) 特性要因図

品質特性（結果）に対して、その要因を体系的に明確化するものである。形が魚の骨に似ているため「魚の骨の図」ともいわれる（**図表 3-5**）。

(3) 度数分布

製品 1 つひとつの品質特性値を、大きさの順にいくつかの等間隔のクラスに組分けして、各クラスに含まれている測定値の数（度数）を調べる方法である。度数とは同じ値あるいは同じクラスの値が出現する回数で、その各クラスのデータの出現回数を表にまとめたものが度数分布表である。

(4) ヒストグラム

度数分布表でも大体の分布の状態を知ることができるが、これを柱状図で正確に表したものをヒストグラムという（**図表 3-6**）。これは平均値やバラツキの状態を知るのに用いたり、規格値と比較して不良品をチェックするなど、一種の工程解析の手法として重要な役割を持つ。

(5) 正規分布

計量値の分布の中でもっとも代表的な分布である。その分布曲線はベル形をしており、中心線の左右は対称になっている。

図表 3-7 において、中心が平均値 μ で、左右に標準偏差（σ：シグマ）で分けていく。$\mu \pm 1\sigma$、$\mu \pm 2\sigma$、$\mu \pm 3\sigma$ としていくと、分布曲線に囲まれた全体の面積に対する割合がわかる。つまり、$\pm 1\sigma$ 内のデータの出る確率は約 68%、これより外にデータの出る確率は 32% となる。

図表 3-6 ●ヒストグラムの例

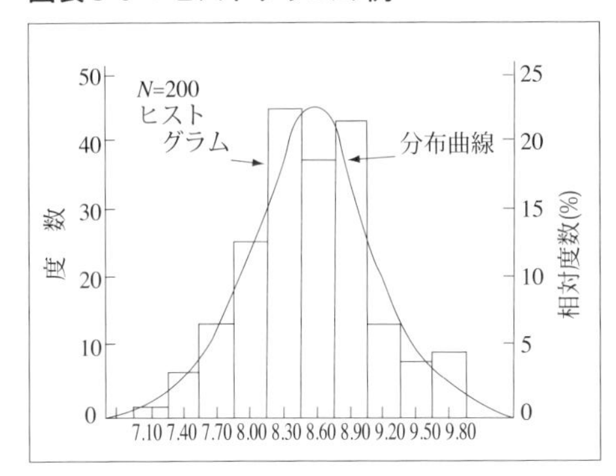

図表 3-7 ●正規分布の例

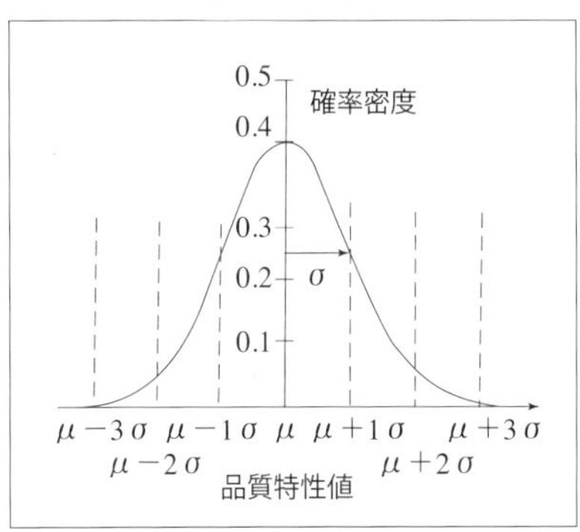

同様にして±２σ内は約95%、これより外に出る確率は5%、±３σ内は99.7%、これより外に出る確率は0.3%、つまり3/1000であり、千3つ（センミツ）といわれる。

３σよりデータが飛び出すような場合は「分布が変わった」「工程が変わった」「工程に異常がある」と判断する。

この性質は、管理図法で用いられる３σ法の基礎となっている。

計量値と計数値とは、以下のとおりである。

・計量値：長さ、重さ、時間、温度などのように連続した値

・計数値：人の数、不良発生件数など整数でしか表さない不連続な値（不良数、欠点数、不良率も計数値）

(6) 抜取り検査

同一の生産条件から生産されたと考えられる製品の集まり（ロット）から、無作為（ランダム）に一部を取り出して試験（測定）し、その結果を判定基準と比較して、そのロットの合格、不合格を決定する検査を抜取り検査という。

① 抜取り検査の必要なもの

・破壊検査を行うもの（材料の引張り試験、水銀灯の寿命試験）

・製品が連続しているもの（ケーブル、フィルム）また石油、ガス、石炭などのかさもので、全数検査が不可能なもの

② 抜取り検査が有利なもの

図表 3-8 ●パレート図の例

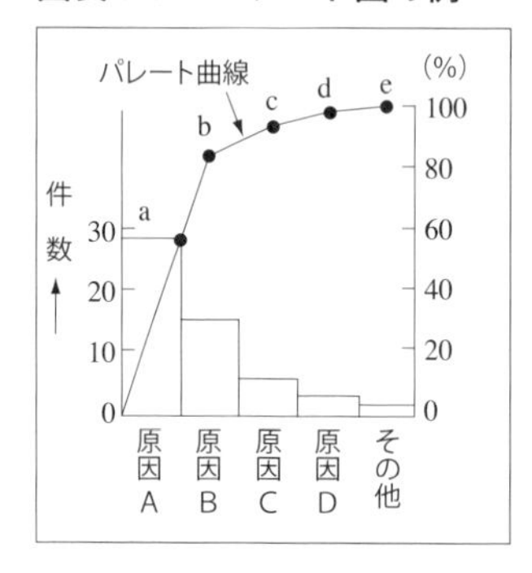

図表 3-9 ●管理限界の例

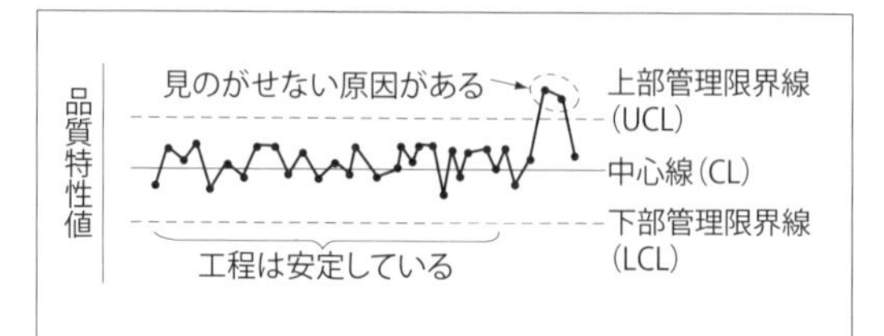

図表 3-10 ●散布図の例

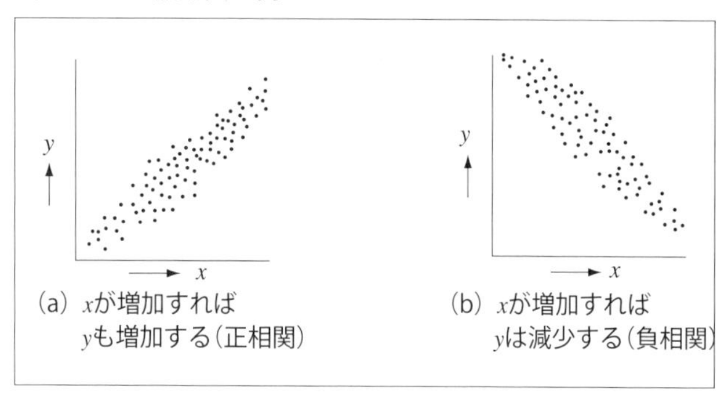

・ボルト、ナットなどのように多数、多量のもので、ある程度の不良品の混入が許されるもの

・1 製品、1 部品の検査の場合でも、検査項目が多く、全数検査が困難なもの

(7) パレート図

一種の度数分布で、故障、手直し、ミス、クレームなどの損害金額、件数、パーセントなどを原因別、状況別にデータを取り、その数量の多い順に並べたヒストグラムをつくると、もっとも多い故障項目、もっとも多い不良品個所などがひと目でわかる。こうしてできたヒストグラムの各項目を折れ線グラフで累積図示したものがパレート図である（**図表 3-8**）。

(8) 管理限界

管理限界線のないものは単なるグラフで、管理図ではないといわれる。

管理図には、中心線（CL：Central Line）と上下の限界を示す上部管理限界（UCL：Upper Control Limit）と下部管理限界（LCL：Lower Control Limit）があり、中心線と管理限界線を総称して管理線という（**図表 3-9**）。

(9) 散布図

1 種類のデータについては度数分布などで分布の大体の姿をつかむことができるが、たとえば、体重と身長のような対になった 1 組のデータの関係、状態をつかむときには散布図を用いる（**図表 3-10**）。

3-2 管理図の基礎知識

(1) $\bar{X}$ - R 管理図

$\bar{X}$ 管理図と R 管理図を組み合わせたものである。

$\bar{X}$ 管理図は主として分布の平均値の変化を見るために用い、R 管理図は分布の幅や各群内のバラツキの変化を見るために用いる。工程の特性が長さ、重量、強度、純度、時間、生産量などのような計量値の場合に用いる。

(2) c 管理図

欠点数の管理図といわれ、サンプルの大きさ n が一定のとき（鉄板の面積や容器の体積など）に用いられる。

また、欠点数を c で表すが、この管理図の特徴は、欠点数 c が n より大きくなる場合があるということである（鉄板 1 枚につき欠点数 c は 1 とは限らず、2 とか 3 の場合も多くある）。統計的には、ポアソン分布（確率密度分布：非常に確率の低いマレなこと）するときに用いられる。

(3) u 管理図

単位あたりの欠点数の管理図で、c 管理図と同じ計数値管理図に分類される。この管理図の特徴は、サンプルの大きさ n（面積、長さ、重量）が一定でないときに用いる。u は欠点数 c を資料の大きさ n で割って求める。つまり紙の大きさがまちまちで一定でないとき、単位面積を 10（cm^2）に定めたら、10（cm^2）中に何個ごみが入っているかを数えるのである。

c 管理図、u 管理図ともに、織物の織りムラ、電気配線時の誤配線、はんだ付け不良、交通事故、労働災害件数、間違い電話回数の管理などに使われている。

機械保全法一般

▼

実力確認テスト

問題 1　設備の一生涯を対象として生産性を高めるための、もっとも経済的な保全を生産保全という。

問題 2　BM（Breakdown Maintenance）とは、設備装置や機器が機能低下もしくは機能停止した後に、補修、取替えを実施するものである。

問題 3　事後保全とは、機械の修理が完了した後に追加工事で行う保全のことをいう。

問題 4　予防保全の保全方式には、劣化を防ぐ活動、劣化を測定する活動、劣化を回復する活動がある。

問題 5　時間基準保全は、設備の状態によって保全の時期を決める方法である。

問題 6　ライフサイクルコスティングとは、設備の一生涯にかかるすべての費用の合計を最適（最小化）にしようとする活動のことである。

問題 7　保全性とは、ある装置や機械が故障を起こさずに、与えられた条件で規定の期間中、要求された機能を果たすことができる性質である。

問題 8　フールプルーフ設計とは、システムや設備に異常が生じても安全側に動作したり、全体の故障、事故、災害につながらず安全性が保持されるようにしてある設計のことである。

問題 9　保全性とは、保全のしやすさ（正常に保つ能力）を表す。

問題 10　保全の評価尺度は、故障強度率や平均修理時間（MTTR）などで表される。

問題 11　信頼度の評価尺度は、故障度数率、平均故障間動作時間（MTBF）、平均故障寿命（MTTF）などで表される。

問題 12 故障モードとは、ある故障が表面に現れるまで物理的、化学的、機械的、電気的、人間的などの原因により、システムや設備でどんな過程をたどってきたかの仕組みである。

問題 13 故障状態の分類で、特性値の劣化、断線、短絡、折損、変形、クラック、摩耗、腐食を故障のメカニズムという。

問題 14 設備が本来備えているべき性能が、発揮できなくなることを性能劣化という。

問題 15 ガントチャート法は工事の進行状況や余力を把握するための方法で、縦軸に作業名、横軸に時間を入れ、作業の長さをバー（Bar）で表示する。

問題 16 日常点検とは、設備の運転に支障をきたさないために日常行う点検で、通常は操業中に行われる。

問題 17 外観点検、簡易測定器による稼動中の点検診断と設備を休止して行う分解点検、検査を定期点検という。

問題 18 偶発故障期とは、寿命特性曲線において部品の摩耗、疲労、老化現象などによって、時間とともに故障率が大きくなる期間である。

問題 19 寿命特性曲線は初期故障、偶発故障、摩耗故障の期間に分けられ、バスタブ曲線ともいう。

問題 20 設備総合効率は、製品を生み出すのにどれだけ貢献しているかを知るための尺度であり、時間稼動率と性能稼動率の積で表される。

問題 21 初期故障期を過ぎて摩耗故障期に至る以前の、故障がランダムに発生する時期を偶発故障期という。

問題 22 特性要因図は、品質特性（結果）に対して、それをつくり出す要因はどんなものがあるかを、体系的に明確化しようとするものである。

問題 23 保全記録の種類には、日常点検チェックシート、給油、更油記録表などは含まれない。

問題 24　ヒストグラムは、故障、クレームなどを原因別、状況別にデータを取り、数値の多い順に並べて各項目を折れ線グラフで累積図示したものである。

問題 25　計数値とは長さ、重さ、時間、温度などのように連続した値のことをいう。

問題 26　抜取り検査は、ボルト・ナットなどのように多数、多量で、ある程度不良品の混入が許されるものの場合に行われる。

問題 27　抜取り検査が必要なものは、製品が連続しているもの、ケーブル、フィルムなど全数検査が不可能なものである。

機械保全法一般

解答と解説

問題 1　○

生産保全の目的は、設備の設計・製作から運転・保全に至る設備の一生涯にわたって、最適化を図り、企業の生産性を高めようとするものである。

問題 2　○

BM とは事後保全のことである。これは予防保全（事前処理）をするよりも、事後保全のほうが経済的である機器について行う保全のやり方である。

問題 3　×

事後保全とは、設備装置などが機能低下もしくは機能停止した後に保全作業を行うものである。

問題 4　○

予防保全（PM）には、題意のとおり 3 つの活動がある。

問題 5　×

題意は CBM（状態基準保全）の説明で、設備診断技術によって設備の構成部品の劣化状態を定量的に予知、予測し、補修や取替えを計画実施するものである。

問題 6　○

すべての費用の合計とは、たとえば開発費、製造費、保全費、補給品費、教育訓練費などが含まれる。

問題 7　×

信頼性についての説明である。設備が計画した期間中に故障しないで稼動すると、製品が満足しうる状態にあり、それは信頼性の高い設備という。

問題 8　×

題意はフェイルセーフ設計の説明である。フールプルーフ設計とは、システムや設備などを稼動させる段階において誤操作を避けるように、また人為的に誤操作があっても設備に誤操作や故障がないようにする設計である。

問題 9　○

保全性とは、故障を防ぐための清掃、点検、給油、定期整備が容易で、故障しても修理容易なことである。

問題 10　○

・故障強度率

安全管理に使われていた強度率を、設備管理の言葉に応用したものである。故障のために設備が停止した時間の割合を表すもので、次の式で表される。

$$故障強度率 = \frac{停止時間の合計}{負荷時間の合計} \times 100$$

・平均修理時間（MTTR：Mean Time To Repair）

事後保全に要する時間の平均値で、次の式で表される。

$$MTTR = \frac{故障停止時間の合計}{故障停止回数の合計}$$

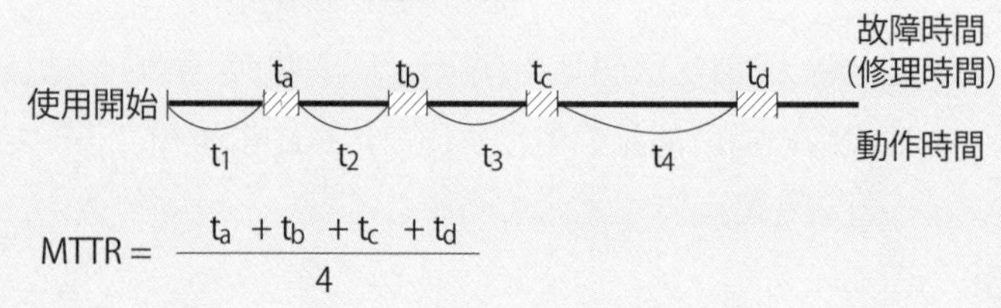

$$MTTR = \frac{t_a + t_b + t_c + t_d}{4}$$

問題 11　○

・故障度数率

負荷時間当たりの故障発生割合を表すもの。安全管理で使われていた度数率を、設備管理の言葉に応用したもので、次の式で表される。

$$故障度数率 = \frac{停止回数の合計}{負荷時間の合計} \times 100$$

（負荷時間 ＝ 全動作時間 ＋ 停止時間）

・平均故障間動作時間（MTBF：Mean Time Between Failures）

修理できる設備において、故障から次の故障までの動作時間の平均値。

従来の平均故障間隔が、2001年のJISの改訂で名称が変わったものである。

$$MTBF = \frac{動作時間の合計}{故障停止回数の合計}$$

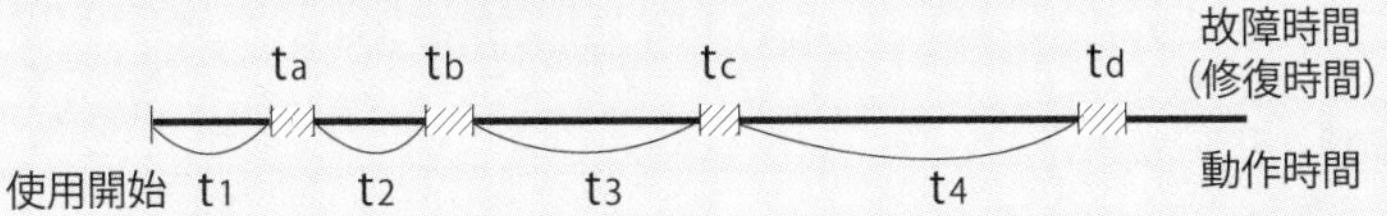

$$MTBF = \frac{t_1 + t_2 + t_3 + t_4}{4}$$

・平均故障寿命（MTTF：Mean Time To Failures）

修理しない部品などの、使用をはじめてから故障するまでの動作時間の平均値のこと。

$$MTTF = \frac{t_1 + t_2 + t_3 + t_4}{4}$$

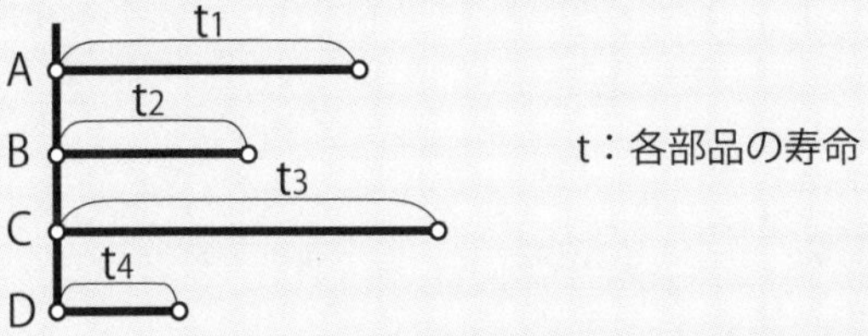

問題 12　×

これは故障のメカニズム（failure mechanism）の説明である。

問題 13　×

題意は故障モード（failure mode）の説明である。

問題 14　○

性能劣化とは、故障を起こして生産を停止する状態だけを指すものではない。生産量や品質の低下、自然劣化（経年劣化）、災害によるものも含まれる。

問題 15 ○

別名、Bar-chart ともいう。単位作業が少なく、比較的短期工事の工程管理として使用される。

問題 16 ○

主として五感による外観点検・検査で、点検同期が 1 ヵ月未満のものをいう。

問題 17 ○

点検周期が 1 ヵ月以上のものとすることが多い。

問題 18 ×

これは摩耗故障期（故障増加形）の説明である。この時期は事前の検査または監視によって予知できる故障期間で、上昇する故障率を下げることができる。

図表 3-11 ●バスタブ曲線

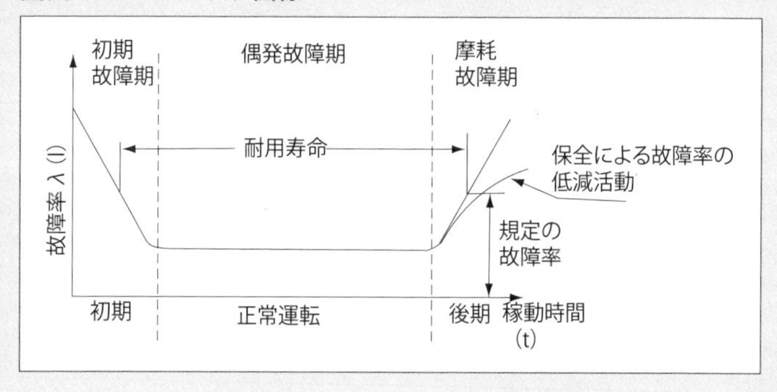

問題 19 ○

設備の故障率を稼動時間に対して示したものである（**図表 3-11**）。

問題 20 ×

設備総合効率は、時間稼動率×性能稼動率×良品率の積で表される。

問題 21 ○

次の故障がいつ起こるか予測できない期間であるが、故障率がほぼ一定とみなすことができる時期である。

問題 22 ○

形が魚の骨に似ていることから、魚の骨の図とも呼ばれている（**図表 3-5** を参照）。

問題 23 ×

劣化を防ぐ活動として含まれる。また、劣化を測定する活動には定期検査記録、改良保全記録が、劣化を回復する活動には保全報告書、設備台帳などがある。

問題 24 ×

これはパレート図の説明である。ヒストグラムとは、度数分布表から柱状図で正確に表したもので、平均値やバラツキの状態を知るために用いたり、規格値と比較して不良品をチェックするなど、一種の工程解析の手法として重要である。**図表 3-6** にヒストグラムを、**図表 3-8** にパレート図の例を示している。

問題 25 ×

これは計量値についての説明である。計数値とは、人の数、故障発生件数など本来整数でしか表さない不連続な値、不良数、欠点数、不良率などである。

問題 26 ○

JIS の定義では、同一の生産条件から生産されたと考えられる製品の集まり（ロット）から、無作為（ランダム）に一部を取り出して試験（測定）し、その結果を判定基準と比較して、そのロットの合格、不合格を決定する検査を抜取り検査という。

問題 27 ○

ほかに抜取り検査が必要なものとして、石油、ガス、石炭などがある。

[出題傾向のまとめ・重要ポイント]

毎年この分野から、2問程度出題されている。ここ数年間で出題頻度が高いのは、

(1) 予防保全は、設備の劣化を防ぐための予防措置が必要であり、点検、潤滑、調整、補修整備が必要とされる。
(2) 管理のサイクル（P-D-C-A)、パレート図などを学習しておく。
(3) 異常時の対応措置では、五感や簡易的測定による点検、ゆるみ止め防止では、二重ナットを用いる方法などである。
(4) 保全記録、設備履歴簿（台帳）の種類などである。

[今後の学習・重要ポイント]

(1) 事後保全は、設備装置などが機能低下または機能停止後に補修や交換を実施するものである。重要設備でない場合などに採用する。
(2) 機械装置が故障を起こさないようにするのが信頼性で、これを量的に表す尺度が信頼度である。
(3) 保全性とは保全のしやすさを表し、故障時などに短時間で修復ができ、正常に維持できる設備のことである。
(4) バスタブカーブとは、設備の故障率を稼働時間に対して示したもので、初期、偶発期、摩耗故障期についてしっかりと理解しておく。
(5) 計量値と計数値を覚えておくこと。正規分布は計量値分布である。
(6) p 管理図は不良率の管理図といわれ、計数値の管理図に分類される。

第4章

材料一般

出題の傾向

(1) 金属材料の種類、性質および用途について概略の知識を有すること。

(2) 金属材料の熱処理について概略の知識を有すること。

対象が広範囲であるが、(1)(2)の範囲から3問程度出題されている。

(1) 鉄鋼材料の分類から、炭素鋼鋼材(SS400、S30Cなど)の種類と記号に含まれる意味、合金鋼、ステンレス鋼の種類・特徴・用途を理解しておく。

(2) 焼入れ、焼なましなど、熱処理を行う目的を理解しておく。また、表面硬化法の種類と意味も確実に理解しておく。

1 鉄鋼材料

1-1　鉄鋼の分類

鉄鋼を成分によって分類すると、以下の 4 つである。

①（純）鉄：C（炭素）量 0.006 ～ 0.035％の鉄

② 炭素鋼：C 量 0.035 ～ 2.1％を含む鉄と炭素の合金

③ 鋳　鉄：C 量 2.1 ～ 4.3％を含む鉄と炭素の合金

④ 合金鋼：炭素鋼に 1 種類または数種類の合金元素を加えて、その性質を実用的に改善したもの

1-2　炭素鋼

(1) 物理的性質

標準組織の炭素鋼の性質は、C 量が増加するにつれて比重、線膨張係数が減少し、比熱、電気比抵抗、抗磁力は増加する。

(2) 炭素鋼の分類（図表 4-1）

① 一般構造用圧延鋼材

・SS400：あまり強度を必要としない軸部などに使用され、熱処理をしても硬度は上がらない
　引張り強さ 400N/mm^2（MPa）

② 機械構造用炭素鋼鋼材

・S30C：炭素含有量が 0.27 ～ 0.33％の範囲で、(0.27 ＋ 0.33) /2 × 100 ＝ 30 となり、炭素含有量の平均値が 0.30％を表している。

・S10C、S20C などのような低炭素含有量の軸材料よりも、S45C、S50C など高炭素含有量の方が、熱処理により高硬度の軸材料が得られる。

1-3　合金鋼

合金鋼とは、炭素鋼に 1 つまたは数種類の合金元素を加えてその性質

図表 4-1 ●炭素鋼の分類

名称	記号	種類	記号の意味	熱処理	用途
一般構造用圧延鋼材	SS	SS400	引張り強さ (400N/mm^2)	硬度は入らない	大きな強度を必要としない部分・機械部品などに用いられる
機械構造用炭素鋼鋼材	S10C ～ S25C	S10C、S15C S20C、S25C	炭素含有量の平均値(%) 0.10%・0.15% 0.20%・0.25% 0.30%・0.35% 0.40%・ 0.45%・0.50% 0.55%・	可能 浸炭焼入れ 高周波焼入れ	ボルト・ナット・ピン・リベット、小径の軸・モータ軸など
	S30C ～ S40C	S30C、S35C、S40C			ボルト・ナット・ピン・ロッド・レバー、連結棒・継手類など
	S45C ～ S55C	S45C、S50C、 S55C			強度を必要とする部品に用いられるキー・ピン・クランク軸・スプライン軸
機械構造用合金鋼	SCM	クロム・モリブデン鋼 SCM435 SCM440	合金鋼 (強じん鋼)	高周波焼入れ 油焼入れ マルクエンチ焼入れ 浸炭焼入れなど	強力ボルト・軸・アーム類、歯車など
		SCM415 SCM420			より高強度を必要とする軸など
	SNC	ニッケル・クロム鋼 SNC815			他よりねばり強さを必要とする軸

を改善し、種々の目的に適合するように加工した鋼をいう。

(1) 合金鋼の添加元素

① マンガン (Mn)

鋼のじん性(粘り強さ)を増加し、硫黄によって起こる熱間もろさを防ぐ。

② ニッケル (Ni)

鋼の結晶粒を微細化して粘り強さを増し、衝撃値の遷移温度を下げ、低温もろさをなくす。

③ クロム (Cr)

ほとんどの特殊鋼に添加される合金鋼で、焼入れ性を改善し、マルテンサイト (焼入れ組織) を安定化し、高温硬度を保持する作用を与える。オーステナイトに固溶して、焼入れ性を増す炭化物をつくり、耐摩耗性を与える。耐食性、耐酸性にも有効である。しかしCr 4%以上では鍛造を困難にし、加工性を害する。

④ タングステン (W)

焼入れ性、硬化性をいちじるしく増大させ、硬い耐摩耗性のある炭化物をつくる。また、焼入れ適正温度範囲を広くさせ、高温での強さ、硬さを増す。

⑤ モリブデン（Mo）

Cr、W と同属元素で、添加による効果はほぼ W と似ている。フェライトに固溶して強くし、とくに高温クリープの強さを高める。また、オーステナイトに固溶して焼入れ性を増す。

しかし、この種の合金鋼は焼入れに際して脱炭性が大であり、モリブデン系高速度鋼では、W 系に比べて焼入れの過敏性（適正焼入れ温度範囲を狭くする）があるなどの短所もある。

他にも、バナジウム（V）、コバルト（Co）、アルミニウム（Al）、シリコン（Si）などがある。

（2）合金鋼の種類・特徴・用途

① ニッケル鋼

Ni 5％以下、C 0.1 ～ 0.4％を含有するパーライト鋼である。炭素鋼と比べて強じんで質量効果も小さく、また耐摩耗性および耐食性に優れている。Cr、Mo などを少量添加することにより、その性質がいちじるしく改善される。

② ニッケル・クロム鋼（SNC）

Ni-Cr 鋼は、Ni と Cr の長所をもっとも有効に組み合わせたものである。強じんで熱処理効果が大きく、質量効果が小さく、炭素鋼に比べて耐摩耗性、耐食性、耐熱性などにいちじるしく優れている。

さらに、高温で長時間加熱しても結晶粒が粗大化しにくく、焼入れ、焼戻しを行うことで真価が発揮される。

- 焼入れは、普通 1093K（820℃）～ 1153K（880℃）から油焼入れを行う
- 焼戻しは、823K（550℃）～ 923K（650℃）で焼戻しした後、水中または油中で急冷する

主な用途は、強度とじん性、耐熱性、耐食性を要求されるボルト・ナットやクランク軸、歯車、軸類などである。

③ クロム鋼（SCr）

構造用鋼としての Cr 鋼は、Cr 2％以下、C 0.1 ～ 0.5％を含有するパー

ライト鋼で、機械的性質は焼なまし状態では炭素鋼と大差がない。しかし、焼入れ、焼戻しすることでより強じんとなる。これは、Crが炭化物をつくって鋼の硬さを大きくし、その結果、耐摩耗性を増大させるためである。

主な用途は、強度、じん性、耐摩耗性を要する軸類、ピン、キー、歯車、ボルト・ナットなどである。

④ クロム・モリブデン鋼（SCM）

Cr-Mo 鋼は、Cr 鋼に 0.15 ～ 0.35％の Mo を加えたもので、強じん鋼および浸炭鋼として用いられる。Cr 鋼よりも焼なましにより軟化する傾向が大きいので加工しやすくなり、また溶接にもっとも適した鋼である。

主な用途は、強度、じん性、耐摩耗性を要する軸類、ピン、キー、歯車、ボルト・ナットなどである。

⑤ ニッケル・クロム・モリブデン鋼（SNCM）

Ni-Cr-Mo 鋼は、Ni-Cr 鋼に 0.1％以下の Mo を添加したもので、強じん鋼および浸炭鋼として用いられ、構造用鋼中もっとも優秀な鋼である。

用途は、強度、じん性、耐摩耗性を要求される大型軸類、歯車、タービン羽根、クランク軸などである。

⑥マンガン鋼（SMn）

Mn 鋼は、安価な合金鋼で、低 Mn 鋼（Mn 含有量 1.0 ～ 2.0％）と高 Mn 鋼（Mn 含有量 10 ～ 14％）に大別される。

低 Mn 鋼は、圧延したままで使用され、高張力鋼（High Tension Steel）といい、建築、橋梁、船舶、鉄道車両などに利用されている。

(3) 工具鋼の種類・特徴・用途

① 炭素工具鋼（SK）

工作機械や刃物、工具に用いられる鋼は硬さと耐摩耗性が必要であるが、炭素工具鋼は焼入れ性が悪く、水焼入れすると焼割れやひずみが発生しやすいという欠点がある。低価格の刃物や工具などに使われる。

② 合金工具鋼（SKS）

炭素工具鋼に W、Cr、Ni、V、Mo などを適量添加したもので、炭素工具鋼の欠点をカバーした、少々高級な鋼材である。切削用と金型に大別さ

図表 4-2 ●ステンレス鋼の分類

No.	区分と JIS 規格	主成分	主な用途・対策用	溶接性	代表鋼材
1	オーステナイト系 300 番台	18Cr-8Ni	耐食用溶接構造物 高炭素系は溶接部の 腐食に注意	溶接性良好	SUS304 SUS316
2	フェライト系 400 番台	13 ～ 30Cr	耐熱用溶接構造物 25Cr は耐応力腐食割れ用 孔食に注意	溶接性良好	SUS430 SUS436
3	2 相系 329J 系 （オーステナイト ＋フェライト）	25Cr-5Ni	耐応力腐食割れ用 溶接部の腐食に注意	溶接性良好 溶接部脆弱	SUS329J1 SUS329J2L
4	マルテンサイト系 400 番台	13 ～ 19Cr で 高炭素	耐食・耐摩耗用 焼入れ硬化する	溶接困難	SUS403 SUS410
5	析出硬化系 630 番台	17Cr-7Ni	耐食・耐摩耗用 約 823K の加熱で硬化する	硬化処理前に 溶接	SUS631

れる。

③ 高速度鋼（SKH）

強力切削用に用いられる。成分は、C 0.6 ～ 1.0％、Cr 約 4％、W 14 ～ 20％、V 約 2％を含有する工具鋼で、この他に Co、Mo を添加したものなど多くの種類がある。18-4-1 ハイスといわれ、幅広く用いられている。

金属材料を高速度で切削し、刃先が 873K（600℃）程度になっても切削能力が低下しないという性質から高速度鋼といわれる。

(4) ステンレス鋼の種類・特徴・用途

鉄鋼材料の欠点は、水中や湿気、化学薬品などに侵されて、錆を生じることである。ステンレス鋼または不腐鋼は、Cr や Ni を加えて耐酸性化や不動態を与え、腐食に耐えるようにした合金鋼である。化学成分から Cr 系と Cr-Ni 系に大別され、組織上からはマルテンサイト系、フェライト系オーステナイト系に分類される（**図表 4-2**）。

① クロム系ステンレス鋼（Cr 系）

鋼の耐食性は、Cr を添加することでいちじるしく向上する。Cr（12 ～ 15％）を含むステンレス鋼はパーライト鋼で、13 クロム鋼（Cr 13％）といわれる。C と Cr の含有量により焼入れ可能なマルテンサイト系と焼入れできないフェライト系に分類される。

② オーステナイト系ステンレス鋼

代表的なのは、SUS304 に代表される 18%クロム(Cr)、8%ニッケル(Ni)の 18-8 ステンレス鋼である。

常温でもオーステナイト組織となり、軟らかくて加工性が良く、非磁性である。耐食性、耐酸性は 13 クロム鋼よりも優れ、加工性、溶接性、機械的性質が良い。

用途は、食品設備、一般化学設備、ボルトナット、家庭用品、建築外装などであり、防錆や美観目的で使用される。

1-4　鋳鉄

(1) 普通鋳鉄（ねずみ鋳鉄）

鋳鉄は、C 1.7 以上〜 6.67%までを含む鉄合金と定義されているが、一般的には C 2.0 〜 4.0%程度の範囲に限定される。

(2) 普通鋳鉄（FC300 など）の特性

① 圧縮強さが引張り強さの 3 〜 4 倍もある

② 弾性係数が鋼よりも低い

③ 熱伝導率が鋼よりも高く、とくに低級品種になるほど増加する

④ 振動を吸収する特性がある。これを減衰能という

(3) 耐摩耗性

普通鋳鉄の耐摩耗性は一般に良好で、軸受、歯車、シリンダ、ピストンリング、工作機械のベッド、ブレーキシューなどに使用される。

1-5　鋳鋼

(1) 炭素鋼鋳鋼

鋳鋼品の多くは炭素鋼（SC410、SC450 など）でつくられる。強じん性があるので、機械部品としての用途が広い。

① 低炭素鋼鋳鋼品：C ＜ 0.2%

② 中炭素鋼鋳鋼品：C 0.2 〜 0.5%

③ 高炭素鋼鋳鋼品：C ＞ 0.5%

ほとんどの鋳鋼品は、機械的性質を改善するために、焼なましや焼なら

しを行って使用する。

(2) 合金鋼鋳鋼

① ステンレス鋳鋼

一般に 773K（500℃）以下の温度で、腐食物質にさらされているため、これに耐える性質を持った鋳鋼である。

高 Cr-Ni 系のものは 18-8 ステンレス鋼の鋼種に属し、耐食性は 13 クロム系のものより広範囲の腐食剤に対して優れている。

② 高マンガン鋳鋼

高マンガン（Mn）鋳鋼は、耐摩耗用としての用途が広く、レールクロッシング（分岐器）、各種粉砕機の部品などに用いる（Mn 11 ～ 14%、C 0.9 ～ 1.3%を含む鋼種）。

2 非鉄金属材料

元素のままで工業材料として用いるのは、銅、アルミニウム、すず、鉛、亜鉛などである。銅を主成分とする合金には、青銅、黄銅などがあり、アルミニウムを主成分とする合金には、ジュラルミンなどがある。また、鉛、すずを主成分とする合金には、はんだ、活字合金がある。

2-1 銅および銅合金

(1) 銅（Cu）の性質

① 電気や熱の伝導率が高く、反磁性（磁石に反発する）である
② 展延性があるが、加工硬化する
③ 鉄より耐食性はあるが、湿気や炭酸ガスによって表面に緑青が生じる
④ 収縮率が大きく、鋳造しにくく、切削性が悪い

(2) 黄銅（Brass）

黄銅は真鍮（しんちゅう）ともいい、銅（Cu）＋亜鉛（Zn）の合金である。

Cu 70%、Zn 30%のものを七三黄銅といい、冷間加工性に富み、圧延加工材として用いられる。また、Cu 60%、Zn 40%のものを六四黄銅といい、鍛造や熱間加工に用いる。

(3) 青銅 (bronze)

銅 (Cu) とすず (Sn) の合金で、Sn 30%くらいまでの範囲が実用に供されている。青銅は強く、鋳造しやすく、耐食性、耐摩耗性に優れた材料で、貨幣、銅像、鐘、美術工芸品などの鋳造に用いられる。Sn 8 ～ 13%の青銅は砲金といい、機械部品に用いられる。

(4) アルミニウム青銅

Cu を主成分とする Cu-Al 系合金で Sn を含まないもので、機械材料として使われている。

特殊アルミニウム青銅は、Al (7 ～ 12%)、Fe (1 ～ 6%)、Ni (0.5 ～ 6%)、Mn (0.5 ～ 2%) 程度を含み強力であり、耐食性、耐摩耗性に優れ、高級機械部品、化学工業用などに用いられる。しかし、鋳造性、加工性、溶接性に劣る。

(5) リン青銅

青銅をリン (P) で脱酸し、P を少量残した青銅である。

鋳造用は耐食性、耐摩耗性に優れ、展伸用としては加工性、耐疲れ性に富んでいるため、歯車、ウォームホイール、軸受、ばね材として使用されている。

2-2 アルミニウムとその合金

アルミニウム (Al) の特質は、比重が約 2.7 で、Mg (1.74)、Be (1.85) を除けば、実用金属中軽い部類に属する。また、空気中では耐食性が大で(表面に不浸透性の薄い強固な酸化膜ができ、外気との接触を断つ) 清水にも侵されないが、海水中でやや腐食しやすく、塩酸、硫酸、アルカリなどに容易に侵される。熱や電気の伝導性は、銅に次いで良好である。

板材、電気機器、建築、車両材、家庭用品など用途は広い。

高力アルミニウム (Al) 合金は、Cu を含み、加工と熱処理によって強度を高めた合金である。航空機などの機械部品で、軽量で強力なことを必要とする部位、部品などに使用される。

3 熱処理・表面硬化

熱処理とは、熱して冷やすことである。鋼の熱処理は変態（鋼の性質が急変すること）を利用して組織を変化させ、鋼の機械的性質を使用目的や用途に適するように改善するための加熱・冷却の熱操作である。

3-1 熱処理

(1) 焼ならし

鋳造や鍛造によって粗大化した鋼の結晶組織を、微細化して組織を均一な標準組織にし、機械的性質を向上させる。そのために、鋼を適度な温度に加熱し、ある時間保持した後に空気中で冷却（空中放冷法）する操作をいう。

(2) 焼なまし

鋼を適度な温度に加熱し、ある時間保持した後に炉中で徐々に冷却する操作である。その方法には、完全焼なまし、軟化焼なまし、球状化焼なましがある。目的は以下のとおりである。

① 鋼の内部ひずみの除去または軟化を行う

② 鋼の結晶組織のひずみや粗大化したものを正常な組織に調整する（低温焼なましともいう）

(3) 焼入れ

鋼の焼入れは､加熱オーステナイトを急冷してパーライト変態を阻止し､これをマルテンサイトに変える熱処理である。通常、焼入れとは金属を急冷して硬化させる熱処理を指している。鋼材は、その質量が大きくなるほど焼入れの効果が減少する。このように、焼入れ効果におよぼす質量の影響を鋼の質量効果という。

(4) 焼戻し

焼入れした鋼は硬くて強いがもろい。また、焼割れを起こしていなくても、焼割れの原因になるような内部応力が発生しており、不安定で安定状態に復帰しようとする傾向をもっている。いったん焼入れしたものを再加熱する熱処理を焼戻しという。また、焼戻すことを調質という。硬度が低下してもろさは軽減され、じん性が高くなる。

3-2 熱処理による表面硬化

(1) 目的

鉄鋼製の機械構造部材表面を硬くして、摩耗や局部圧力または繰返し負荷に耐えるようにすることである。

(2) 分類

表面硬化を広義の意味に解して、塑性加工によるもの、溶接や溶射による肉盛り、めっきも含まれる。

① 拡散浸透処理：浸炭、窒化、浸硫窒化、金属セメンテーション

② 表面焼入れ：火炎焼入れ、高周波焼入れ、無浸炭焼入れ

③ 被覆処理：硬質クロムめっき、粉末溶射、放電硬化、溶接肉盛り

④ 加工硬化処理：ショットピーニング、表面圧延

(3) 表面硬化法

① 高周波焼入れ

鋼の表面付近に設置したコイルに高周波電流を流して、鋼材の表面を加熱した後に冷却すると、表面だけが焼入れされる。これにより、研磨割れの防止と耐摩耗性の向上が得られる。

適材は、C 量が 0.35 ～ 0.5％程度の炭素鋼および合金鋼であり、S35C ～ S48C、SNC836 などがある。

② 浸炭

低炭素鋼（C 0.12 ～ 0.23％程度の合金鋼、肌焼き鋼）を浸炭剤中で加熱して、鋼表面から炭素を浸透させて表面付近の C 濃度を高め、さらに

熱処理（焼入れ、焼戻し）を行うことで表面を硬化させる。しかし、心部は低炭素鋼なので硬化せず、ねばり強さを保持している。

深さは0.8～1.5mmで、硬度は750HV以下である。適材は、SNC415、SNCM220、SCr415、SCM415などである。

③ 窒化

調質後の鋼の表面に窒素を浸透させることにより表面を硬化させる方法で、焼入れ・焼戻しが不要なので、焼割れやひずみの発生がない。硬化深さは窒化処理温度、処理時間、材質、調質によって異なるが、0.1～0.6mm程度である。硬度は1000HV以下である。

④ 火炎焼入れ

あらかじめ調質した構造用鋼の必要な個所を酸素とアセチレン炎で急熱し、表面がオーステナイト組織になったときに、水をかけて急冷し、その部分だけを焼入れ・硬化させるものである。0.4％程度の構造用鋼ならば、炭素鋼や特殊鋼でも目的に応じて使用できる。

⑤ ショットピーニング

噴射加工の一種で、無数の鋼鉄や非鉄金属の小さな球体（直径0.2～3mm程度）を高速で表面に噴射、衝突させることで、そ性変形による加工硬化、圧縮残留応力の緩和、耐摩耗性、耐応力腐食割れなどを図る表面加工処理方法である。

そのほか、サンドブラスト、ショット・ブラストなどもある。

4 熱処理により生じる材料の欠陥

4-1 変形・変寸

変形とは、曲がり、反り、ねじれなどの形状の変化をいう。また変寸は、縮み、太り、細りなどの寸法の変化をいう。たとえば、焼入れをすると、曲がったり、伸びたり、縮んだりする。

変形は、おもに冷却のムラによって起こる。一般的には、早く冷えた側が凸、遅く冷えた側が凹になる傾向にある。

4-2　割れ

焼入れにおいて加熱され、オーステナイト化された鋼は水に入れた瞬間はまだオーステナイトの状態で軟らかく粘（ねば）いので割れは生じない。割れが発生するのは、もっと冷えて低温となり、マルテンサイトに変態するときであり、縮まった鋼が膨張に逆転するときの体積の変化（膨張）が原因で発生する。

焼割れは、油焼入れよりも水焼入れの方が多く発生する。したがって、隅や角には（R3 ～ 5mm）を付けることが必要である。

（1）金属材料の性質

① 融点［K］（K：ケルビン温度、0℃≒ 273K と換算する）

タングステン（3660K）　＞　鉄（1809）　＞　銅（1358）
　＞　金（1337）　＞　銀（1233）　＞　アルミニウム（933）

② 比重

金（19.32）　＞　タングステン（19.30）　＞　銀（10.50）
　＞　銅（8.95）　＞　鉄（7.90）　＞　アルミニウム（2.70）

③ 熱伝導率［W/m・k］

銀（428）　＞　銅（403）　＞　金（319）　＞　アルミニウム（236）
　＞　タングステン（173）　＞　鉄（83.5）　＞　ステンレス（16.7）

④ 抵抗率［10^{-8} Ω・m］

鉄（10.0）　＞　タングステン（5.48）　＞　アルミニウム（2.62）
＞金（2.40）　＞　銅（1.72）　＞　銀（1.62）

材料一般

実力確認テスト

問題 1　一般構造用圧延鋼材（SS 材）は、ボルトナット、船、橋、自動車などの一般構造用として、とくに大きな強度を必要としない個所に多く使用されている。

問題 2　一般に、炭素鋼は炭素量の増加とともに引張り強さや硬度は増加し、伸び、絞りは減少する。

問題 3　機械構造用炭素鋼鋼材で、S20C は S50C よりも炭素（C）を多く含んでいる。

問題 4　18-8 ステンレス鋼は、軟らかくて加工性がよく、非磁性である。

問題 5　鋳鉄の炭素含有量は純鉄よりも少ない。

問題 6　普通鋳鉄は、一般に耐摩耗性が良好で、軸受、歯車、ピストンリング、工作機械のベッドなどに用いられる。

問題 7　非鉄金属材料で工業用材料として用いられる銅の性質としては、電気や熱の伝導率が高く反磁性であることがあげられる。

問題 8　黄銅は銅と亜鉛の合金で、砲金ともいわれる。

問題 9　青銅は銅とすずの合金で、鋳造しやすく耐食性、耐摩耗性にすぐれている。

問題 10　アルミニウムは銅よりも熱伝導率が高い。

問題 11　焼入れ後の鋼を再加熱して組織を安定させ、じん性を与え、ねばり強くする熱処理を焼戻しという。

問題 12　金属材料に加熱、冷却の諸操作を施して材質を調質する作業を熱処理という。

問題 13　熱処理とは焼ならし、焼なまし、めっき、塗装などの作業のことである。

問題 14　高周波焼入れによる適材は、S45C、S50C など機械構造用炭素鋼である。

問題 15　浸炭焼入れは低炭素鋼を浸炭剤中で加熱し、鋼表面から炭素を浸透させて表面付近の炭素濃度を高め、さらに熱処理を行い鋼の表面を硬化させる方法である。

問題 16　亜鉛めっきは、金属光沢をもち、空気で変色しにくく衛生上無害のため、食品容器類、缶詰類などのめっきに用いられる。

問題 17　ステンレス鋼の熱伝導率は軟鋼の約５分の１程度であるため、ステンレス風呂のほうが軟鋼風呂よりさめにくい。

材料一般

解答と解説

問題 1　○

SS400の引張り強さは、400～510N/mm^{2}である。

問題 2　○

① 物質的特性：炭素量の増加に伴って、比重、線膨張係数は減少し、比熱、電気抵抗、抗磁力は増加する

②機械的特性：亜共析鋼（0.8％C）では、炭素量に比例して、ほぼ直線的に変化する。炭素量の増加とともに引張り強さ、降伏点、硬度は増加し、伸び、絞り、衝撃値は減少する。一般に、473K（200℃）～573K（300℃）において、引張り強さ、硬度がもっとも大きく、伸び、絞りはもっとも小さい

問題 3　×

S20Cの炭素含有量は約0.2％、S50Cの炭素含有量は約0.5％である。

問題 4　○

クロム・ニッケル鋼は、標準の成分がCr18％、Ni8％であることから、18-8ステンレス鋼と呼ばれる。常温でもオーステナイト組織となり、軟らかくて加工性がよく、非磁性である。

問題 5　×

鉄鋼の成分によって分類すると次のとおりである。

① 純　鉄：炭素量0.006～0.03％の鉄

② 炭素鋼：炭素量0.03～2.1％を含む鉄と炭素の合金

・軟　鋼：炭素含有量0.05～0.3％のもので、焼入れが十分にはいらない

・硬　鋼：炭素含有量0.3～0.6％のもので、熱処理効果がある

・最硬鋼：炭素含有量0.6～1.5％のもので、焼入れによりきわめて硬くなる

③ 鋳　鉄：炭素量2.1～4.3％を含む鉄と炭素の合金

④ 合金鋼：炭素鋼に1種または数種の合金元素を加えて、その性質を実用的に改善したもの

問題6　○

普通鋳鉄の耐摩耗性は一般に良好で、軸受、歯車、シリンダ、ピストンリング、工作機械ベッド、ブレーキシューなどのように用途が広い。これは、以下のような特性による。

① 黒鉛が潤滑剤的な役割をする

② 適度な硬さをもっている

③ 弾性係数が低いので、荷重に対して変形能があり、摩擦力に対してなじみやすい

④ 熱伝導が良いので、摩擦熱をすみやかに逃がし、焼付きを防ぐ

問題7　○

銅は以下のような特性をもっている。

① 電気、熱の伝導率が高く、反磁性である

② 展延性があるが、加工硬化する

③ 鉄より耐食性はあるが、湿気や炭酸ガスがあると表面に緑青を生じる

④ 収縮率が大きく、鋳造しにくく、切削性が悪い

問題8　×

黄銅は真鍮ともいい、銅（Cu）＋亜鉛（Zn）の合金である。銅70％、亜鉛30％のものを七三黄銅、銅60％、亜鉛40％のものを六四黄銅という。

問題9　○

題意のとおりである。Sn 8～13％のものは砲金ともいわれ、機械部品に用いられる。

問題 10　×

熱伝導率とは、単位距離間に単位温度差があるときに単位面積あたり、単位時間あたりに伝わる熱量をいう。熱伝導は高純度のものほど良く、不純物を含むほど悪くなる。熱伝導率は、300K（27℃）において、銅は 398〔W/m・K〕、アルミニウムは 237〔W/m・K〕となる。

問題 11　○

図表 4・3 に熱処理の分類と目的を示す。

図表 4-3 ●熱処理の分類と目的

分　類	目　　的
焼ならし (normalizing)	鋳造や鍛造後の粗大化した鋼の結晶粒を微細化したり、組織を均一化して機械的性質を改善させる
焼なまし (annealing)	内部応力の除去、硬さの低下、被削性の向上、結晶組織の調整を行って、必要な機械的・物理的性質を得る
焼入れ (quenching)	鋼を硬化させることにより、強度、耐摩耗性などの機械的性質を向上させる
焼戻し (tempering)	焼入れ後の鋼は硬く、もろく、また組織も不安定であるので、組織を安定させ、またじん性を与え、粘り強くする

問題 12　○

鋼の熱処理とは、変態（性質が急変すること）を利用して組織を変化させ、鋼の機械的性質を使用目的や用途に適するように改善するための熱操作である。一般に、機械装置を構成している数多くの鉄鋼材料は、その使用目的や用途に合った熱処理がなされている。

問題 13　×

熱処理には、焼ならし、焼なまし、焼入れ、焼戻しなどがある。

問題 14　○

適材は C 量が 0.35 ～ 0.5% 程度の炭素鋼および合金鋼であり、S35C ～ S38C がある。

問題 15　○

低炭素鋼（C 0.12～0.23％程度の合金、肌焼き鋼）を浸炭剤中で加熱し、鋼表面から炭素を浸透させて表面付近のC濃度を高め、さらに熱処理（焼入れ、焼戻し）することで、鋼の表面を硬化させる方法である。

しかし、その心部は低炭素鋼なので硬化せず、粘り強さを保持している。

問題16 ×

これは、すずめっきの説明である。亜鉛めっきは、大気中の鉄鋼の錆止めとしてすぐれており、安価である。電気亜鉛めっきは、外観を重視しない工業用品の防食めっきとして利用される。また、溶融めっき製品としては、亜鉛めっきした鋼板をトタンという。

問題17 ○

題意のとおりである。合金元素が添加されると熱伝導率は小さくなる。

［出題傾向のまとめ・重要ポイント］

近年、この分野からは３問程度出題されている。ここ数年間の出題頻度の多いのは以下のとおりである。

(1) 焼入れ、焼なましなどの熱処理は、機械的性質をどのように改善するための操作であるかを理解しておく。

(2) SS400、S30C など炭素含有量、JIS 記号の意味を理解しておく。

(3) ステンレス鋼の種類、性質、特徴、用途をまとめ理解しておく。

(4) 熱処理による表面硬化の分類（クロムめっき、浸炭、窒化など）と目的を理解しておく。

［今後の学習・重要ポイント］

(1) 炭素含有量の意味を理解する。S10C（0.10％）よりも S50C（0.50％）の方が熱処理により硬度が高く（硬く）なる。

(2) ステンレス鋼 SUS304 に代表される 18-8 ステンレス鋼（18％クロムと 8％ニッケル）の特徴として、加工性・溶接性が良い点があげられる。また非磁性であり、耐食性に優れ、食品設備など用いられている点を押さえておく。

(3) 銅合金の黄銅、青銅、リン青銅は、銅と何の合金か、またその特徴を学習する。

(4) 熱処理による表面硬化の分類から、浸炭、窒化、高周波焼入れ、クロムめっき、ショットピーニングの処理方法と特徴をしっかりと押さえておく。

第5章

安全衛生

出題の傾向

(1) 機械保全作業に伴う安全衛生に関し、概略の知識を有すること。

(2) 労働安全衛生法関係法令のうち、機械保全作業に関する部分について詳細な知識を有すること。

(1)(2)の範囲から各1問程度出題されている。

① 5Sから整理、整頓の意味を確認する出題が多い

② 各種工作機械の安全作業からは、ボール盤作業、両頭グラインダ作業などの安全方策についての出題が多い

第一に安全作業の確保という基本をとらえることが重要である。

1 安全衛生管理体制

1-1　安全管理者を選任すべき事業所

自動車整備業、機械修理業、通信業、電気業などで、常時 50 人以上の労働者がいる事業所では、安全管理者を選任しなければならない。

1-2　安全衛生保護具

(1) 安全帯（安衛則 518.520.521.533.563.564）

① 次の場所での作業時は、必ず安全帯を使用する

・高さ 2m 以上で作業床のない場所

・高さ 2m 以上の作業床開口部付近

② 作業に適した安全帯を使用すること

・一般安全帯

・U 字吊り専用安全帯（電工用）

(2) めがね

作業に適した保護めがねを着用すること（労働安全衛生規則 312、313 など）

・はつり作業、グラインダかけ、高速カッタ作業

・電気溶接、ガス溶断作業

・アーク溶接用保護めがねの遮光度

JIS T 8141 によると、アーク溶接用遮光めがねには遮光度番号 5 ～ 14 が規定され、遮光度番号 5 ～ 6 は 30A 以下であることが規定されている。

図表 5-1 ●研削作業の安全対策

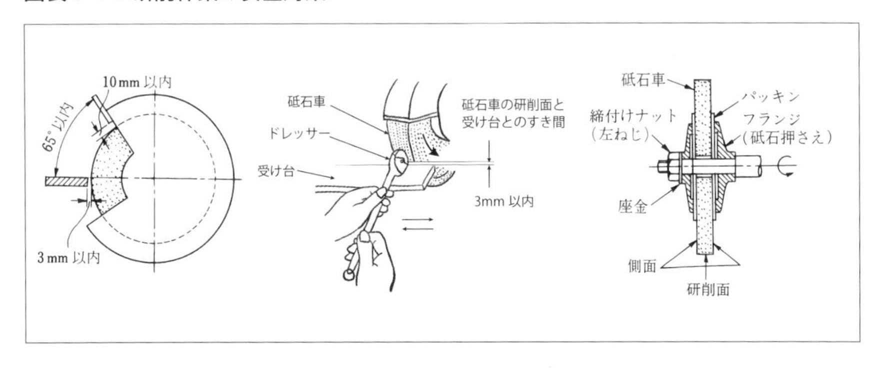

2 安全対策

2-1 作業の安全対策

(1) ボール盤作業の安全対策

- 歯車、回転部、ベルトなどには防護装置を取り付ける
- ベルトに損傷はないか、また継目部分に危険はないか
- 手袋使用禁止の標識などを完備し、また守られているか
- 保護めがねを使用しているか
- ドリルの回転中には、切り屑を手で取り払わず、ハケなどを用いる

(2) 研削作業の安全対策

- 卓上用研削盤、床上研削盤では、砥石の露出部が 90 度以内となるような丈夫な覆いを付けなければならない
- 受台と砥石の周面との間隔は 3mm 以下に調整して作業する
- その日の作業を開始する前に 1 分以上、また砥石を取り替えたときは 3 分以上、試運転を行ってから作業する
- 研削砥石の最高使用周速を超えて使用してはならない
- 側面を使用することを目的とする研削砥石以外は、側面を使用して作業

をしてはならない
- 砥石車とフランジの間には必ずパッキンを入れて締め付ける
- 砥石の取替えと取替え時の試運転は、特別教育終了者が行う

2-2　覆いや囲い・手すりによる安全対策

労働安全衛生関係法令には、次の設備の設置について定めがある。

- 回転軸、歯車、ベルトなどの危険な部分への覆い、囲い、スリーブ
- 木材加工用の帯のこ盤およびのこ車、直径 50mm 以上の研削砥石への覆い
- 頭上にあるプーリ間が 3m 以上、幅 15cm 以上のベルトの下方の覆い
- 破損した加工物を飛散させる恐れがある機械への覆い
- 高さが 2m 以上の作業床上での墜落危険個所には、囲い、手すり、覆いを設置すること。また、屋内作業においては、機械間の通路は 80cm 以上、頭上障害禁止、床上 1.8m 以内の足場幅は 40cm 以上、はしご設置は 1.5m 以上などが規定されている。

2-3　クレーンに関する安全知識

(1) 玉掛けの方法

① ワイヤーロープはフックの中心（もっとも強い）に掛けること
② 1 本吊りは絶対にしないこと（4 本吊りを原則とする）
③ 吊り角度は 60 度以内とする
④ 作業時は必ず手袋をはめ、吊り荷の上には絶対に乗ってはならない

(2) ワイヤーロープの使用禁止

① ワイヤーロープの 1 撚りの間において、素線数の 10%以上を切断したもの
② ワイヤーロープの直径の減少が公称径の 7%を超えるもの
③ キンク、いちじるしい形くずれ、また腐食したもの

図表 5-2 ●クレーン作業の安全知識

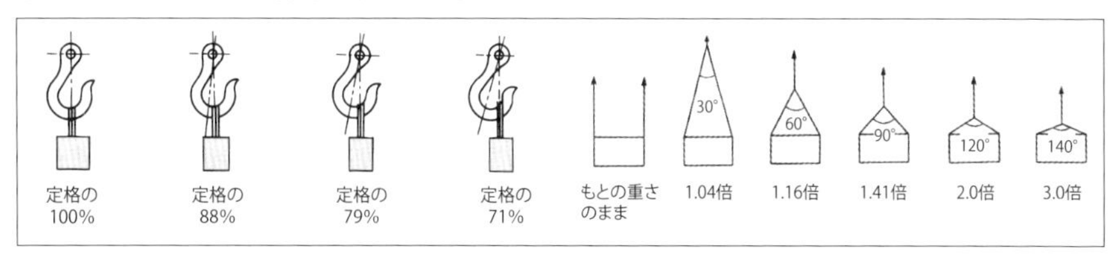

図表 5-3 ●使用禁止となるワイヤーロープ

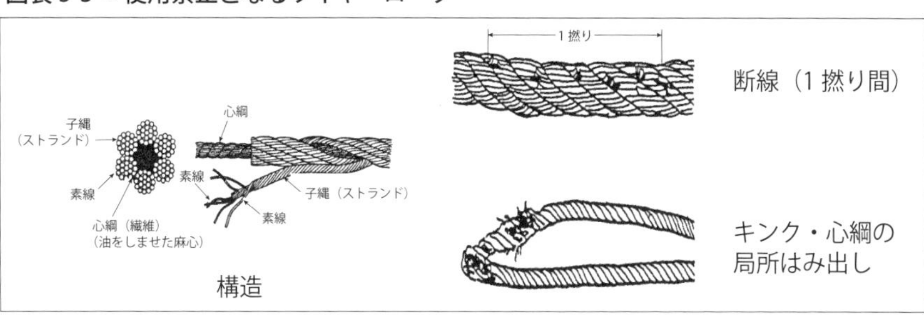

2-4 消火器

火災は、燃焼する物質により分けられる。

① A 火災(普通火災):木材、紙、繊維など

② B 火災(油火災):石油類その他の可燃性液体、油脂類など

③ C 火災(電気火災):電気設備、電気器具など

消火器は、薬剤の種類により対応できる火災が異なるので、次のような円形標識の色により識別する。

① A 火災:白色

② B 火災:黄色

③ C 火災:青色

2-5 プレス作業の安全対策

労働安全衛生規則 133 条によれば、事業者は、動力により駆動されるプレス機械を 5 台以上有する事業場において行う作業については、プレス機械作業主任技能講習を終了した者のうちからプレス機械作業主任者を選任しなければならないと規定している。同規則 129 条で木材加工用機械も同様に義務付けられている。

2-6　酸素欠乏症の予防

労働安全衛生法によると、酸素欠乏とは空気中の酸素濃度が18%未満である状態をいい、酸素欠乏症とは、酸欠の空気を吸入することにより生じる症状が認められる状態をいう。

安全衛生

実力確認テスト

問題1 ボール盤作業では、切屑で手をきずつけやすいので、かならず手袋を着用する。

問題2 ボール盤作業において、惰力で回転しているドリルを早く止めたいので、棒を使ってスリップさせながら止めた。

問題3 はつり作業、グラインダがけ、電気溶接作業には保護眼鏡は着用するが、ボール盤作業には必要ない。

問題4 両頭グラインダを使用するときは、その日の作業を開始する前に、かならず1分間以上の試運転を行わなければならない。

問題5 すべての研削砥石は、側面を使用して作業することができる。

問題6 研削砥石を取り替えるときは、砥石の側面にあるラベルをはがして取り付けなければならない。

問題7 アーク溶接作業時に、手元が見にくかったので保護眼鏡をはずして作業を開始した。

問題8 アーク溶接作業を行うときは、これを区画しなければならない。

問題9 労働安全衛生規則では、屋内通路において高さ2m以内に障害物を置いてはならないとしている。

問題10 機械間またはこれと他の設備との間に設ける通路は、幅50cm以上としなければならない。

問題11 労働安全衛生関係法令によれば、高さ2m以上の高所作業床には、高さ50cm以上の手すりを設けなければならない。

問題12 ワイヤロープの直径の減少が、公称径の3%を超えるものは使用禁止とする。

問題13 消火器に付けられている白色、黄色、青色の円形標識は、適応する火災の区分を表している。

問題14 フールプルーフ設計とは、設備を使用する段階において誤操作を避けるように、また誤操作があっても設備に誤操作や故障がないようにする設計である。

問題 15 産業用ロボットの自動運転状態で、ロボット本体が停止していたので、可動区域内であるが様子を見るためにロボットに近づいた。

問題 16 高所作業足場として、木製パレットを何枚も積み重ねて作業床を確保すれば、足場として使ってもよい。

問題 17 安全装置とは、機械設備などに付設して、作業者の危害や機械設備の損壊を防止することを目的とした機械的、電気的な機能をもつ装置をいう。

安全衛生

解答と解説

問題 1　×

労働安全衛生規則（安衛則）第 111 条の手袋の使用禁止では、ボール盤、面取り盤などの回転する刃物に、作業者の手が巻き込まれるおそれがあるときは、手袋の使用を禁止している。

問題 2　×

安全対策の例として、以下がある。

・ドリルの回転中は切屑を手などで取り払わないで、はけなどを用いる

・棒などの使用は禁止

問題 3　×

作業に適した保護眼鏡を着用しなければならない。

・はつり作業、グラインダがけ、高速カッタ作業など

・電気溶接、ガス溶断作業など

・ボール盤作業など

問題 4　○

安衛則第 118 条では、

・その日の作業を開始する前に 1 分間以上

・砥石を取り換えたときは 3 分間以上

の試運転を行ってから作業をするように定められている。

問題 5　×

側面使用を目的とする研削砥石以外は、砥石の側面を作業に使用してはならない。

問題 6　×

砥石車とフランジの間には、必ずパッキンを入れて締め付けるため、パッキンの役目をする側面ラベルをはがしてはならない。

問題 7　×

保護眼鏡は、かならず着用しなければならない。

問題 8　○

アーク溶接作業の際の留意点は以下のとおりである。

①アーク溶接のアークその他強烈な光線を発散して危険のおそれのある場所については、これを区画しなければならない（安衛則第 325 条）

②作業場所の近くに引火物、爆発物、可燃物がないかを点検し、事前に処置しておかなければならない

③溶接火花の飛散防止、落下防護をしなければならない。また、作業の際には消火器を身近に置いておくようにする

④作業場所の換気を良好にしておき、湿潤または水たまりのある場所では事前に処置する

問題 9　×

安衛則第 542 条では、通路面から高さ 1.8m 以内に障害物を置かないように定められている。

問題 10　×

安衛則第 543 条では、機械間またはこれと他の設備との間に設ける通路については、幅 80cm 以上にしなければならないと規定されている。

問題 11　×

安衛則第 563 条では、高さ 2m 以上の作業場所には、作業床を設けなければならないと定めている。この場合、高さ 85cm 以上の手すりなどを設けなければならない。

問題 12　×

ワイヤロープは、以下の場合は使用禁止とされている。

・ワイヤロープの 1 撚りの間において、素線数の 10％以上を切断したもの

・ワイヤロープの直径の減少が、公称径の 7％を超えるもの

問題 13　○

白色は一般火災用、黄色は油火災用、青色は電気火災用である。

問題 14　○

フールプルーフ設計とは、ある機械に対して、その作業標準や危険性をよく理解していない人間でも、いかなる誤動作も行わないように設計された装置のこと。

問題 15　×

ロボットの不意作動により災害に至る危険性があるので、ロボット駆動源が停止となっていることを確かめて作業を行う必要がある。

問題 16　×

木製パレットは一般的に床板にすきまがあり、足を踏み外す危険をともなうものがある。また、ただ積み重ねただけではぐらつき転倒のおそれがあるので、その措置も必要となり、適当ではない。

問題 17　○

一般に、安全装置とは、次のようなものである。

・プレス機械、またはシャーの安全装置
・緊急停止装置
・過負荷防止装置
・反発予防装置
・丸のこ盤の刃の接触予防装置
・手押しかんな盤の刃の接触予防装置
・自動電撃防止装置
・感電防止用漏電遮断装置
・安全ブロック
・インタロック装置
・安全弁
・逃がし弁
・破裂板

[出題傾向のまとめ・重要ポイント]

この分野からは2問程度出題されている。ここ数年間の出題頻度が高いのは、

(1) 5Sからは整理、整頓の意味を問われる。

(2) ボール盤の安全方策、手袋使用禁止、保護眼鏡の着用など。

(3) 両頭グラインダにおいて、側面用研削砥石以外の研削砥石側面の使用は禁止されている。

[今後の学習・重要ポイント]

(1) 安全帯の使用は、

・高さ2m以上で作業床のない場所での作業

・高さ2m以上の作業床開口部付近での作業では必ず安全帯を使用する

(2) 保護めがねについては、はつり作業、グラインダ作業、高速カッタ作業、電気溶接、ガス溶断作業、アーク溶接用（遮光板の設置）保護めがねの着用が規定されている。

(3) 研削作業の安全対策では、砥石の取替えと取替え時の試運転は、必ず特別教育終了者が行う。

(4) 酸素欠乏とは、空気中の酸素濃度が18%未満である状態をいう。

第6章

機械系保全法

1

機械の主要構成要素の種類、形状および用途

出題の傾向

(1) 機械の主要構成要素に関し、一般的、詳細な知識を有すること。
広範囲に、1、2 問程度出題されている

① ねじの用語・種類・形状・用途からピッチ、リード、呼び径、有効径

② 歯車の用語からモジュール、ピッチ円、バックラッシ

③ 歯車の形状および用途、平歯車、ウォームホイール、ラック&ピニオン

④ キー、ピン、軸受(ベアリング)、密封装置(シール類)

このように広範囲であるが、機械装置を理解するうえで重要なので、構成部品の基本をしっかりと理解しよう。

1 締結用機械要素

1-1　ねじ

(1) ねじの基本

① リードとピッチ

直角三角形を円筒に1巻きしていくと、つる巻き線は三角形の高さ（L）の分高くなり、ちょうどねじが1回転して、軸方向に進んだ距離と同じになる。これをリード（L）といい、円筒に沿ってつる巻き線ののぼる角度をリード角（β）という（**図表 6-1-1**）。

ピッチ（P）とは、互いに隣り合うねじ山間の距離をいう。ピッチは一条ねじの場合はリードと等しくなるが、多条ねじの場合は、つる巻き線の条数（n）によってリードとピッチの関係は変わる（**図表 6-1-2**）。

リードとピッチの関係には、次のような関係式がある。

$L = n \times P$（mm）

L：リード　n：条数　P：ピッチ

一条ねじでは、$L = 1 \times P$ で、$L = P$ となり、リードとピッチは同じになり、二条ねじでは、$L = 2 \times P$ で、$L = 2P$ となる。

したがって、同じピッチで比較すると、二条ねじはねじ1回転で、一条ねじの2倍進む。つまり、早送りができることになる。

② 有効径

ねじの溝（谷の径）幅とねじ山（外径）の幅が等しい仮想的な円筒の直径を有効径という（**図表 6-1-3**）。ねじの外径が同じならば、ピッチの大きい方が有効径は小さくなる。

(2) ねじの種類

ねじには、三角ねじと台形ねじがある（**図表 6-1-4**）。

① 三角ねじ

図表 6-1-1 ●リードとリード角

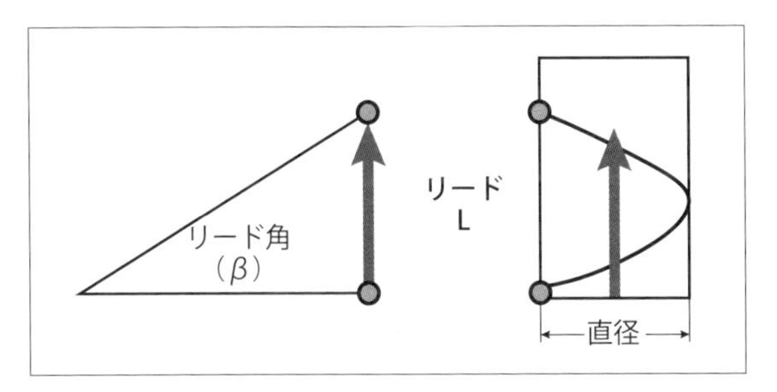

図表 6-1-2 ●ピッチとリード

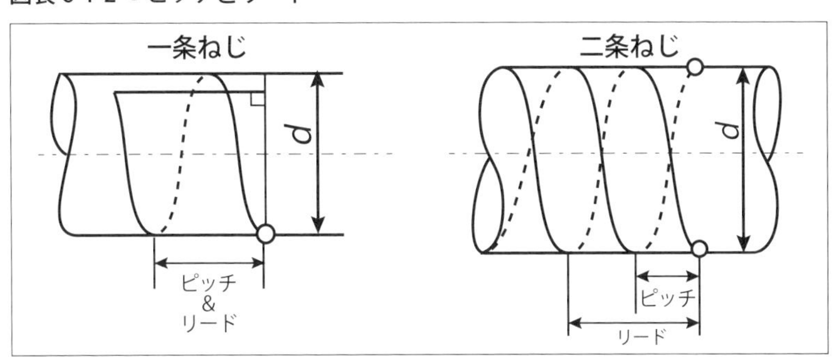

図表 6-1-3 ●有効径

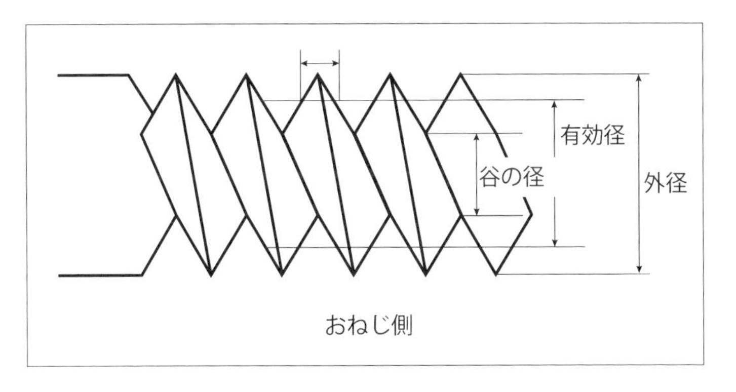

ねじ山の形状が三角になっている。一般に、締付け用ねじに適している。並目ねじ、細目ねじ、管用ねじなどがある。

② 台形ねじ

ねじ山の形状が台形になっている。三角ねじに比べて形状寸法が大きく、ねじ強度も大きい動力伝達用のねじとして、工作機械の親ねじ、バイスの

図表 6-1-4 ●三角ねじと台形ねじ

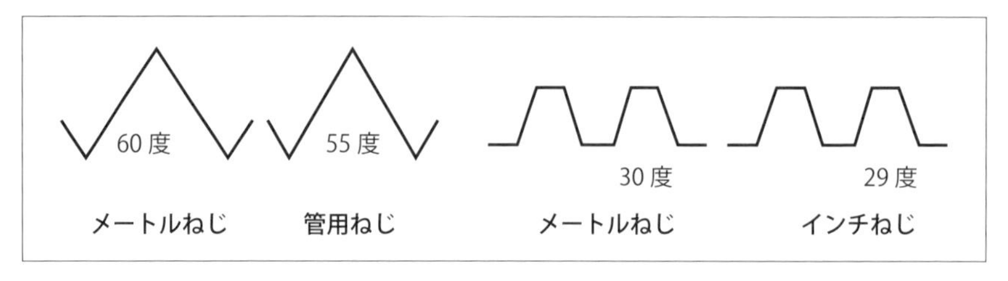

図表 6-1-5 ●ねじの表し方

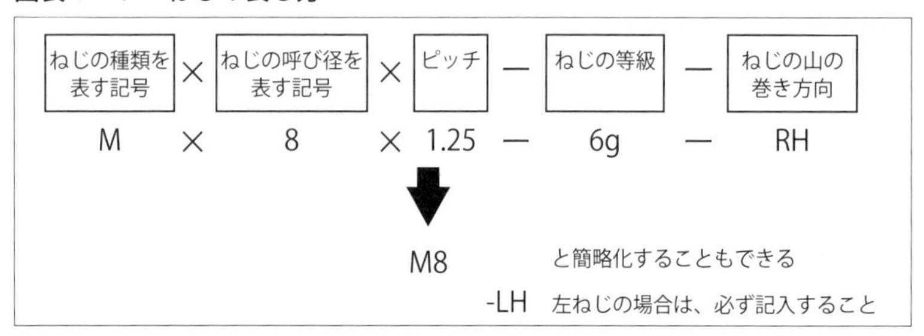

送りねじ、開閉バルブ弁などに使用される。ねじの戻りがあり、締付け用には適さない。

(3) ねじの表し方

メートル並目ねじを例にとると、以下のとおりである（**図表 6-1-5**）。

・ねじ山の形状：三角ねじ（基準山形 60 度）

・区分：ピッチは mm（ミリメートル）で表す

・種類を表す記号：M

1-2　キー・ピン

(1) キー

キーは、回転軸に歯車、カップリング、スプロケット、プーリなどを固定するために用いる。荷重条件や構造・機能に応じて多くの形状が選ばれる。

① サドルキー

1）くらキー

軸にキーみぞを加工せず、ボス側だけに加工する。キーとキーみぞ（ボス側）はそれぞれ 1/100 のこう配をつける。小径、軽荷重に用いる。

図表 6-1-6 ●平行キー

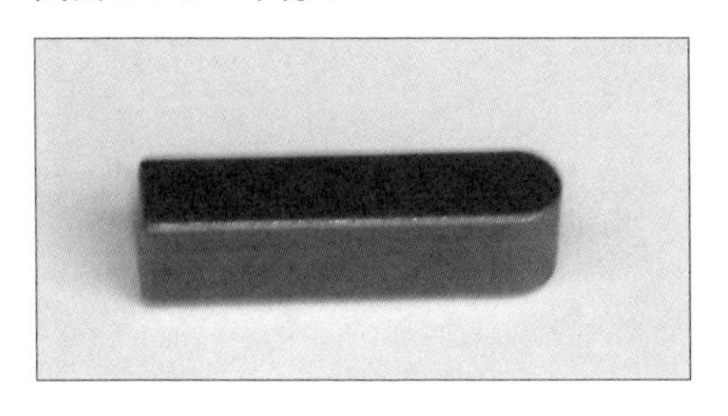

図表 6-1-7 ●こう配キー

2）平キー

くらキーとの違いは、軸にキーが接触する面をキーの幅だけ平面に切削加工する点であり、ボス側にこう配 1/100 のキーみぞを加工する。小径、軽荷重に用いる。

② 沈みキー

1）平行キー（**図表 6-1-6**）

・軸とボスのキーみぞは、共に軸と平行に加工をする
・キーとキーみぞのはめ合いは中間ばめにする
・ボスを押し込むためにキーの両側に締めしろをつけ、上下面は滑合する程度にする
・軸のキーみぞにキーを先に取り付けて、その後ボスを押し込んで固定する
・キーの上部とボスの間には、すき間ができてしまう

2）こう配キー（**図表 6-1-7**）

・キーを打ち込んで取り付けるため、打込みキーともいわれる
・軸のキーみぞ側は平行に加工し、ボス側のキーみぞは 1/100 のこう配をつけて加工する
・軸にボスをはめ込んだ後にこう配キーを打ち込んで固定するため、上下面にもっとも多く締め付けて固定され、伝達トルクはかなり大きくなる

3）接線キー

重荷重で正転・逆転する装置に使用する。実際に伝達する力は、軸の外周で接線方向に作用するので、この状態に適したキーだといえる。その特徴は、

・キーみぞは軸の接線方向に加工している

図表 6-1-8 ●半月キー

図表 6-1-9 ●平行ピン

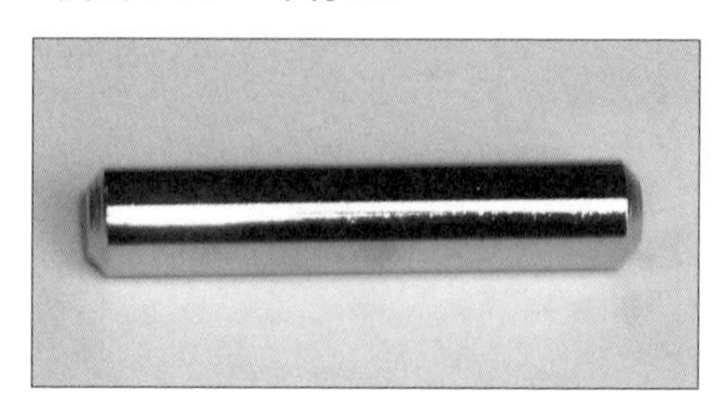

・こう配 1/60 ～ 1/100 の 2 個のキーを、互いに反対向きに組み合わせて打ち込んでいる
・キーみぞは、軸心に対して通常 120 度の位置に 2 ヵ所加工してキーを打ち込んでいるので、回転方向が正逆に変化する場合に適している
・キーの中でもっとも強く固定できるので、重荷重用に使用できる

4）半月キー（**図表 6-1-8**）
・半月形をした植込みキーの一種である
・ボスのキーみぞに対する傾きを自動的に調整ができる
・キーの合わせが難しいテーパ軸に適している
・あまり大きな力のかからない小径軸に用いられる
・工作機械のハンドル車取付け軸、小型モータ、ファン軸などの回転軸に用いられる

(2) ピン

① 平行ピン

平行ピン（**図表 6-1-9**）は、ノックピンとも呼ばれ、
・機械部品の取付け位置を一定にする場合
・ハンドルと軸の位置を固定する場合

など、軽荷重の組立作業に用いられる。材料には、ステンレス、SUS303、みがき棒鋼、SGD40 － D、機械構造用炭素鋼鋼材 S43C ～ S50C などがある。

② テーパピン

・テーパピン（**図表 6-1-10**）は位置決め用として使われる
・貫通穴で下からたたき抜くことができるように使うのが基本
・軸とボスなど、軽荷重の組立に用いられる

図表 6-1-10 ●テーパピン

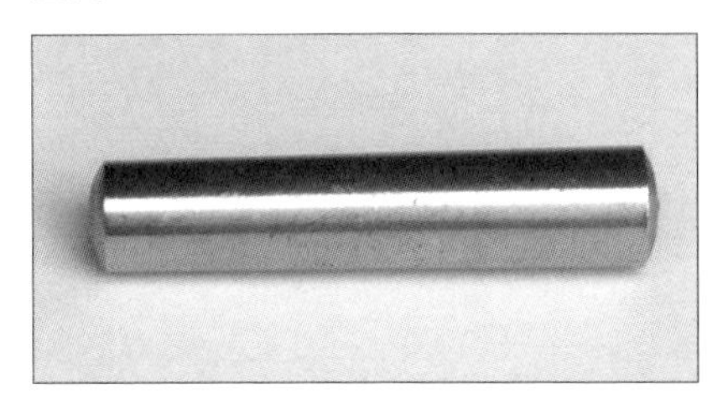

図表 6-1-11 ●スプリングピン

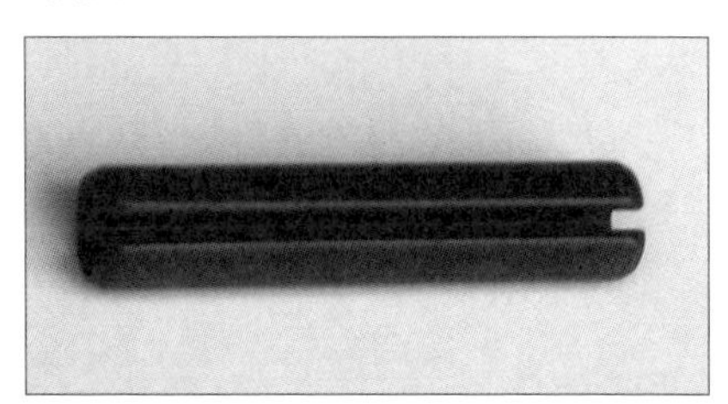

・軸を貫通して使う場合は、軸強度を弱める方向になるので考慮が必要になる
・テーパ比は 1/50
・呼び径は、テーパピンの小径側直径（d）と長さ（ℓ）で表す

③ スプリングピン

・スプリングピン（**図表 6-1-11**）は、ばね作用を利用して固定するため、ドリルでとも穴をあけた後にリーマ加工をする必要なしに使用できる
・貫通穴で使用する
・さび発生の可能性がある個所で使用する際は、十分な注意が必要である

2 伝動用機械要素

2-1　歯車

(1) 各部の名称

動力や運動を伝える場合、相手に運動を与えるものを原節、これによって運動が伝えられるものを従節という。

歯車の場合は、かみ合う一対の歯車のうち歯数の多い方を大歯車（ギヤ）、少ない方を小歯車（ピニオン）という（**図表 6-1-12**）。

(2) 歯形

① 歯の大きさ

歯の大きさはピッチ円の直径 d と歯数 Z によって決まる。歯の大きさ

図表 6-1-12 ●平歯車の各部の名称

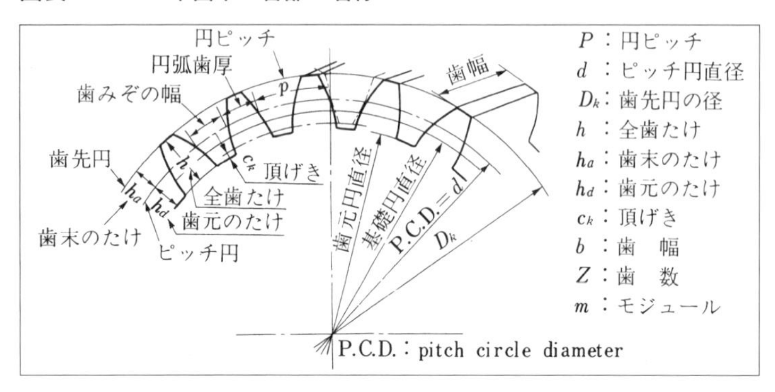

を表すものに、モジュール（ m ）がある。モジュールは歯末のたけに等しい。モジュールの値が大きい歯は大きくなる。

JIS では、歯の大きさはモジュールで表すことが原則とされている。

m ＝基準円直径（mm）/ 歯数 ＝ d / Z

（ピッチ円直径 P.C.D）

② インボリュート歯形

この歯形曲線の特徴は、歯面が同一曲線であるために、中心距離が多少違っていても正しくかみ合うという利点を持つことである。

また、製作がしやすく互換性もよいので、動力伝達用の歯車をはじめ、ほとんどの歯車に用いられている。

③ サイクロイド歯形

この歯形は外転サイクロイド（エピサイクロイド）を歯先とし、内転サイクロイド（ハイポサイクロイド）を歯元とする形の歯である。歯先と歯元で曲線が違うので、かみ合いに精度を要し、製作も面倒だという欠点があるが、かみ合い時にすべりがないため、回転が円滑で歯面が摩耗しにくいという利点がある。摩耗による誤差の発生が少なく、精密機械や計測機器用の小型歯車に用いられる。

④ バックラッシ

歯と歯の間にすき間（遊び）を設けて、回転を円滑にするものである（**図表 6-1-13**）。その大きさは JIS B 0102 － 1 で定義され、平歯車などの精

図表 6-1-13 ●バックラッシ

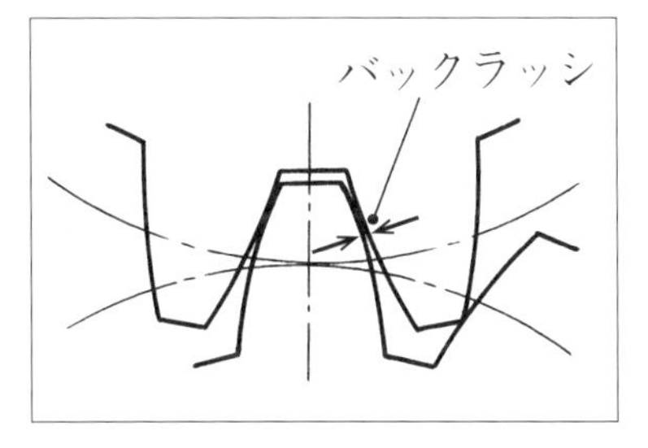

図表 6-1-14 ●ラックとピニオン

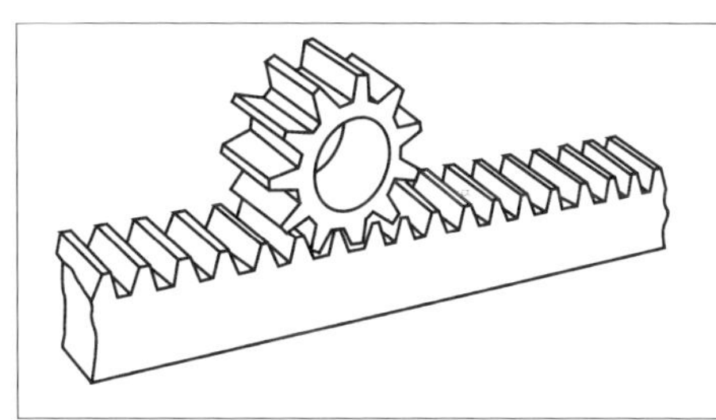

度等級に応じて算出数値表で求める。

バックラッシが必要な理由は以下のとおりである。

・製作上の誤差
・中心間距離の誤差
・運転中の負荷による歯車ケーシングの変形、軸のたわみ
・温度上昇による熱膨張の影響

⑤ ラックとピニオン

回転運動を直線運動に変換する。ピニオンと呼ばれる円形の歯車の回転動作と、ラックと呼ばれる平面上（平板材料）に歯切りをしたものを組み合わせて動作させ、回転動作を直線動作に変換する（**図表 6-1-14**）。

2-2　巻掛け伝動装置

(1) チェン伝動

チェンをスプロケットに掛けて動力を伝達する。ベルト伝動などのように摩擦を利用しないので、歯車伝動と同様にすべりがなく、速度比が一定で強力な動力の伝達が可能である。

① ローラチェンの種類

単列形、複列形があり、いずれも中・高荷重用である。

② ローラチェンの構造

内リンクと内リンクの片側間を外リンクが連結することでチェンが構成される（定尺寸法まで）。連結したら、外リンクのピン（リベット）の両外側をかしめて一連のチェンリンクが完成する（**図表 6-1-15、16**）。

図表 6-1-15 ●ローラチェン

図表 6-1-16 ●ローラチェンの構造

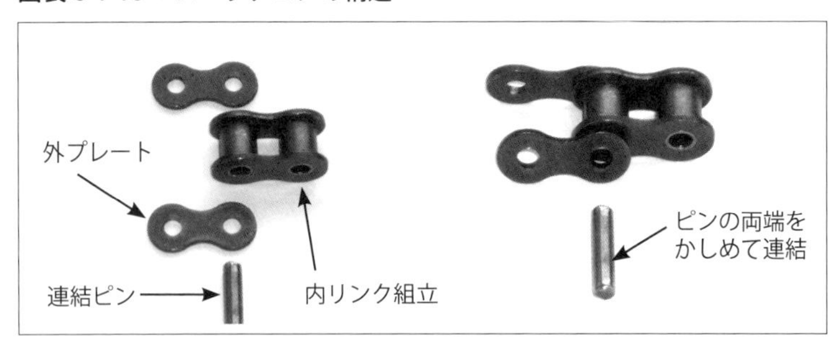

③ ローラチェンの適正な張力

チェンのたるみ側は、一般的に下側にする。

たるみ量は、スパン長（L）の 2 ～ 4%が適正範囲である。S_1 と S_2 の間寸法（mm）をたるみ量と測定する。ただし、垂直伝動、軸間距離が 1m 以上であるとき、

- 重荷重で起動がある
- 急逆転動作がある

場合などでは、たるみ量を 2%程度に調整する。

(2) V ベルト

主に平行 2 軸間に平行掛けで伝動するときに用いる。台形断面のベルトの側面がプーリのみぞ両側面に密着して大きな摩擦力を生じるので、軸間距離が比較的短い場合（5m 以下）に利用される。すべりが少ないので、速度比を大きくとることができる（1：7 程度まで、とくに大きい場合には 1：10 程度まで可能）。

① 形状

形状は台形断面で、ゴムを主体として綿糸や綿布などを包んで環状にし

図表 6-1-17 ●適正な張力

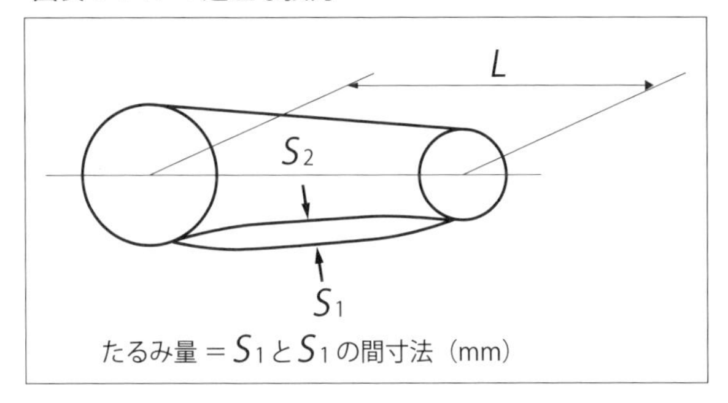

てある。

② 種類と基準寸法（JIS K 6323：2008）

・種類

JIS 規格により、M、A、B、C、D の 5 種類と定められている。

・呼び番号

継目のない輪形台形のリング状でつくられていて、インチサイズで表される。

・長さ

M 形はベルトの外周で表し、A ～ D 形は台形断面の中心を通る円周の長さで表す。

例：A － 25 の場合　A タイプで 25 インチ

長さは、25 × 25.4 ≒ 635 mm 許容差（＋ 9 ～－ 18mm）の寸法でつくられている。

③ 適正な張り方

ベルトのスパン長は、ベルトがプーリに接していないところの長さであり、駆動側と従動側のプーリ径が同じ場合は、軸間距離と同じになる（**図表 6-1-17、18**）。

ベルトのスパン長の中心に直角に荷重を加えて、たわみ荷重を求める（ばねばかりやテンションゲージなどを使用）。荷重を加えたときのたわみ量が 100mm スパン長あたり 1.6mm が適正値とされる。400mm では 6.4mm 程度となる。

図表 6-1-18 ● V ベルトの適正な張り方

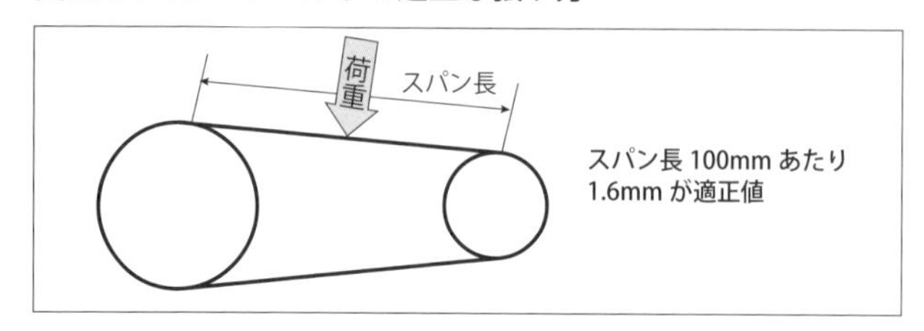

3 軸に関する機械要素

3-1 軸受

(1) 分類

① 軸受に作用する荷重の方向による分類（図表 6-1-19）

・ラジアル荷重：軸に対して直角方向にかかる負荷荷重をいう

・アキシャル荷重：軸に水平方向（軸方向）にかかる負荷荷重をいう

② 軸と軸受との相対運動による分類

・すべり軸受：軸受は静止、軸が回転

・ころがり軸受：内輪回転（軸と共に）で外輪は静止、または内輪静止で外輪回転

・ラジアル軸受：荷重が軸の垂直方向に作用する場合に用いる

・スラスト軸受：荷重が軸方向に作用する場合に用いる

軸受は、ラジアル荷重とアキシャル荷重との合成荷重を受ける場合が多く、その大きさが変動するなどの条件で使用される。

(2) すべり軸受（図表 6-1-20）

① 種類

荷重方向、形状、材質、潤滑方法により分類される。荷重方向によって、ラジアル軸受（ジャーナル軸受ともいう）、スラスト軸受、平面軸受に分けられる。

＊ジャーナルとは、すべり軸受が接触している軸の部分を指す。

図表 6-1-19 ●ラジアル荷重とアキシャル荷重

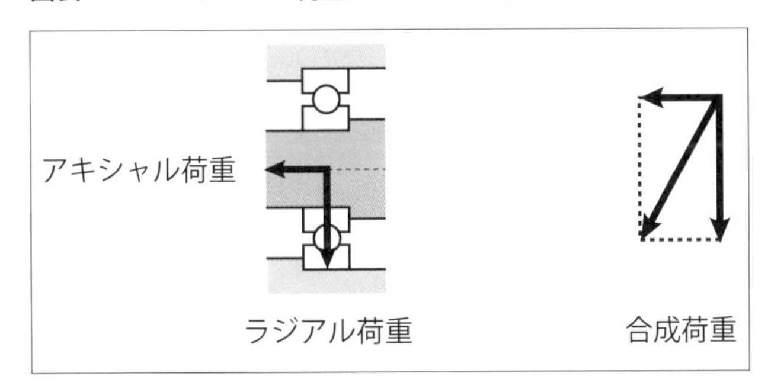

図表 6-1-20 ●すべり軸受の構造

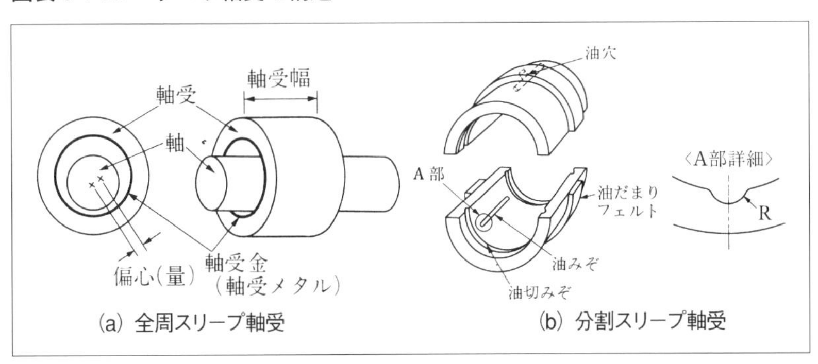

(a) 全周スリーブ軸受　　(b) 分割スリーブ軸受

② 潤滑の目的

軸と軸受との間に油膜を生成し、この油膜が荷重を支え金属同士の直接接触による焼付きを防止し、摩擦と摩耗を減らす。また、2 面間の相対運動により発生する摩擦熱を放散し、温度上昇を抑えて軸受寿命が延長する。

(3) ころがり軸受

① 種類と形式

1) ころがり軸受の分類

負荷する荷重の方向でラジアル軸受とスラスト軸受、転動体の種類で玉軸受ところ軸受に分類される（**図表 6-1-21、22**）。

・深みぞ玉軸受（**図表 6-1-23**）

ころがり軸受でもっとも多く使用されている。1 個の軸受でラジアル荷重と両方向のある程度のアキシャル荷重を負荷することができる。

図表 6-1-21 ●ラジアル軸受とスラスト軸受の構造

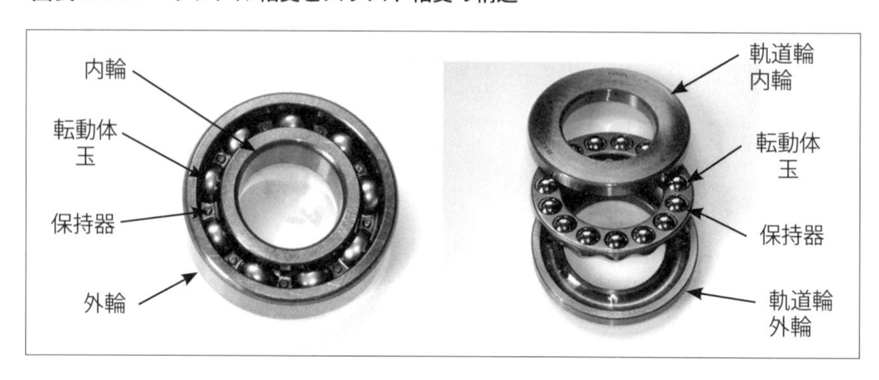

開放型のほかに、片側・両側にシールやシールドを取り付けて、潤滑用のグリースなどを密封できるタイプがある。

シール・シールドが取り付けられるのは、この軸受タイプだけである。

・スラスト玉軸受（**図表 6-1-24**）

軌道みぞをもった座金状の軌道盤と玉、保持器組立部からなり、2 枚の軌道盤の間に玉と保持器 1 組を持った単式軸受と、3 枚の軌道盤の間に 2 組の玉、保持器が入る複式軸受の 2 種類がある。軸に取り付ける軌道輪を内輪といい、ハウジング側の軌道輪を外輪という。

2）呼び番号（**図表 6-1-25**）

呼び番号は JIS で定められており、大分類では基本番号と補助記号とで構成されている。基本番号は、軸受系列記号と内径番号からなり、軸受系列番号をさらに分けると形式記号、幅記号、直径記号の順になる。

図表 6-1-25 ●呼び番号の例

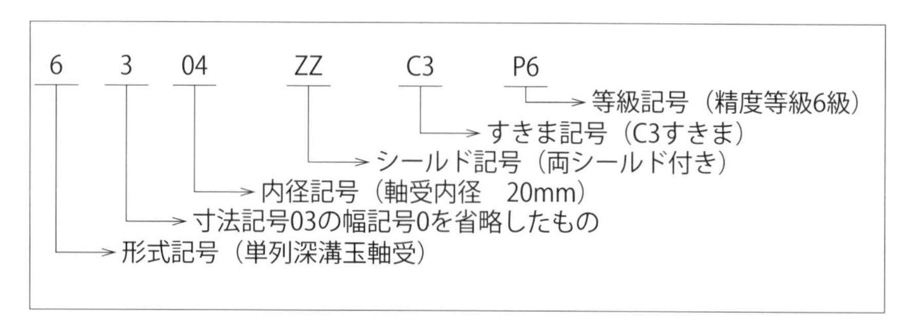

図表 6-1-22 ●ころがり軸受の種類

図表 6-1-23 ●深みぞ玉軸受の構造

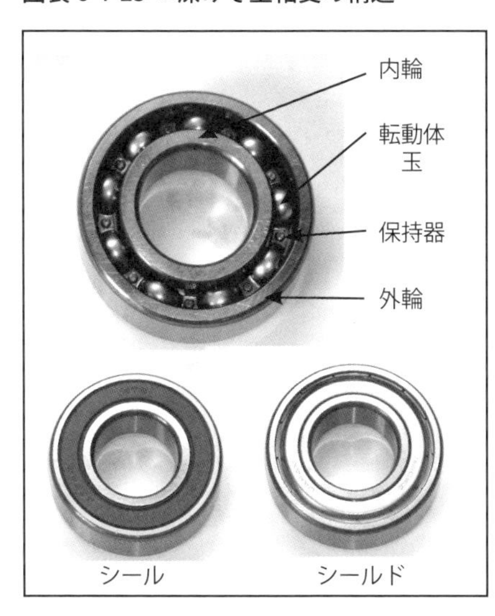

図表 6-1-24 ●スラスト玉軸受の構造

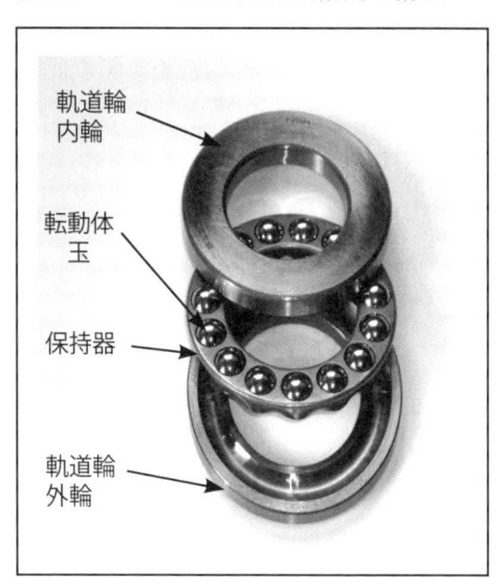

図表 6-1-26 ●軸受の形式と特徴

特目＼軸受形式	深みぞ玉軸受	アンギュラ玉軸受	複列アンギュラ玉軸受	組合わせアンギュラ玉軸受	自動調心玉軸受	円筒ころ軸受	複列円筒ころ軸受	針状ころ軸受	円すいころ軸受	複列・多列円すいころ軸受	自動調心ころ軸受	スラスト玉軸受	スラスト円筒ころ軸受
負荷容重 ラジアル荷重	○	⊙	⊙	⊙	○	⊙	◎	⊙	⊙	◎	◎	×	×
負荷容重 アキシャル荷重	←→ ○	← ⊙	←→ ⊙	←→ ⊙	←→ ∘	×	×	×	← ⊙	←→ ⊙	←→ ○	← ⊙	← ◎
負荷容重 合成荷重	○	⊙	⊙	⊙	∘	×	×	×	⊙	◎	⊙	×	×
高速回転	◎	◎	○	⊙	⊙	◎	⊙	⊙	○	○	○	×	∘
高精度回転	◎	◎		◎		◎	◎		⊙			⊙	
低騒音 低トルク	◎					⊙							
剛　　性				⊙		⊙	◎	⊙	⊙	◎			◎
内輪・外輪の許容傾き	⊙	∘	∘	∘	◎	○	∘	∘	○	∘	◎	×	×
固定側用	☆	☆	☆	☆	☆				☆	☆	☆		
自由側用	★		★	★	★	☆	☆	☆		★	★		
備　　考		接触角 15° 30° 40° 2個対向すき間調整する		ほかにDF、DT組合わせがあるが、自由側には使用できない		N形を含む	NNU形を含む		2個対向させて用い、すき間調整する	このほかKH、KV形があるが、ともに自由側に使用できない			

◎とくに可能　⊙十分に可能　○可能　∘少し可能　×不可　←── 1方向のみ　←→ 両方向
☆ 適用可　★ 適用可、ただし、軸受のはめ合い面で軸の伸縮を逃がすようにする

4 管に関する機械要素

4-1　管の種類と用途

配管系の材料・仕様は、使用流体、圧力、流量、温度、環境、運転条件、施工条件などによって選択される。

4-2　管継手の種類

管継手は、ねじ込みによるもの、フランジによるもの、溶接によるもの、ソケットによるものがあり、温度変化を受ける配管では伸縮継手を使用する。

4-3　鋼管

鋼管は、用途により配管用、構造用、熱伝達用、その他に分類される。また、材質面から、炭素鋼鋼管、合金鋼鋼管、ステンレス鋼鋼管などに分かれる。

管は、外径を基準とした呼び径で統一されており、どのような肉厚の管でも、同一呼び径であれば外径は同一に合わせて製作される（**図表 6-1-27**）。

管の肉厚は、以下のようにスケジュール番号 Sch.No. で表される。

Sch.No. $= 1000 \times p/s$

により得られる。

p：管の内圧（MPa）

s：材料の許容応力（N/mm^2）

Sch.No. の番号が大きいものは、外径が同じでも肉厚は大きく（厚く）なっている。

4-4　弁の種類と構造

配管回路には、必ず弁（バルブ）が設置されており、配管路の要所となる個所に取り付け、配管路の開閉、流量の調整、流体の流れ方向などを制御している。

図表 6-1-27 ●配管用鋼管の種類と用途

名　称	主な用途	JIS 規格
配管用炭素鋼鋼管	使用圧力の比較的低い蒸気、水、油、ガス、空気などの配管	JIS G 3452（SGP）
圧力配管用炭素鋼鋼管	623K（350℃）以下で使用する圧力配管	JIS G 3454（STPG）
高圧配管用炭素鋼鋼管	623K（350℃）以下で使用する、圧力の高い高圧配管	JIS G 3455（STS）
高温配管用炭素鋼鋼管	623K（350℃）を超える使用する配管用	JIS G 3456（STPT）
配管用アーク溶接炭素鋼鋼管	使用圧力の比較的低い蒸気、水、油、ガス、空気などの配管用	JIS G 3457（STPY）
配管用合金鋼鋼管	主として高温度の配管用	JIS G 3458（STPA）
配管用ステンレス鋼鋼管	耐食用、耐熱用、高温用に使用する配管用	JIS G 3459（SUSTP）
低温配管用鋼管	氷点下のとくに低い温度で使用する配管用	JIS G 3460（STPL）

(1) 弁の種類

① 仕切り弁（ゲートバルブ）（図表 6-1-28）

流れ方向は自由で、全閉か全開で使用する。流量調整は不適である。

② 玉形弁（グローブバルブ）（図表 6-1-29）

ストップバルブともいう。一方向の流れであり、流量調整が可能である。

③ ボール弁（ボールバルブ）（図表 6-1-30）

流れ方向は自由で、全開か全閉で使用する。中間開度使用は不適で、90 度回転で使用する。

④ ちょう形弁（バタフライバルブ）（図表 6-1-31）

流れ方向は自由で、流量調整が可能（中間開度）である。90 度回転で使用で、大型水道バルブ（電動タイプ）などで使用する。

⑤ 逆止弁（チャッキバルブ）（スイングタイプ）（図表 6-1-32）

一方向の流れで、水平、垂直方向に取付け可能である。

⑥ チャッキバルブ（リフトタイプ）（図表 6-1-33）

一方向の流れで、水平配管にだけ取付け可能である。

図表 6-1-28 ●ゲートバルブ

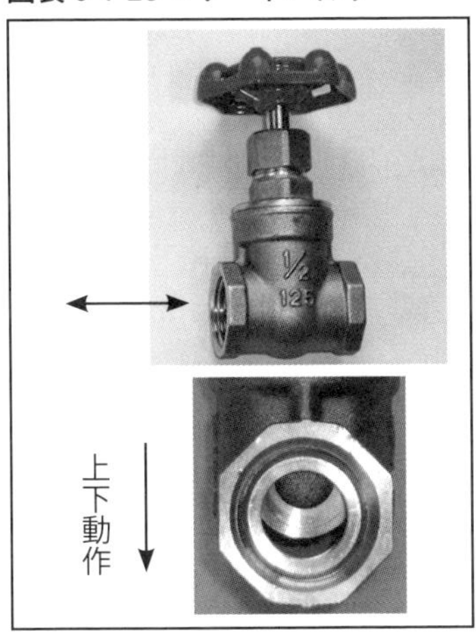

図表 6-1-29 ●グローブバルブ

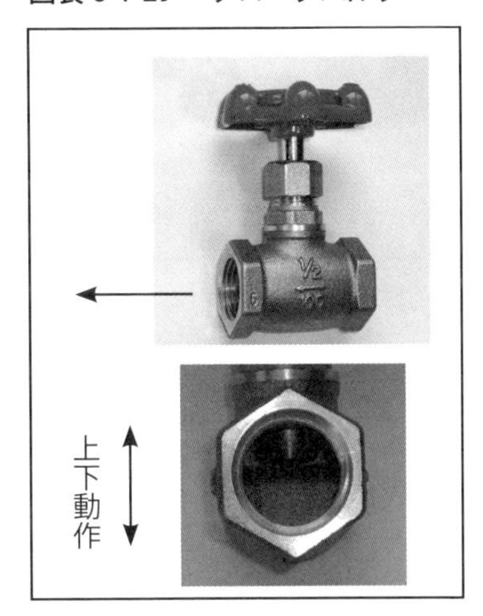

図表 6-1-30 ●ボールバルブ

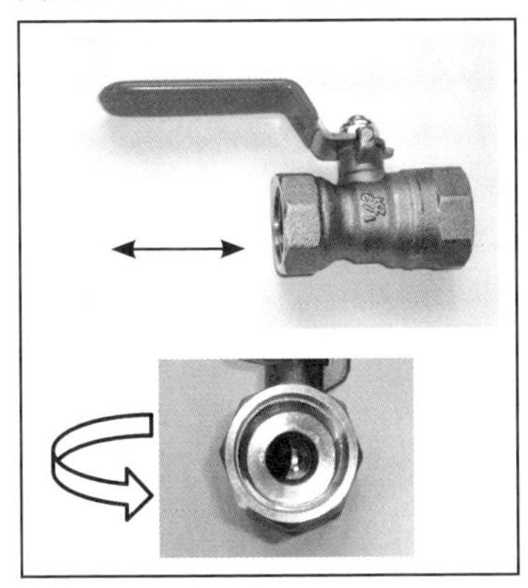

回転動作

図表 6-1-31 ●バタフライバルブ

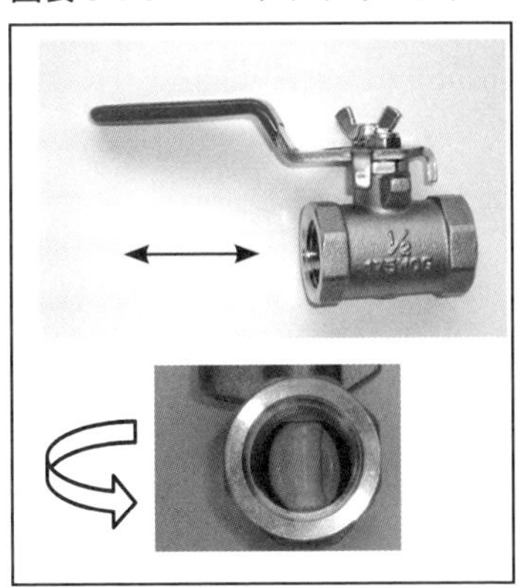

図表 6-1-32 ●チャッキバルブ

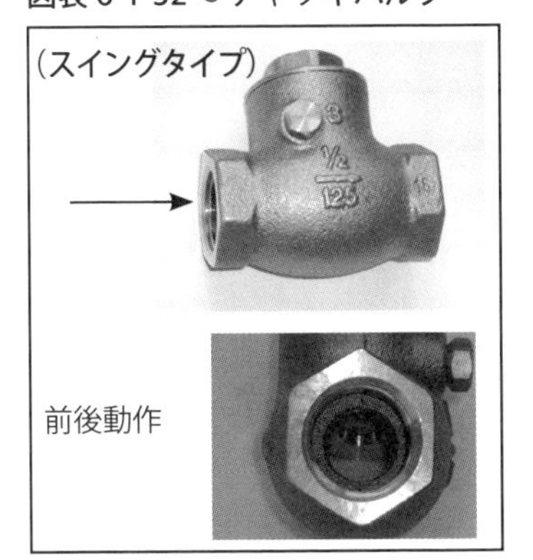

図表 6-1-33 ●チャッキバルブ

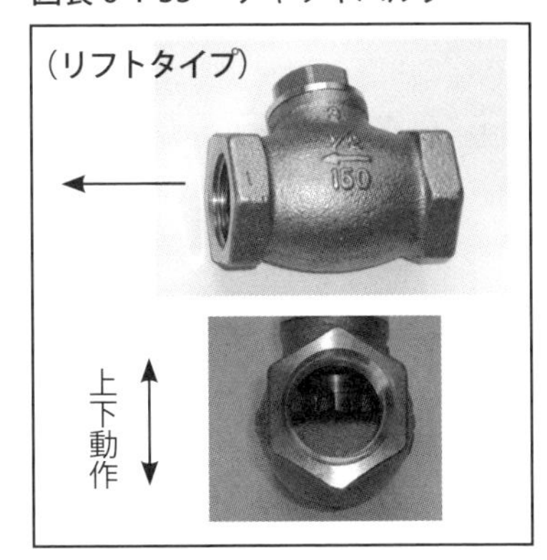

5 密封装置（シール）

5-1　シールの分類

JIS では密封装置とシールは同義語であり、「流体の漏れ、または外部からの異物の侵入を防止するために用いられる装置の総称」と定義される。対応英語は Sealing Device である。

シールは、固定用シール（静止用シールまたはガスケット）と運動用シール（パッキン）に大別される。

5-2　ガスケット

固定用シールは静止用シール、あるいはガスケットといい、配管用フランジなどのように静止部分の密封に用いられるシールの総称である。ガスケットにはリング形とフルフェース形があり、リング形の方がシール性が高い。

代表的なガスケットの種類は、非金属ガスケット（O リング）、セミメタルガスケット、メタルガスケット、液状シールシールテープなどがある。

シール用四フッ化エチレン樹脂未焼成テープ（生テープ）は、ねじ部に巻き付けてねじ込むだけでシールができ、耐薬品性、耐圧、耐震性、耐寒性、耐熱性に優れる。

5-3　パッキン

(1) 種類

運動用シールはパッキンと同義語で、回転や往復運動などのような運動部分の密封に用いられるシールの総称である。代表的なパッキンの種類は以下のとおりである。

① 往復動シール

・リップパッキン（V パッキンなど）

図表 6-1-34 ● U パッキン

図表 6-1-35 ● V パッキン

・スクイーズパッキン（O リングなど）

② **回転軸シール**

・接触形シール（メカニカルシールなど）

・非接触形シール（ラビリンスシールなど）

(2) リップパッキンの種類と使用方法

リップパッキンはシール部分がリップ状になったパッキンの総称であり、セルフシールパッキンの 1 つである。流体の圧力によりシール面の圧力が増し、有効な漏れ止め作用をはたすパッキンをいう。

① U パッキン（図表 6-1-34）

油圧、空圧用のピストンやロッドなどに使われている。シール性も良く摺動抵抗も少ない。1 ヵ所に 1 本が基本である。

② V パッキン（図表 6-1-35）

V パッキンは、数枚重ねて使われるために摺動抵抗が大きく、常に潤滑が行われている機構にする必要がある。油圧など高圧タイプに使用される。

③ O リング（図表 6-1-36）

適当な圧縮変形（つぶししろ）を与えて使用するパッキンをスクイーズ（押しつぶす）パッキンという。種類としては、O リング、角リング、D リング、X リング、T リングなどがある。使用する場合のスクイーズ量としては、パッキン用は 8 ～ 20%、ガスケット用は 15 ～ 30%程度が適正である。スクイーズすることによりパッキンの持っている反力（弾性範囲内において）によりシール効果を得る。

図表 6-1-36 ● O リング

図表 6-1-37 ●オイルシール

O リングの特徴は以下のとおりである。

・取付け部分の構造が簡単で、設計が容易、小型化ができる
・パッキンに方向性がなく、1 本で密封ができる
・高圧下で使用する場合、すき間へのはみ出しによるき裂が生じやすい
・潤滑が不良のとき、ねじれや摩耗による損傷を起こしやすい
・O リングの接する面やみぞは精度の高い仕上げを要する

(3) オイルシール（図表 6-1-37）

オイルシールは、比較的低圧の潤滑油系統で、回転軸からの油漏れ、外部からの粉塵、水などの浸入を防ぐことを目的とする。軸径に対してシールリップの内径を小さく（締めしろ）、またばねを装入して生じる緊迫力によりシールリップと軸との間に接触圧力を発生させて、漏れを防ぐ機能を持っている。

その耐圧性は、0.049 ～ 0.098MPa（0.5 ～ 1kgf/cm^2）程度で、これ以上になると油がしみ出し、発熱による劣化が生じる。

(4) メカニカルシール（図表 6-1-38）

① 基本構造とその原理

密封端面の摩耗に従って軸方向に動くことができる従動リングと動かないシートリングがあり、スプリング作用による面の接触圧力によって回転部分の密封を行う。

スプリングは密封端面の摩耗やシールリングの回転に対する追随性を維持する役割を果たしている。また軸に沿って漏れようとする流体は軸パッキンによって阻止される。

図表 6-1-38 ● メカニカルシール

図表 6-1-39 ● グランドパッキン

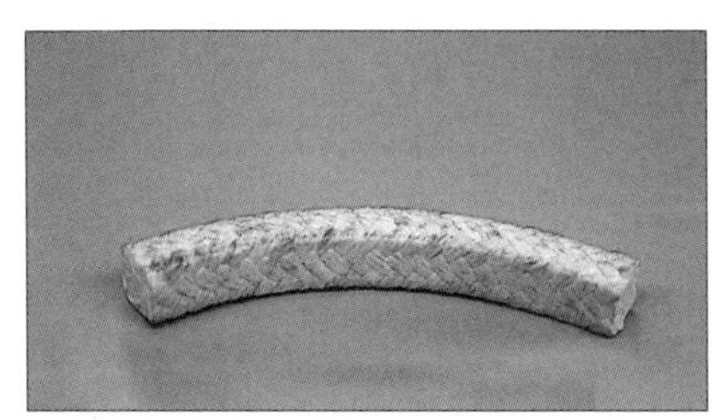

(5) グランドパッキン（図表 6-1-39）

① シール機構

パッキンに軸方向の圧縮力を与えることにより、半径方向の応力を発生させて密封する機構である。したがって軸方向の締付け力を大きくすればシール機能は向上するが、発熱、潤滑性能低下、軸摩耗、パッキンの寿命低下をもたらし、結果的に焼付きや破損などの故障にいたる。そのため常時回転している軸においては、若干の流体を漏らしながら使用することが原則となっている。

排水処理が必要になるため、設置には注意が必要となる。

（長所）

- 装着、取外しなどの取扱いが比較的簡単である
- 回転運動と往復運動を同時にシールできる
- 増締めによる漏れ量の調整ができる

（短所）

- 摩擦抵抗が他のパッキンと比べて大きい
- パッキンに含浸されている油分が流れ出すので、流体が汚染されることを嫌うものには使用できない

[1] 機械の主要構成要素の種類、形状および用途

▼

実力確認テスト

問題 1　1本のつる巻線に沿ってねじ山をつくったねじを、1条ねじという。

問題 2　ねじは三角ねじが代表的であるが、その他に台形ねじ、ボールねじなどもある。

問題 3　ねじのリードとは、ねじを1回転したとき、ねじ山の1点が軸方向に進む距離をいう。

問題 4　ねじを軸方向から見て時計（右）回りに回すとねじが進むものを、右ねじという。

問題 5　多条ねじは回転を多くして、早く締め付けることができる。

問題 6　三角ねじは、ねじ山が強く摩擦が大きいので、ねじのゆるみが少なく、締付け用ねじに適している。

問題 7　ボールねじは、摩擦が非常に少なく、衝撃の少ない精度を必要とする移動用ねじとして用いられる。

問題 8　台形ねじは、力の伝達や部品の移動用ねじに適している。

問題 9　台形ねじは他のねじと比べても強さにもすぐれ、締付け用ねじとして適している。

問題 10　メートルねじのねじ山の角度は50°である。

問題 11　並目ねじも細目ねじも基準山形は同一で、その山形の大きさはピッチの大きさで決まる。

問題 12　管用テーパおねじを表す記号はRである。

問題 13　メートルねじで、M10 × 1とは、ねじ外径（直径）が10mmのことである。

問題 14　並目ねじは、細目ねじに比べてピッチが小さく、薄肉で強度不足の個所や精度を必要とする個所などに用いられる。

問題 15　ボルトのゆるみ止めの二重ナットは、先に厚いナットを締め、

次にその上に薄いナットを締め付けるとよい。

問題 16 ばね座金を用いて締め付ける場合、弾性が低下するので平たんになるまで締め付けてはならない。

問題 17 歯車の歯の大きさを表すものに、モジュール（m）がある。

問題 18 モジュールの値が大きいほど、歯形は小さくなる。

問題 19 歯車におけるバックラッシとは、歯と歯の間にすきま（遊び）を設けて回転を円滑にするものである。

問題 20 2 軸が平行な歯車には、平歯車、はすば歯車、やまば歯車などがある。

問題 21 2 軸が平行な歯車にはハイポイドギヤ、ねじ歯車、円筒ウォームギヤなどがある。

問題 22 はすばかさ歯車は歯すじが曲線になっている歯車で、製作はむずかしいが、強くて静かな歯車として広く使われている。

問題 23 半月キーは、あまり大きな力のかからない小径軸に用いられる。

問題 24 キーの種類には平行キー、勾配キー、接線キー、半月キーなどがあり、構造機能に応じて選ばれる。

問題 25 ピンは一般に、機械部品の取付け位置を一定にする場合などに用いる。

問題 26 ピンの種類には平行ピン、テーパピン、スプリングピン、割りピンなどがある。

問題 27 テーパピンは、1/20 のテーパがついたピンである。

問題 28 テーパピンの呼び径は太い径を基準にする。

問題 29 V ベルト駆動では、プーリ溝の底面にベルトが接触するようにしないと伝動効率が低下する。

問題 30 3 本掛けの V ベルトのうち 1 本だけがひどく伸びた。残り 2 本は正常であったが、3 本を一緒に新しいものに交換した。

問題 31 軸受に作用する荷重の方向による分類において、軸の垂直方向に作用する荷重をアキシャル荷重という。

問題 32 すべり軸受は一般に、ころがり軸受より摩擦抵抗が小さい。

問題 33　ころがり軸受は、転動体の種類により玉軸受ところ軸受に分けられる。

問題 34　軸継手において、2 軸の心を完全に合わせることは非常に困難であり、そのためにある程度の軸心のズレを吸収できるたわみ軸継手が使用される。

問題 35　ころがり軸受に表示されている P5 や P6 の記号は、軸受のすきまを表すものである。

問題 36　仕切り弁（ゲートバルブ）は、直角に昇降するディスクの上下動により、水や泥水がたまらない利点があり、流量調節用として最適である。

問題 37　JIS の用語規定では密封装置とシールは同義語であり、シールは固定用シール（ガスケットなど）と運動用シール（パッキンなど）に大別される。

問題 38　フランジなどのガスケットにおいては、フルフェース形のほうがシール効果が高いので、なるべくフルフェース形を使用したほうがよい。

問題 39　配管のフランジ面など固定接合面間のボルトの締付け順序は、時計回りに順序よく締め付けていく方法がよい。

問題 40　シリンダのピストンやロッドに使用される U パッキンは、1 ヵ所に数本装着することを基本とする。

問題 41　往復動シールには、リップパッキン（V パッキンなど）がある。

問題 42　スクイーズパッキンは、つぶししろを与えてシール面を密着して密封する。

問題 43　回転軸用シールであるオイルシールは、構造が簡単で取扱いやすく、安価で密封性がよいので、広く使用されている。

問題 44　ダストシールは、異物や粉塵がシリンダの内部などへ侵入するのを防止するのが使用目的である。

問題 45　回転軸シールには、接触形シール（メカニカルシールなど）がある。

問題 46　メカニカルシールには、バランス形とアンバランス形の分類がある。

問題 47　グランドパッキンの使用で、常時回転している軸にあっては、若干の流体を漏らしながら使用することが原則となっている。

解答と解説

問題 1　○

ねじは、1本のつる巻線に沿ってねじ山をつくったねじを1条ねじといい、2本の場合を2条ねじ、3本の場合を3条ねじという。一般に、複数本のつる巻線に沿ってねじ山をつくったねじを多条ねじという。**図表 6-1-40** にねじの考え方を示す。

図表 6-1-40 ●ねじの考え方

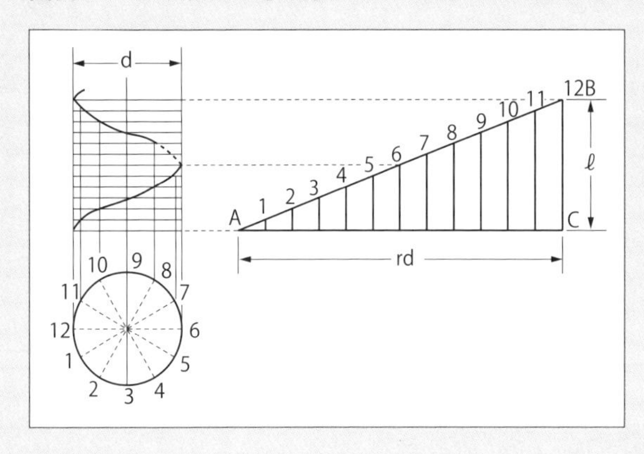

問題 2　○

一般的に使用されているのは三角ねじが多いが、その他のねじとしていくつかの種類がある（**図表 6-1-41**）。

問題 3　○

互いにとなりあったねじ山の中心線の距離をピッチ（p）といい、ねじが軸方向に進む距離をリード（L）という。

$$L = n \times p$$

の関係から、1条ねじの場合、$L = 1 \times p$ となり、$L = p$ で、リードとピッチは同じになる（**図表 6-1-42**）。

問題 4　○

一般的に使われているのは、右ねじである。逆に、反時計回り

図表 6-1-41 ●ねじの種類と特徴

ね じ の 種 類	特 徴
①三角ねじ めねじ おねじ	ねじ山が強く、摩擦が大きいので、ねじのゆるみが少なく、締付け用ねじとして適している。半面、効率が悪いために、力の伝達には不適当である。 管用ねじでは、ねじ山の角度は55°でウィット並目の山形が基本であり、管と管の接合をする場合には平行おねじには平行めねじを用い、テーパーおねじ（R）にはテーパーめねじ（Rc）、または平行めねじ（Rp）を用いるのが原則である
②台形ねじ めねじ 29° おねじ 29度台形ねじ（ウイットねじ系） めねじ 30° おねじ 30度台形ねじ（メートルねじ系）	角ねじに比べて強さもすぐれ、力の伝達や部品の移動に適しており、工作にも容易なので工作機械の親ねじ、弁の開閉用ねじ、ジャッキ、プレスのねじ棒などに用いられる。欠点は、自然にねじの戻りがあるので、締付け用ねじには適さないことである
③角 ね じ	三角ねじに比べて摩擦が小さいので、移動用、伝動用に適しているが、精密に工作することが困難であることから一般的ではない。施盤の親ねじには用いられない。ねじ角が直角なので有効径がない
④のこ歯ねじ	軸方向の力が１方向に働く個所に用いられる（万力、ジャッキに使用）
⑤丸 ね じ	激しい衝動を受ける部分や、ゴミや砂などの微粉が入るおそれのある移動用ねじとしての丸ねじ（電球の口金、ホースの連結ねじなど）がある
⑥ボールねじ	最近、多く使用されるようになったボールねじは、ボールがねじ山の働きをするので摩擦が非常に少なく、衝撃のない精度を必要とする個所に移動用ねじとして用いられている

図表 6-1-42 ●リードとピッチの関係

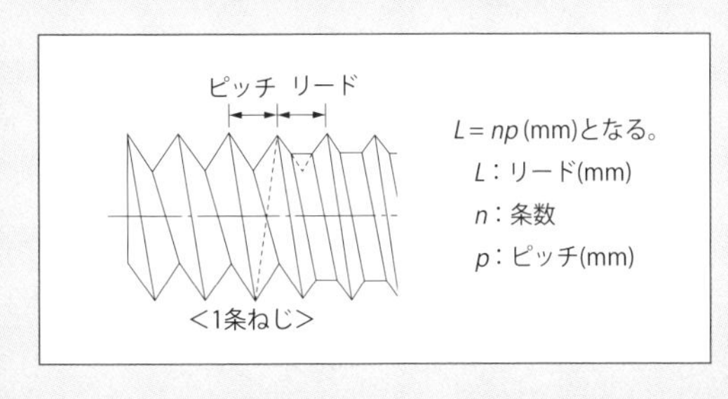

に回すと進むものを左ねじという。左ねじは特殊な個所に使用される。

問題 5　×

多条ねじは回転が少なくても、リードが大きくなる（多く進む）ため、早く締め付けることができる。

問題 6　○

題意のとおりであるが、効率が悪いために力の伝達には不適当である。

問題 7　○

ボールねじは、おねじとめねじのねじ溝を対向させてできたらせん状の空間に、ころがり軸受用の硬球を 1 列に入れたものである。ころがり摩擦であることから、すべり接触のねじと比べて摩擦係数が 0.005 以下ときわめて小さく、伝動効率は 90% 以上となっている。**図表 6-1-43** にボールねじの構造を示す。

図表 6-1-43 ●ボールねじの構造

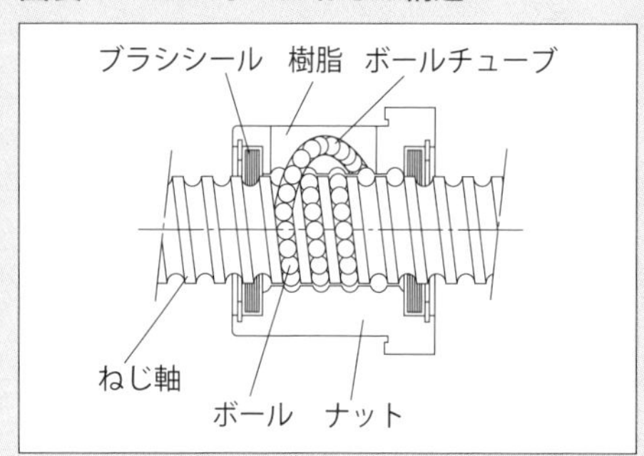

問題 8　○

工作機械の親ねじ、弁の開閉ねじ、ジャッキなどに用いられる。

問題 9　×

台形ねじの欠点は、自然なねじの戻りがあるために、締付け用ねじには適さないことである。

問題 10　×

ねじ山の角度は、60°である（**図表 6-1-44**）。

図表 6-1-44 ● メートルねじ

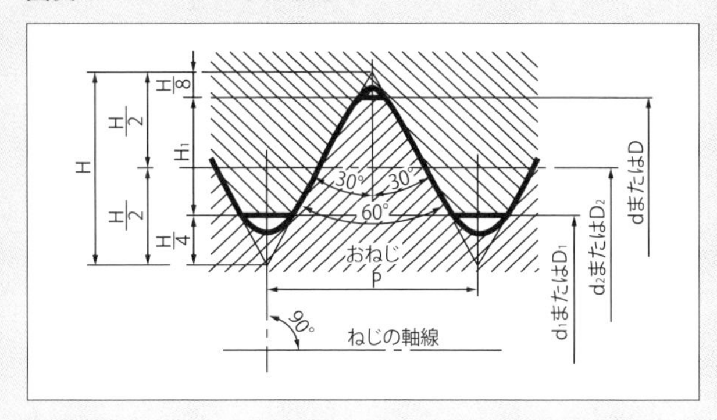

問題 11　○

並目ねじに比べてピッチを小さくしたものが、細目ねじである（**図表 6-1-45**）。

図表 6-1-45 ● 三角ねじの種類と特徴

<table>
<tr><th colspan="2" rowspan="2">名　称</th><th rowspan="2">ねじ山の角度</th><th colspan="2">ねじの形状</th><th rowspan="2">ピッチの単位</th><th rowspan="2">呼び径の寸法</th><th rowspan="2">表 示 法</th></tr>
<tr><th>山頂</th><th>谷底</th></tr>
<tr><td colspan="2" rowspan="2">メートルねじ</td><td rowspan="2">60°</td><td rowspan="2">平ら</td><td rowspan="2">丸み</td><td rowspan="2">mm</td><td rowspan="2">mm</td><td>並目　M10</td></tr>
<tr><td>細目　M10 × 1.25
M10 × 1
M10 × 0.75</td></tr>
<tr><td rowspan="4">インチねじ</td><td rowspan="2">ユニファイねじ</td><td rowspan="2">60°</td><td rowspan="2">平ら</td><td rowspan="2">丸み</td><td rowspan="2">山数インチ</td><td rowspan="2">番号またはインチ</td><td>並目　3/8-16UNC</td></tr>
<tr><td>細目　No.8-16UNF</td></tr>
<tr><td rowspan="2">ウィットねじ</td><td rowspan="2">55°</td><td rowspan="2">丸み</td><td rowspan="2">丸み</td><td rowspan="2">山数インチ</td><td rowspan="2">並目インチ
細目 mm</td><td>並目　W3/8</td></tr>
<tr><td>細目　W18　山 14</td></tr>
</table>

問題 12　○

管用テーパおねじはRで、管用テーパめねじはRcで表される（**図表 6-1-46**）。

問題 13　○

M10 × 1 の表示の場合、メートル細目ねじで、ねじ外径（直径）が 10mm でピッチ（p）1mm を表す。

問題 14　×

・並目ねじは、細目ねじよりもピッチが大きい

図表 6-1-46 ●ねじの種類と表す記号とねじの呼びの表し方の例

<table>
<tr><th>区分</th><th colspan="2">ねじの種類</th><th>ねじの種類を表す記号</th><th>ねじの呼びの表し方の例</th></tr>
<tr><td rowspan="10">一般用</td><td colspan="2">メートル並目ねじ</td><td rowspan="2">M</td><td>M8</td></tr>
<tr><td colspan="2">メートル細目ねじ</td><td>M8 × 1</td></tr>
<tr><td colspan="2">ユニファイ並目ねじ</td><td>UNC</td><td>3/8 − 16UNC</td></tr>
<tr><td colspan="2">ユニファイ細目ねじ</td><td>UNF</td><td>No.8 − 36UNF</td></tr>
<tr><td colspan="2">30度台形ねじ</td><td>TM</td><td>TM18</td></tr>
<tr><td colspan="2">29度台形ねじ</td><td>TW</td><td>TW20</td></tr>
<tr><td rowspan="3">管用テーパねじ</td><td>テーパおねじ</td><td>R</td><td>R3/4</td></tr>
<tr><td>テーパめねじ</td><td>Rc</td><td>Rc3/4</td></tr>
<tr><td>平行めねじ</td><td>Rp</td><td>Rp3/4</td></tr>
<tr><td colspan="2">管用平行ねじ</td><td>G</td><td>G1/2</td></tr>
<tr><td rowspan="7">特殊用</td><td colspan="2">薄鋼電線管ねじ</td><td>C</td><td>C15</td></tr>
<tr><td rowspan="2">自転車ねじ</td><td>一般用</td><td rowspan="2">BC</td><td>BC3/4</td></tr>
<tr><td>スポーク用</td><td>BC2.6</td></tr>
<tr><td colspan="2">ミシン用ねじ</td><td>SM</td><td>SM1/4　山 40</td></tr>
<tr><td colspan="2">電球ねじ</td><td>E</td><td>E10</td></tr>
<tr><td colspan="2">自動車用タイヤ空気弁ねじ</td><td>TV</td><td>TV8</td></tr>
<tr><td colspan="2">自転車用タイヤ空気弁ねじ</td><td>CTV</td><td>CTV8　山 30</td></tr>
</table>

・細目ねじは、薄肉で強度不足の個所や精度を必要とする個所などに用いられる

問題 15　×

ナットを締め付ける順番としては、先に薄いナット、次に厚いナットとなる（**図表 6-1-47**）。

図表 6-1-47 ●二重ナット

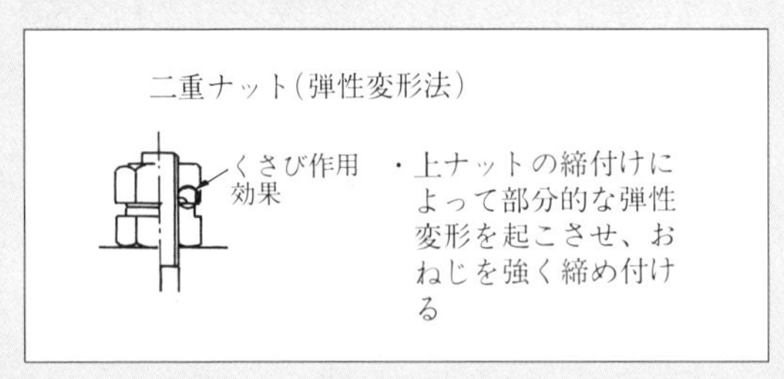

問題 16 ×

ばね座金、さらばね座金などは、平たんになるまで締め付けて使用する（**図表 6-1-48**）。

図表 6-1-48 ●ばね座金

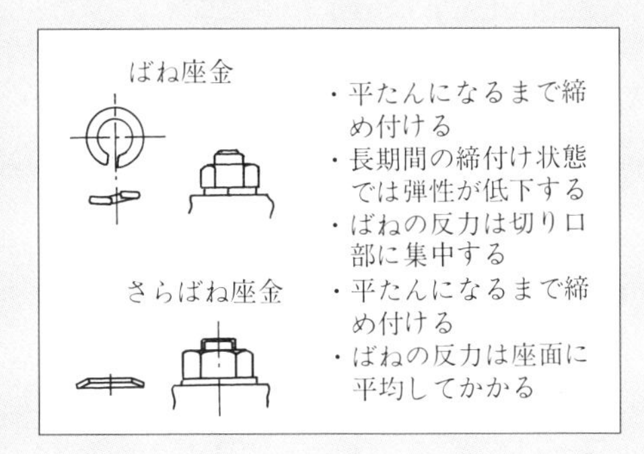

問題 17 ○

JIS では、歯の大きさを表すのにモジュールによることが原則とされている。モジュールは、歯末のたけに等しい（**図表 6-1-12** を参照）。

問題 18 ×

メートル法による歯車の場合に用い、JIS 規格ではこれによる表示を原則としている。モジュールは m で表し、ピッチ円直径 d〔mm〕を歯数 Z で割った値をいう。標準並歯では、歯末のたけの寸法がモジュールの値となる。したがって、モジュールの値が大きいほど歯形が大きくなる。

$$m = \text{直径〔mm〕} / \text{歯数} = d / Z$$

問題 19 ○

バックラッシが必要な理由は、製作時の誤差、組立時の誤差、使用時のたわみ、熱膨張などを考慮し、円滑にかみ合うようにするためである。

問題 20 ○

図表 6-1-49 に 2 軸が平行な歯車の特徴を示す。

図表 6-1-49 ● 2 軸が平行な歯車

歯	形	特徴・用途
平歯車 （スパーギヤ）	歯すじが直線で、軸と平行に歯がついている。回転方向と直角に歯がついているので、軸方向に力がかからない。２本の平行な軸間に回転運動を伝える歯車で、もっとも一般的に使われている	① 簡単でつくりやすく、コストも安い ② 軸に斜めの力がかからない ③ 高速回転の場合、騒音が発生しやすい ④ 回転方向は正・逆とも可能 <用途> 一般的な動力伝達用
はすば歯車 （ヘリカルギヤ）	歯すじを軸に対して斜めにしたもので、荷重がだんだん円滑に移っていき、かみ合いをなめらかにする	① 平歯車より強度は大きい ② 高速回転でも運動が円滑で衝撃が少ない ③ 歯すじが斜めのため、かみ合い率が大きく、騒音が少ない ④ 軸方向にスラスト力が生じる ⑤ 製作がややむずかしい <用途> 一般の伝動装置（自動車、減速機など）
やまば歯車 （ダブルヘリカルギヤ）	歯の向きが反対のはすば歯車を組み合わせたもので、歯の種類は山の頂上部の製作方法でいろいろな種類がある （歯の種類） 角突合わせ 丸突合わせ 千鳥 中みぞ突合わせ	① 高速回転でも、円滑な回転ができる ② 強度は大きい ③ 軸方向のスラストが生じない ④ 伝動が静かで効率が良い ⑤ 製作がむずかしい <用途> 一般に動力伝動用の他に、大動力伝動に用いる（製鉄用圧延機、大型減速機など）

問題 21　×

2 軸がくい違っている歯車の説明である（**図表 6-1-50**）。

問題 22　×

まがりばかさ歯車の説明である。**図表 6-1-51** に、はすばかさ歯車のほか、2 軸が交わる歯車を示す。

問題 23　○

軸のキー溝の深さが通常のキー溝よりも深くなるので、軸の強度が低下する欠点がある（**図表 6-1-52**）。

問題 24　○

キーは回転軸に歯車、カップリング、スプロケット、プーリなどを固定するために用いられる（**図表 6-1-53**）。

問題 25　○

ハンドルと軸との位置を固定するためなどにも用いられる。

図表 6-1-50 ● 2 軸がくい違う歯車

歯	形	特徴・用途
ねじ歯車	はすば歯車の軸をくい違えてかみ合わせた歯車で、1組の歯車の軸が平行でもなく、また、交わらない場合に用いる	① 減速のほかに増速も可能 ② 効率がよく静かな回転が得られる ③ 減速比が小さく、大動力の伝動には適さない <用途> 自動車の補機駆動用、自転機械などの複雑な回転運動をするもの
ハイポイドギヤ	円すい形の歯車で、一種のまがりばかさ歯車であるが、軸がくい違っているので、まがりばかさ歯車とはいわない	① 歯当たり面積が大きい ② 静かな回転が得られる ③ 小歯車の中心線を、大歯車の中心線から離すことができる ④ 製作がむずかしい <用途> 小歯車の中心線を大歯車の中心線より下げられるので、自動車の最終減速機などに用いて車の床面を低くし、乗り心地と安定性を増している。その他、ウォーム歯車の代わりなど
円筒ウォームギヤ 鼓形ウォームギヤ（ヒンドレウォームギヤ）	歯数の少ない方は、ねじ状になっていて、これをウォームと呼び、これにかみ合う歯数の大きい方をウォームホイールと呼んでいる。これらを通常、総称してウォームギヤという 同一平面内にない2軸が、互いに直角な場合の伝動に用いる 種類は一般的な円筒ウォームギヤと鼓形（つづみかた）ウォームギヤがある	① 小型で大きな減速比が得られる（1：6〜1：100） ② かみ合いが静かで円滑 ③ 摩擦が大きく効率はあまりよくない ④ 円筒ウォームギヤより鼓形ウォームギヤの方が高負荷の動力伝達には有利 ⑤ 回転は、一般にウォームからウォームホイールを回転させる。ウォームホイールからウォームは回転できない ⑥ 鼓形ウォームギヤは、製作がややむずかしい <用途> 減速装置、ウインチ、チェーンブロック、工作機械、割出し機械など、その用途は非常に多い

問題 26 ○

図表 6-1-54 にピンの種類と構造を示す。

問題 27 ×

テーパピンの傾斜比は 1/50 である（**図表 6-1-55**）。

問題 28 ×

テーパピンの呼び方は、呼び径（d）は、小さいほうの直径で表される。

問題 29 ×

図表 6-1-51 ● 2 軸が交わる歯車

歯	形	特徴・用途
すぐばかさ歯車	歯すじが円すいの頂点に向かってまっすぐになっているかさ歯車	① 軸方向にかかる力は少ない ② 伝動力の大きいときはあまり用いない ③ 製作は比較的容易 <用途> 工作機械などの諸機械装置・印刷機械および差動装置
はすばかさ歯車	歯すじはまっすぐだが、頂点に向かっていないもの。つまり、すぐばかさ歯車の歯を、はすに傾けたもので斜めになっているかさ歯車	① 歯当たり面積が大きくなるので強度はすぐばかさ歯車より大きい ② 比較的静かな伝動が得られる ③ すぐばかさ歯車より大きい伝動力を伝えることができる <用途> 大型減速機などで、まがりばかさ歯車を用いない場合に使う
まがりばかさ歯車	歯すじが曲線になっている歯車ですぐばかさ歯車より製作はむずかしいが、強くて静かな歯車として広く使われている	① 歯当たり面積、強度、耐久力ともにすぐば、はすばかさ歯車より大きい ② 減速比が大きくとれ、音も静かで、伝動効率も良い ③ 軸方向の力が大きくなる ④ 製作がややむずかしい <用途> 高負荷・高速回転の伝動に適し、自動車の減速機、工作機械などに用いる

図表 6-1-52 ●半月キーの使用例

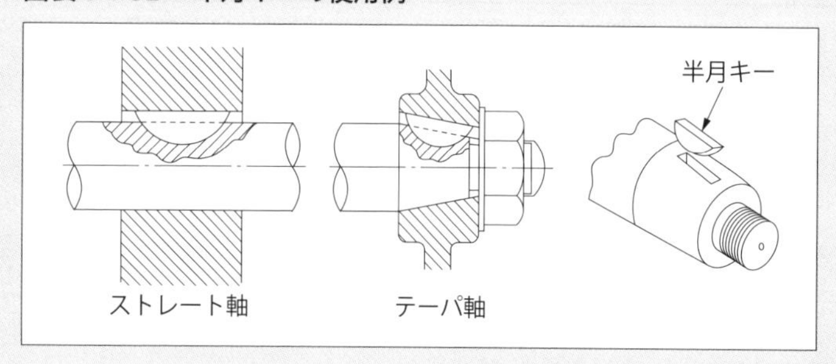

Vベルト上面は、プーリより 0.5 ～ 2.4mm 程度出ているのが適正であるため、プーリみぞの底面にベルトが接触しない（**図表 6-1-56**）。

問題 30　○

3 本掛けなど複数本使用の場合、ベルトの交換は全数一緒に実施する。

図表 6-1-53 ●キーの種類

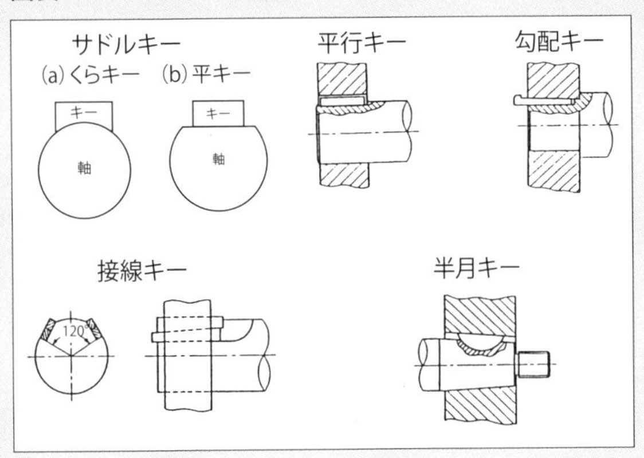

図表 6-1-54 ●ピンの種類と構造

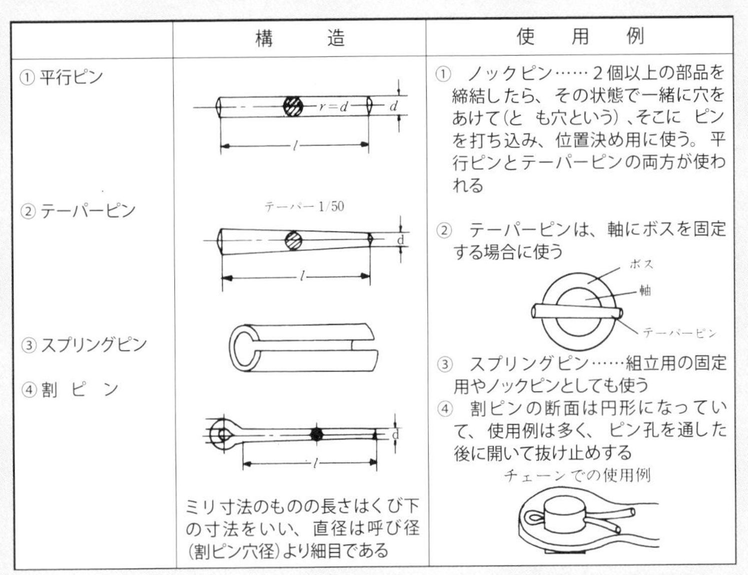

	構　　造	使　用　例
① 平行ピン	r=d、d、l	① ノックピン……2個以上の部品を締結したら、その状態で一緒に穴をあけて（と　も穴という）、そこに　ピンを打ち込み、位置決め用に使う。平行ピンとテーパーピンの両方が使われる
② テーパーピン	テーパー 1/50、d、l	② テーパーピンは、軸にボスを固定する場合に使う（ボス、軸、テーパーピン）
③ スプリングピン		③ スプリングピン……組立用の固定用やノックピンとしても使う
④ 割　ピ　ン	d、l ミリ寸法のものの長さはくび下の寸法をいい、直径は呼び径（割ピン穴径）より細目である	④ 割ピンの断面は円形になっていて、使用例は多く、ピン孔を通した後に開いて抜け止めする チェーンでの使用例

問題 31　×

荷重が軸に対して垂直方向に作用するものは、ラジアル荷重という。

問題 32　×

すべり軸受は、軸と軸受の面が直接接触（面接触）となる。こ

図表 6-1-55 ●テーパピンの形状と寸法

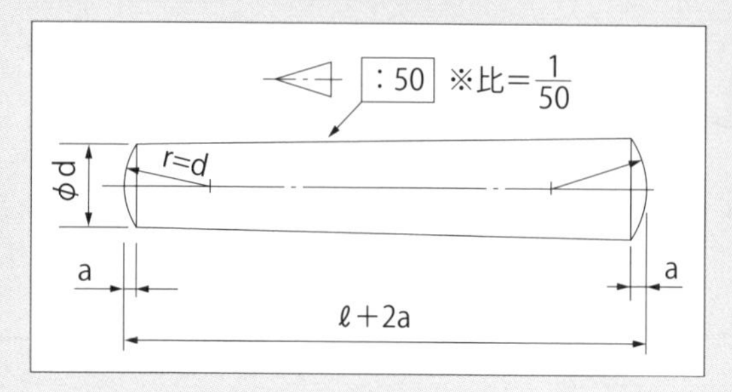

図表 6-1-56 ●適正ベルトと不良ベルト

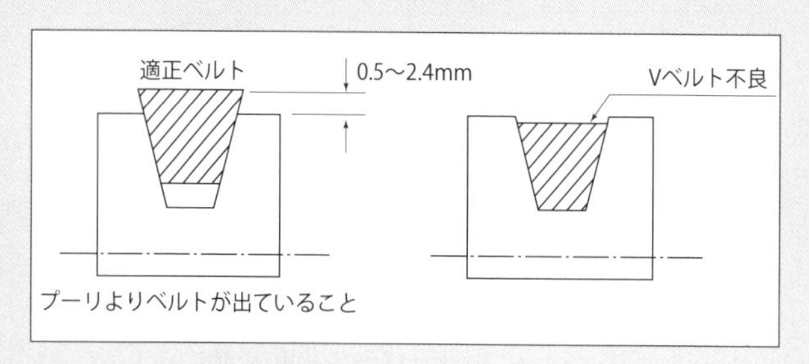

図表 6-1-57 ●軸受各部の名称

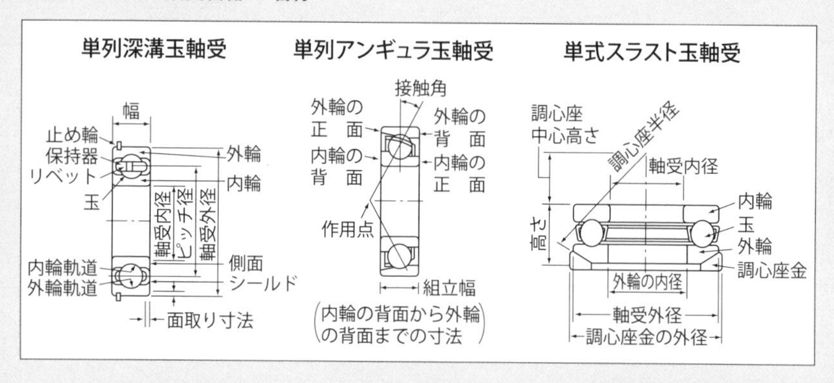

ろがり軸受は、点または線接触で摩擦抵抗は小さくなる。

問題 33 ○

玉軸受には深溝玉軸受、アンギュラ玉軸受、スラスト玉軸受などが、ころ軸受には円筒ころ軸受、円すいころ軸受などがある（図表 6-1-57）。

図表 6-1-58 ●継手の種類と特徴

分類	名称	特徴
固定軸継手	筒形軸継手 （スリーブ継手）	構造が簡単で、小径の軸に用いられる。軸方向の力を受けられない。取扱いやすく、安価
	箱形軸継手	筒形軸継手の一種。筒を２つ割りにしたもの。分解組立が容易で、安価
	フランジ形固定軸継手	フランジを両軸端に取り付け、ボルトで締め合わせるもの。大型軸、高速精密回転軸に使用 構造が簡単で安い、偏心許容値0.03以下
たわみ軸継手	フランジ形たわみ軸継手	フランジをとめるボルトをゴム、皮などのブシュで支持し、その変形で軸心の狂いを許容。ブシュの摩耗、変形には交換が必要、潤滑は不要 起動時の衝撃吸収、偏心許容値の0.05以下
	歯車形軸継手 （ギヤカップリング）	たわみ量が大きく、伝達容量も大きいが、高価であり、オイルまたはグリス潤滑が必要。保守がむずかしい。 交差角（傾斜角）許容値 1.5° 以下
	チェーン軸継手 （チェーンカップリング）	たわみ量は中程度だが、衝撃荷重には向かない。コンパクトだが、他に比較してやや性能に問題あり、潤滑は必要。偏心許容値（チェーンピッチ）の２％以下
	ゴム軸継手	継手本体の結合をゴムによって行うため、比較的大きな軸心の狂いを吸収できる。種類多し。起動時の衝撃吸収
	金属ばね軸継手	板ばね、コイルばね、ダイヤフラム、ベローズなどをたわみ材として使用する軸継手。潤滑は必要なものと不要なものがある
自在軸継手	不等速自在軸継手 （ユニバーサルジョイント）	２軸が同一平面上にあり、中心線がある角度で交わる場合の軸継手。小容量の伝動向き。交差角（傾斜角）許容限界値30° 以下
	等速自在軸継手	等速伝達を可能にした自在軸継手。自動車の駆動軸などに広く使用。小容量の伝動向き。交差角（傾斜角）許容限界値18～20° 以下

問題 34　○

一般的に、心出しは停止中に行うので、運転中は機械の発熱などによって心がズレる可能性がある。このようなときにたわみ軸継手が使われる（**図表 6-1-58**）。

問題 35　×

P5 や P6 の記号は、精度等級を表す。呼び番号は JIS で定められており、大きく分けると、基本番号と補助記号とで構成されている（**図表 6-1-59**）。

図表 6-1-59 ●呼び番号の例

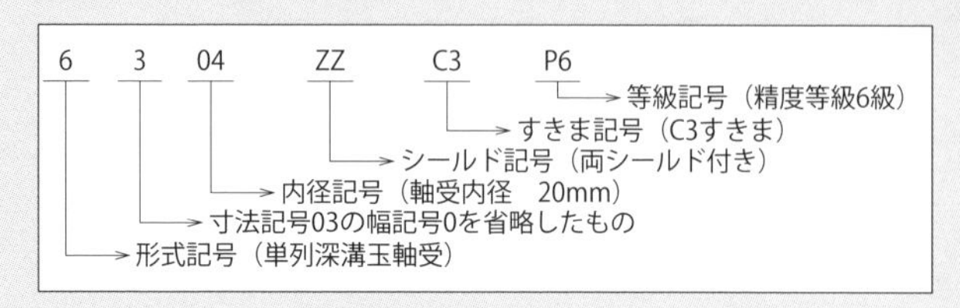

問題 36　×

仕切り弁は、機器類のブロックが目的なので、全開または全閉の状態で使用される（**図表 6-1-60**）。

図表 6-1-60 ●仕切り弁の種類

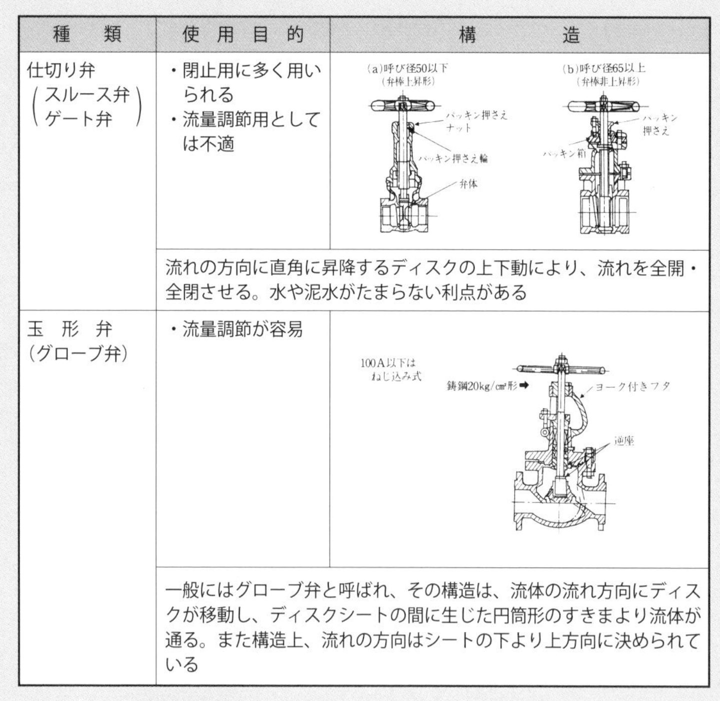

種　類	使用目的	構　造
仕切り弁 （スルース弁 ゲート弁）	・閉止用に多く用いられる ・流量調節用としては不適	(a)呼び径50以下（弁棒上昇形） パッキン押さえナット パッキン押さえ輪 弁体 (b)呼び径65以上（弁棒非上昇形） パッキン押さえ パッキン箱
	流れの方向に直角に昇降するディスクの上下動により、流れを全開・全閉させる。水や泥水がたまらない利点がある	
玉　形　弁 （グローブ弁）	・流量調節が容易	100A以下はねじ込み式 鋳鋼20kg/㎠形 ヨーク付きフタ 逆座
	一般にはグローブ弁と呼ばれ、その構造は、流体の流れ方向にディスクが移動し、ディスクシートの間に生じた円筒形のすきまより流体が通る。また構造上、流れの方向はシートの下より上方向に決められている	

問題 37　○

流体の漏れ、または外部からの異物の侵入を防止するために用いられる装置の総称（sealing device）と示される（**図表 6-1-61**）。

図表 6-1-61 ●シールの種類

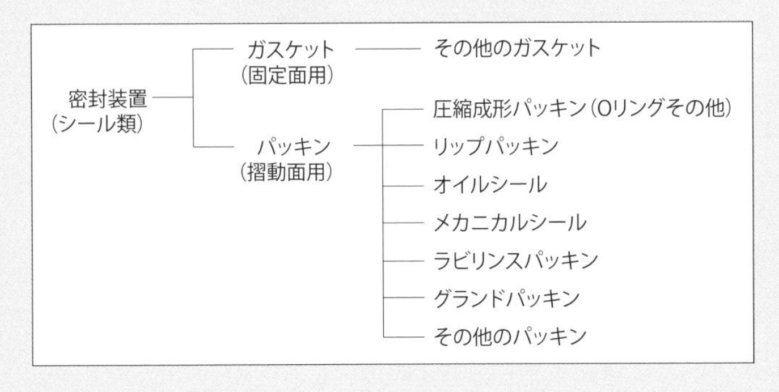

問題 38　×

リング形とフルフェース形とあるが、リング形のほうが単位面積あたりの締付け力が大きいので、シール効果が高くなる（**図表 6-1-62**）。

図表 6-1-62 ●リング形とフルフェース形

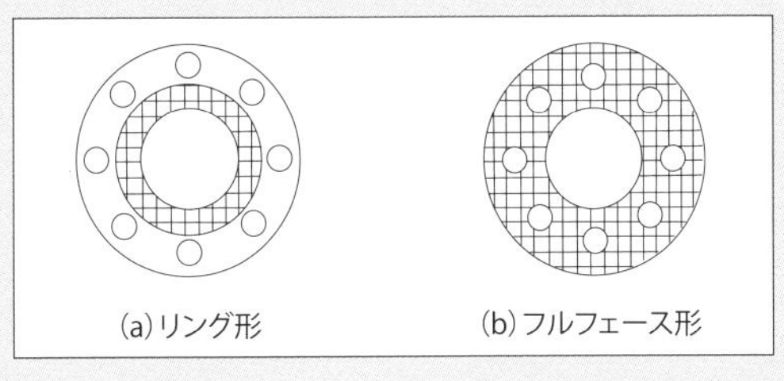

図表 6-1-63 ●ボルトの締付け順序

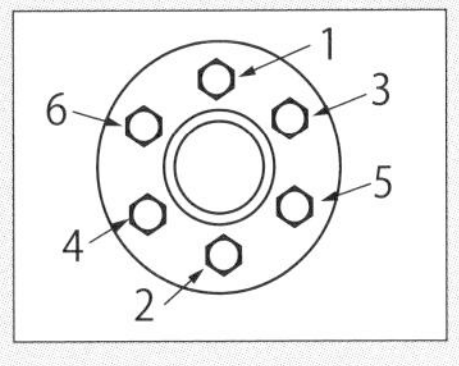

問題 39　×

ボルトの締付け順序は、相対締付け法により、片締めに注意しながら上下、左右対称に締め付けて、最後に 1 周するのがポイントである（**図表 6-1-63**）。重要なものにはトルクレンチを使用する。

問題 40　×

U パッキンは、1 ヵ所に 1 本装着を基本とする（一般的に低圧使用）。また、V パッキンは圧力に応じて数枚を重ねて使用する（高圧タイプに対応）。

問題 41　○

リップパッキンは、リップに働く流体の圧力によりシール面の圧力が増し、有効な漏れ止め作用を果たすもので、V パッキン、U パッキン、L パッキンなどがある（**図表 6-1-64**）。

図表 6-1-64 ●パッキンの種類

	材　質	使用圧力 MPa(kgf/cm²)	おもな用途
Vパッキン	ゴム 布入りゴム 皮	全　圧 全　圧 全　圧	油圧・水圧 油圧・水圧 水圧
Uパッキン	ゴム 布入りゴム	～6.86 (70) ～9.81 (100)	油圧 油圧・空圧
Lパッキン	ゴム 布入りゴム	～6.86 (70) ～6.86 (70)	油圧・空圧 油圧・空圧

（注）Uパッキンはバックアップリング使用により、より高圧に使用可能

問題 42　○

断面形状が、O 型のものを O リングという。O リングは、通常 8 ～ 30％程度のつぶししろ（スクイーズ）を与えて使用する。パッキン用は 8 ～ 20％、ガスケット用は 15 ～ 30％程度となる（**図表 6-1-65**）。

図表 6-1-65 ●リングの種類

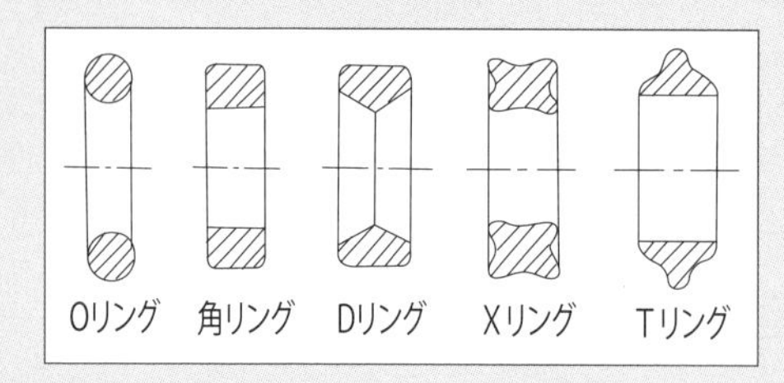

問題 43　○

・回転軸シールには、オイルシール、メカニカルシール、グランドパッキンなどがある

・オイルシールは、比較的低圧の潤滑油系統で、回転軸からの

油漏れや外部からの塵埃、水などの侵入を防ぐことを目的に使用される

軸径に対してシールリップの内径を小さくし（締めしろ）、またばねを装入して生じる緊迫力により、シールリップと軸との間に接触圧力を発生させて漏れを防ぐ機能をもっている。その耐圧性は、0.049 ～ 0.098MPa（0.5 ～ 1kgf/cm^2）程度で、これ以上になると油がしみ出し、発熱による劣化などが生じる（**図表 6-1-66**）。

図表 6-1-66 ●オイルシールのシール機構

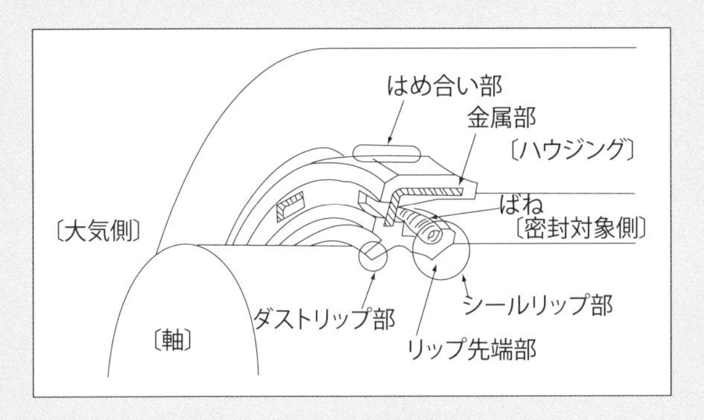

問題 44 ○

ダストシールの性能は、リップとシール面の接触状態によって大きく左右されるので、シール相手面の仕上げ状態をよく点検・整備することが大切である。装着の際は他のリップパッキンと同じように、リップ面にグリスなどの潤滑剤を塗布する。

問題 45 ○

回転軸シールには、接触形シールのメカニカルシール、非接触形シールのラビリンスシールなどがある。

問題 46 ○

一般的には、バランス形シールが高圧用、アンバランス形シールが低圧用といわれている。シートリングの軸方向の投影面積Bと、従動リングに対して軸方向の推力として働く高圧側流体

の圧力を受ける面積Aの比を、バランス比という（**図表6-1-67**）。

図表6-1-67 ●メカニカルシールの基本構造

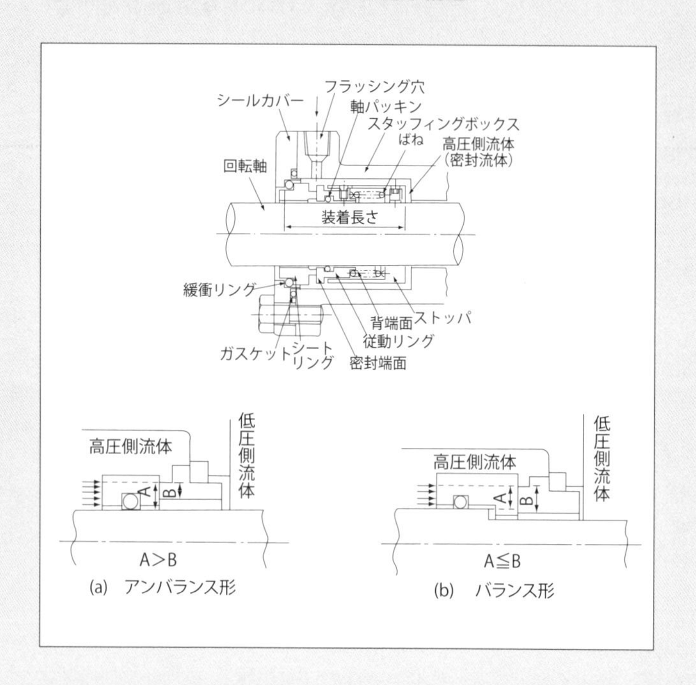

問題47　○

パッキンに軸方向の圧縮力を与えることにより、半径方向の応力を発生させて密封する機構である。したがって、軸方向の締付け力を大きくすればシール機能は向上するが、発熱、潤滑性能低下、軸摩耗、パッキンの寿命低下をもたらし、結局は焼付きや破損などの故障に至る（**図表6-1-68**）。

図表 6-1-68 ●密封装置の概略と締付け力の伝達

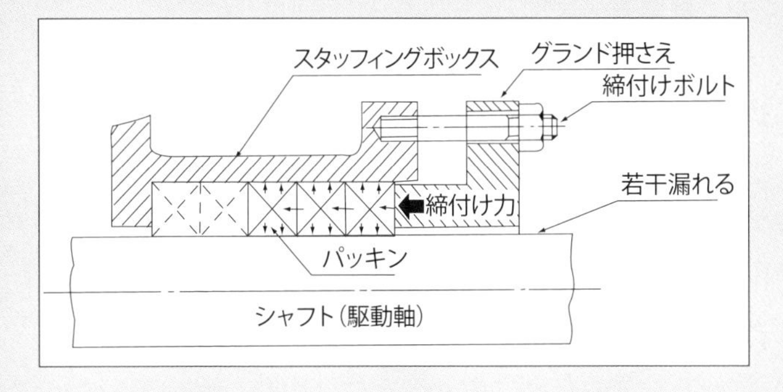

[出題傾向のまとめ・重要ポイント]

この分野からは 1、2 問程度出題されている。ここ数年間で出題頻度が高いのは、以下のとおりである。

(1) ねじには、並目ねじと細目ねじがあり、締付け用として並目ねじ、調整用として細目ねじを用いる場合が多い。

(2) ねじ山の円筒の直径（外径）を呼び径として用い、仮想的な円筒の直径を有効径という。

(3) 歯車の歯において、全歯たけは歯元のたけ（距離）と歯末のたけをプラスしたものになる。

(4) グランドパッキンの使用では、流体を若干漏らしながら使用することが原則である。

[今後の学習・重要ポイント]

(1) ねじでは、リードとピッチの関係から $L = n \cdot P$ を理解しておく

(2) 歯車では、モジュール（m）はピッチ円直径（d）を歯数（Z）で割った値である。バックラッシは、回転を円滑にするために、歯と歯にすき間を設けることである。

(3) 軸受（ベアリング）の出題は近年はないが、種類や特徴を学習しておくこと。ラジアル荷重とアキシャル荷重を理解しておくこと。

(4) O リングは、スクイーズパッキンともいい、圧縮変形（つぶししろ）を与えて使用するパッキンである。

学習範囲としては広範囲になるが、機械保全にとってとても重要で、実践にも役に立つ基本項目なので、しっかりと学習してほしい。

第6章

機械系保全法

2 機械の点検

出題の傾向

(1) 点検表および点検計画書の作成方法

(2) 機械の主要構成要素の点検項目および点検方法

(3) 機械の点検に使用する器工具などの種類、構造および使用方法

上記の範囲から1問は出題されている。

(4) M形ノギス、ダイヤルゲージ、マイクロメータ、シリンダゲージ、すき間ゲージ、水準器、熱電対温度計など、測定器を中心に出題されていることから、種類、原理、構造、使用方法を理解しておく。

1 機械の点検

1-1 長さの測定器具

(1) ノギス

① M形

スライダ（副尺バーニヤ）はみぞ形で、副尺の目盛は19mmを20等分してあり、測定単位は0.05mm（1/20）である。外側の測定はジョウ、内側の測定は内側用ジョウで行い、スライダをすべらせて測定する。

最大測定長（呼び寸法）が300mm以下のものにはデプスバー（深さ測定用）が付いており、段の高さ、穴の深さが測定できる。これがM形の特徴である（**図表6-2-1**）。

② CM形

測定単位は0.02mmである。本尺目盛は1mm単位で刻まれており、副尺の目盛は49mmを50等分してある（**図表6-2-2**）。

(2) マイクロメータ

① 構造と原理

マイクロメータは、おねじとめねじのはめ合いを利用した測定器である（**図表6-2-3**）。マイクロメータに使われるねじのピッチは0.5mmまたは1.0mmで、おねじに直結した目盛（シンブル）は外周をねじピッチが0.5mmの場合は50等分、1.0mmの場合は100等分した目盛がついている。おねじを1回転させればシンブルが1回転して、0.5mmピッチでは0.5mm、1.0mmピッチでは1.0mm動く。

② 種類

マイクロメータには外測用、内測用、深測用の3種類があり、それぞれいくつかのタイプがある。測定範囲は、誤差や使用上の点から、JISでは25mm単位で、0～25mmから475mm～500mmまでのものが規格化されている。**図表6-2-4**に種類と特徴を示す。

図表 6-2-1 ● M形ノギス

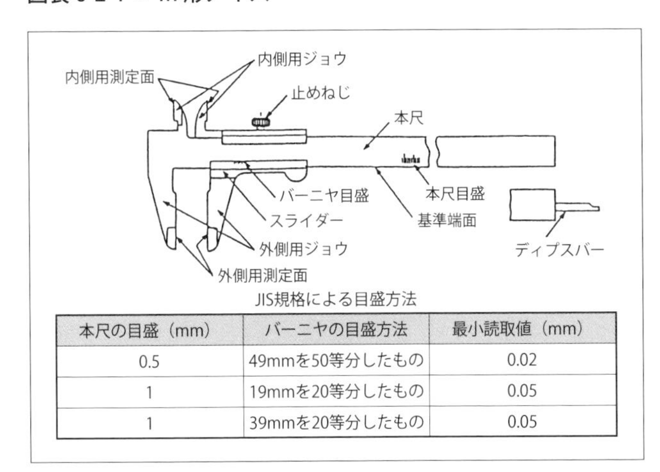

本尺の目盛（mm）	バーニヤの目盛方法	最小読取値（mm）
0.5	49mmを50等分したもの	0.02
1	19mmを20等分したもの	0.05
1	39mmを20等分したもの	0.05

図表 6-2-2 ● CM形ノギス

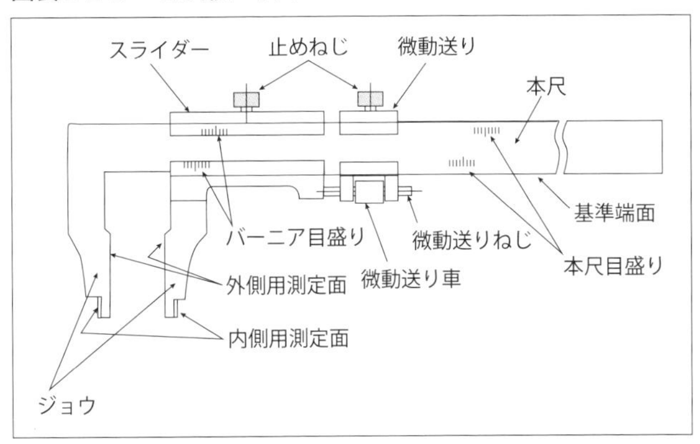

図表 6-2-3 ●マイクロメータ

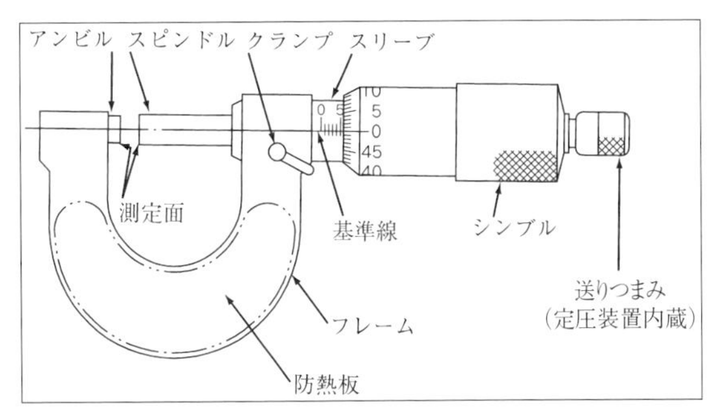

図表 6-2-4 ●マイクロメータの種類と特徴

用　　　途	種　　　類
外　測　用 （外側マイクロメータ）	標準形、替アンビル形、リミットマイクロメータ、歯厚式歯車マイクロメータ、ねじマイクロメータ、直進式ブレードマイクロメータ、その他
内　測　用 （内側マイクロメータ）	キャリパー形、単体形、つぎたしロット形、3点測定式マイクロメータ（イミクロ）
深　測　用	デプスマイクロメータ（JIS B 7544）

図表 6-2-5 ●シリンダゲージ

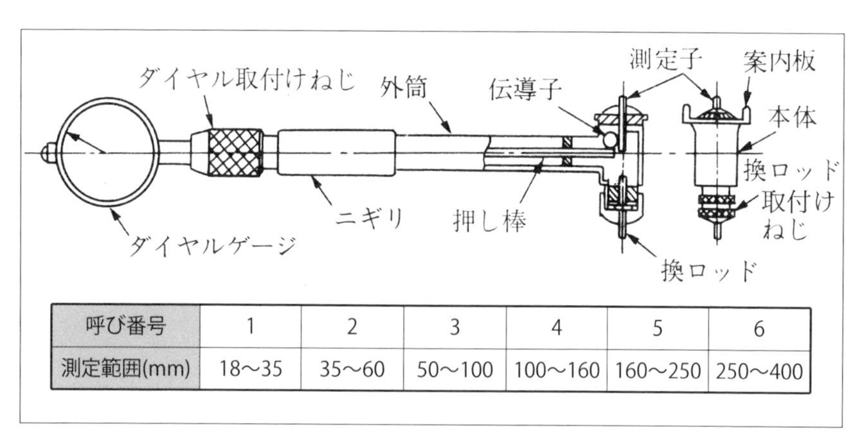

呼び番号	1	2	3	4	5	6
測定範囲(mm)	18～35	35～60	50～100	100～160	160～250	250～400

③ 0 点調整

0 ～ 25mm のマイクロメータの 0 点確認は、アンビルとスピンドルの測定面を合わせ、ラチェット部が 2 ～ 3 回転空回りするまで締め込んで、主目盛と副目盛の 0 点が一致しているかを確認する。

④ 使用上の注意事項

・使用前に必ず 0 点調整を行う

・激しい衝撃を与えない

・測定の段階では、シンブルを直接回さず、ラチェットストップを回して測定する

・フレームを持つときは、防熱板を使用する

・保管時は、熱膨張による変形などを防ぐため、アンビルとスピンドルの両測定面を多少離しておく

図表 6-2-6 ●ダイヤルゲージ

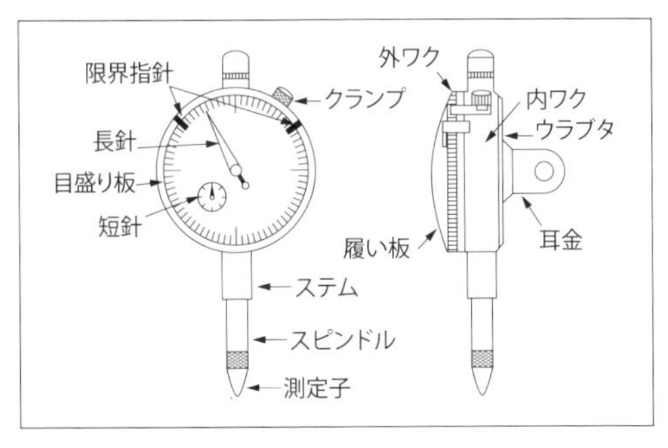

図表 6-2-7 ●すき間ゲージ

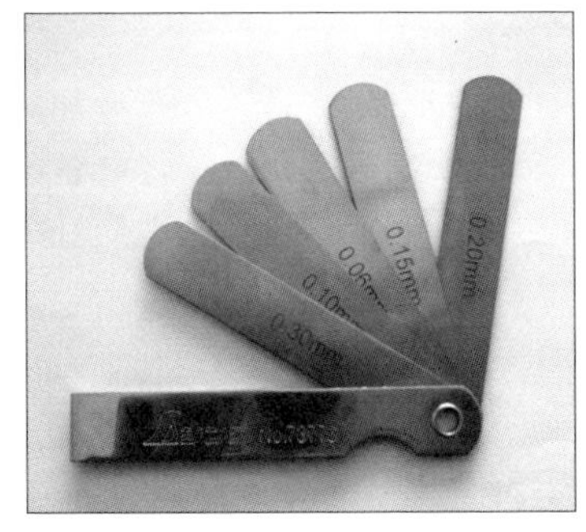

(3) シリンダゲージ

内径測定用の測定器で、測定器の一端にある測定子と換えロッドを被測定物の穴の内側にあてて、そのあたり量を他端にあるダイアルゲージの指針で読み取る（**図表 6-2-5**）。

(4) ダイヤルゲージ

測定子のごくわずかな動きを「てこ」または歯車装置に拡大して、ブロックゲージまたは基準となる模範と比較測定し、上部の円形目盛板上の 0.01mm または 0.001mm 目盛から寸法差を読み取る（**図表 6-2-6**）。

標準型とてこ式があり、実長を求めることもできるが、主にその偏差を知るのに用い、量産における合否の決定、平行度、直角度、軸の曲がり、スラスト量、カップリングの心出しなど用途は広い。

(5) すき間ゲージ

厚さの異なる何枚かの薄い鋼片からなる標準ゲージの一種で、何枚かのリーフを重ねて寸法をつくり測定する（**図表 6-2-7**）。

重ね合わせて 2 つの平面間のすき間、基準定盤上に置かれた測定物の平面との反りの寸法を測るほか、細いみぞ寸法などの測定もできる。

JIS では長さ 75 ～ 300mm、厚さ 0.01 ～ 3mm、組合わせは 10 ～ 25 枚程度のものがある。

数枚重ね合わせて測定するときには、多少精度が悪くなる。

図表 6-2-8 ●水準器の原理

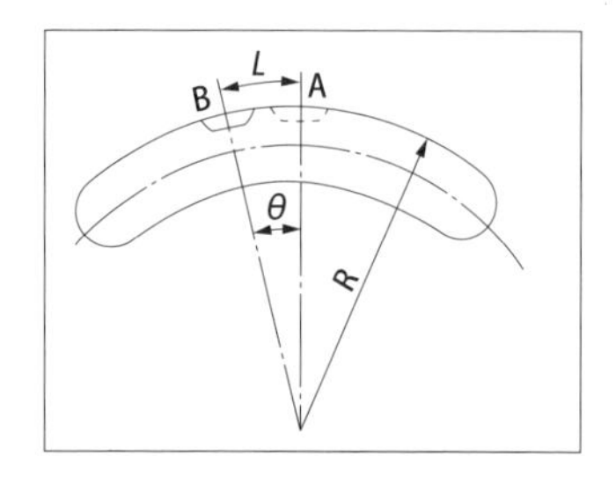

図表 6-2-9 ●水準器の種類・感度

種類	感　度	等級	指示誤差（許容値）	
			各目盛り	次の目盛り
1種	$\frac{0.02mm}{1m}$（≒4秒）	A級 B級	±0.5目盛り ±0.7目盛り	0.2目盛り 0.5目盛り
2種	$\frac{0.05mm}{1m}$（≒10秒）	A級 B級	±0.3目盛り ±0.5目盛り	0.2目盛り 0.5目盛り
3種	$\frac{0.1mm}{1m}$（≒20秒）	A級 B級	±0.3目盛り ±0.5目盛り	0.2目盛り 0.5目盛り

（注）指示誤差はいずれも許容値以下とする。

1-2　角度の測定器具

(1) 水準器

水平度や垂直度を見たり、そのわずかな傾きを測定する液体式の角度測定器である。液体内につくられた気泡の位置が常に高いところにあることを利用して測定する（**図表 6-2-8、6-2-9**）。

曲率半径Rの水準器がθだけ傾くと、気泡はAからBにLだけ移動する。その移動量はθに比例する（$L = R \times \theta$（θはラジアン））

感度0.02mmの水準器の気泡管の目盛は通常2mm間隔に刻まれ、気泡管の内面は曲率半径103mに仕上げられている。

1-3　硬さ試験

硬さ試験には、ブリネル、ロックウェル、ビッカース、ショアの4つが代表的である。非試験体の硬さによって使い分ける（ゴムのような軟らかい材料にはショア、比較的軟らかい鋼にはブリネル、焼入れ鋼程度はロックウェル、さらに硬い鋼の浸炭層などにはビッカース)。

(1) ブリネル硬さ試験(HB)

ブリネル硬さ試験は鋼球圧子を用い、一定の試験荷重で、試料の試験面に球状のくぼみをつけ、荷重を除いた後に残った永久くぼみの表面積で荷重を除した商をもって表されたものを、硬さの値とする(試験面は平面であることを原則とする)。

(2) ロックウェル硬さ試験(HR)

円すい圧子を用いてまず基準荷重を加えて押圧し、次に試験荷重をかけ再び基準荷重に戻したとき、前後2回の基準荷重におけるくぼみの深さの差 h から求められる数値をロックウェル硬さとする。

また、異なる尺度(スケール)で表される硬さが測定できる。スケール記号にはCスケールやBスケールがあり、60HRB、60HRCというようにHRの次にスケール記号をつける。

(3) ビッカース硬さ試験(HV)

対面角136°のダイヤモンドの正四角すい圧子を用い、試験面にピラミッド形のくぼみをつけたときの荷重を、永久くぼみの対角線の長さから求めた表面積で除した商をいうものである。非常に硬い鋼や精密加工部品に適し、圧力痕が小さいので、薄板や浸炭層の硬さを測ることができる。

(4) ショア硬さ試験(HS)

一定の形状と重さのダイヤモンドハンマを一定の高さから試験面に垂直に落下させたときの跳上がりの高さを、硬さの尺度としたものである。この試験機はフレームから主要部分を取り外すことができるので、試料のある場所で使用できる。また残留くぼみが浅く目立たないので、重量のあるもの、圧延ロールなど仕上げ面の硬さ測定などに用いられる。

1-4 温度の測定器具

(1) 各種温度計の利点と欠点

温度の測定方法には、多くの種類がある。**図表6-2-10**に、各種温度計の利点と欠点を示す。

図表 6-2-10 ●各種温度計の利点と欠点

温度計	利点	欠点
液体封入ガラス温度計	● 一般には大きな誤差を生じない ● 取扱いが容易である	● 破損しやすい ● 読み取りにくい ● 一般には離れたところで測定できない ● 一般には記録、警報または自動制御ができない
バイメタル温度計	● 記録または警報ができる ● 自動制御ができる	● 離れたところで測定できない
圧力温度計	● 10m程度離れたところでも測定できる ● 記録、警報または自動制御ができる	● 温度を上げすぎると指度がずれるおそれがある ● 取扱いに注意しないと意外な誤差を生じることがある
抵抗温度計	● 正確な測定が比較的容易にできる ● トルクの強い計器がある ● 遠隔測定、記録、警報または自動制御ができる	● 機構が複雑である
熱電温度計	● 正確な測定が比較的容易にできる ● トルクの強い計器がある ● 遠隔測定、記録、警報または自動制御ができる	● 機構が複雑である
光高温計	● 携帯用であり、手軽に高温が測定できる ● 放射温度計に比べて光の通路における吸収による誤差も放射率の補正も小さい ● 1273K（1000℃）以上の高温測定が容易である	● 手動を必要とする ● 遠隔測定、記録、警報または自動制御ができない ● 個人誤差を伴うおそれがある
放射温度計	● 遠隔測定、記録、警報または自動制御ができる ● 1273K（1000℃）以上の高温測定が容易である	● 高温を連続測定するには水冷および空気パージを必要とする場合が多い ● 放射の通路における吸収による誤差も放射率の補正も大きい

図表 6-2-11 ●熱電回路

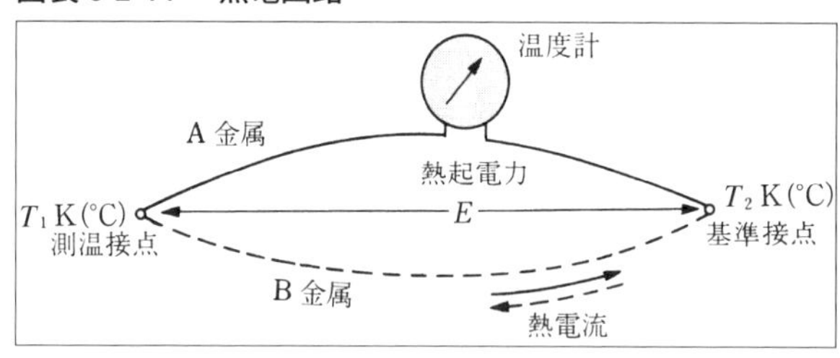

(2) 熱電温度計（熱電対温度計）

① 原理

2種の異なった金属線の両端を接続して閉回路をつくり、その2つの接合点に温度差があるとき、閉回路中にその温度に比例した熱起電力が生じ、熱電流が流れる。この現象をゼーベック効果という。

熱電対は、この熱起電力から逆に2つの接合点の温度差を測定しようとするものである（**図表 6-2-11**）。

② 熱電対の種類

・白金ロジウムと白金熱電対（R）

・クロメルとアルメル熱電対（K）

・鉄とコンスタンタン熱電対（J）

・銅とコンスタンタン熱電対（T）

(3) 電気抵抗温度計

一般に、物質の電気抵抗は温度によって変化し、金属（白金、ニッケル、銅など）は温度が上がると抵抗値は増加し、半導体（サーミスタなど）は減少する。この原理を利用したのが電気抵抗温度計であり、熱電式のように冷接点や補償導線の問題もなく、直接電気抵抗を測定するので、比較的容易に測定ができる。低温測定に用いられる。

1-5 回転計

回転の速さはもともと角速度として表現される量であるが、工業的には一定時間内の回転数、1分間の回転数［min^{-1}］などで表されている。

(1) 回転の速さの瞬時値を連続的に測定指示する計器

機械的な遠心式回転計、流体遠心式回転計、摩擦板式回転計、粘性式回転計、発電機式回転計、渦電流式回転計などがある。

(2) 機械的接触によって対象物から回転を取出せない場合の計器

ストロボスコープ（所定の周波数で点滅を繰返す発光装置）が回転速度計として用いられる。

(3) 回転の数および速さを測定できる計器

1回転ごとに整数個のパルス信号を発生する回転（角度）エンコーダがある。

1-6　圧力計

(1) 圧力の単位

① 絶対圧（Pa abs）

絶対真空をゼロとして、水銀柱 -760mm を基準として測ったもの。

② ゲージ圧（PaG）

大気圧（1013 hPa ＝ 760 mmHg）を基準として測ったときの圧力で、工業上での圧力表示はゲージ圧で示している。

絶対圧 ＝ ゲージ圧 ＋ 大気圧

(Pa abs) ＝（PaG）＋（1.01325×10^5Pa）となる。

[2] 機械の点検

実力確認テスト

問題 1　ノギスは、長さの測定器である。

問題 2　M 形ノギスでは、小型のものにはディプスバーがついており、段の高さ、穴の深さが測定できる。

問題 3　マイクロメータで測定するときは、測定圧が一定になるようにシンブルを直接回して測る。

問題 4　マイクロメータを保管するときは、アンビルとスピンドルの両測定面を互いに密着させておくようにする。

問題 5　マイクロメータは外測用だけである。

問題 6　シリンダゲージは、外径測定用の測定器である。

問題 7　水準器は、水平度や垂直度を見たり、そのわずかな傾きを測定する液体式の角度測定器である。

問題 8　角度の測定器として用いられる水準器の原理は、液体内につくられた気泡の位置が、いつも高いところにあることを利用したものである。

問題 9　金属などの硬さを計るのに、ロックウェル硬さ試験がある。

問題 10　温度を測定する熱電対は、電気抵抗により温度変化を測定するものである。

[2] 機械の点検

解答と解説

問題 1　○

ノギスは、外側寸法および内側寸法を、0.02mm または 0.05mm まで測定できる（**図表 6-2-1** を参照）。

問題 2　○

ディプスバー（深さ測定用）がついており、段の高さ、穴の深さが測定できる。これがM形ノギスの大きな特徴である。

問題 3　×

使用上の注意事項は次のとおりである。

・種類、最小読取り値、測定範囲などの使用目的に合ったものを選ぶ

・使用前に、かならずゼロ点を調整する。また、300mm 以上の外側マイクロメータでは、測定する姿勢でゼロ点合わせをする

・激しい衝撃を与えない。衝撃を与えた場合は再点検する

・測定では、シンブルを直接回さずにラチェットストップを使う

・温度による誤差に注意する（フレームを手で持つ場合は、断熱材の部分を持つ）

・目盛の合致点の真正面から読み取る

・測定しないときは、アンビルとスピンドルの両測定面を多少離しておく

問題 4　×

測定しないときは、アンビルとスピンドルの両測定面間を多少離しておく。

問題 5　×

用途によって大別すると 3 種類があり、それぞれいくつかのタイプがある（**図表 6-2-4** を参照）。

問題 6　×

シリンダゲージは、内径測定用の測定器である。**図表 6-2-5** に、その構造と測定範囲を示している。

問題 7　○

機械の組立、据付けに使用するが、精密なものは真直度や平面度の測定にも使用する。

問題 8　○

常に気泡が上にあるように、気泡管は円弧をなしている。気泡管の曲率半径が大きいほど、精密な読取りができる。**図表 6-2-8、6-2-9** にその原理・種類・感度を示している。

問題 9　○

ロックウェル硬さ試験は、特定の形状、寸法の円すい状のダイヤモンド圧子、硬球圧子または超硬合金圧子を一定の基準荷重で試料の試験面に押しつけて、さらに一定の試験荷重まで荷重を加えて圧子を押し込み、再び基準荷重に戻したときの圧子の侵入深さを、最初の侵入深さを基準に測定し、その大きさから硬さを測定する試験である。

前後 2 回の基準荷重における圧子の侵入深さの差 h から求めた硬さで表される。なお、初荷重が 98.07N のときロックウェル硬さといい、初荷重が 29.42N のとき、ロックウェルスーパーフィシャル硬さという。

硬さ記号は、試験に使用する圧子、初荷重、試験荷重などにより異なる尺度（スケール）を、「HR」に続けて付加して表す必要がある。

図表 6-2-12 に硬さ記号とスケールの対応表を示す。

図表 6-2-12 ●硬さ記号とスケールの対応表

	硬さ記号	スケール	圧　子	初荷重 N	試験荷重 N	硬さ値（HR）の定義*
ロックウェル硬さ	HRA HRD HRC	A D C	先端の曲率半径0.2mm、円すい(錘)角120°のダイヤモンド	98.07	588.7 980.7 1481	HR＝100－0.5h
	HRF HRB HRG	F B G	鋼球または超硬合金球 直径1.5875mm		588.4 980.7 1471	HR＝130－0.5h
	HRH HRE HRK	H E K	鋼球または超硬合金球 直径3.175mm		588.4 980.7 1471	
ロックウェルスーパーフィシャル硬さ	HR15N HR30N HR45N	15N 30N 45N	先端の曲率半径0.2mm、円すい(錘)角120°のダイヤモンド	29.42	147.1 294.2 441.3	HR＝100－h
	HR15T HR30T HR45T	15T 30T 45T	鋼球または超硬合金球 直径1.5875mm		147.1 294.2 441.3	

＊ｈの単位は、μmとする。

問題 10　×

電気抵抗温度計の解説なので誤り。**図表 6-2-13** に熱電対の構造を、**図表 6-2-14** に熱電対の種類を示す。

図表 6-2-13 ●熱電対の構造

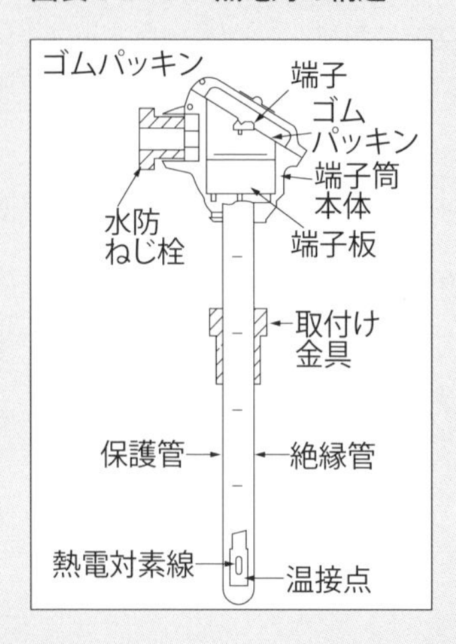

図表 6-2-14 ●熱電対の種類

略号	熱電対の名称	構成 (＋) 側	構成 (－) 側	線径 mm	使用限度K (℃) 常用	使用限度K (℃) 過熱使用
R	白金ロジウム—白金	白金 87% ロジウム 13%	純白金	0.5	1673(1400)	1873(1600)
K	クロメル—アルメル	ニッケルおよびクロムを主とした合金	ニッケルを主とした合金	0.65 1.0 1.6 2.3 3.2	923(650) 1023(750) 1123(850) 1173(900) 1273(1000)	1123(850) 1223(950) 1323(1050) 1373(1100) 1473(1200)
J	鉄—コンスタンタン	鉄	銅およびニッケルを主とした合金	0.65 1.0 1.6 2.3	673(400) 723(450) 773(500) 773(500)	773(500) 823(550) 923(650) 1023(750)
T	銅—コンスタンタン	銅	銅およびニッケルを主とした合金	0.65 1.0	473(200) 523(250)	523(250) 573(300)

[出題傾向のまとめ・重要ポイント]

この分野から、1問は出題されている。ここ数年間で出題頻度が高いのは以下のとおりである。

(1) マイクロメータの種類、測定方法、取扱いを理解しておく。マイクロメータの測定では、まずシンブルで軽く接触させ、ラチェットストップで測定面と密着させる。これは、測定圧を一定に保つためである。

(2) すき間ゲージは、何枚かのリーフを重ね合わせて測定面間のすき間に差し込んで、リーフ枚数の合計寸法で測定する。リーフを数枚重ねての測定は、測定精度は悪くなる。

[今後の学習・重要ポイント]

(1) M形ノギスの使用方法は、外側の測定は外側用測定面（ジョウ）を使用し、内側の測定は内側用ジョウで測定する。また、深さ測定用ディプスバーの使用もできる。

(2) ダイヤルゲージは、ブロックゲージまたは基準面と比較測定して、その偏差を知るために使用される。

(3) シリンダゲージは、内径測定用で測定子とダイヤルゲージを組み合わせたものである。

(4) 水準器は、水平度・垂直度を見たり、その傾きを測定する液体式の角度測定器である。

第6章

機械系保全法

3
機械の主要構成要素に生じる欠陥の種類、原因および発見方法

出題の傾向

（1）次にあげる欠陥の種類、原因およびその徴候の発見方法について一般的な知識を有すること。

① 焼付き、② 異常摩耗、③ 破損、④ 過熱、⑤ 発煙、⑥ 異臭、⑦ 異常振動、⑧ 異音、⑨ 漏れ、⑩ 亀裂、⑪ 腐食、⑫ つまり、⑬ 汚れ、⑭ 作業不良

この範囲から 1 問程度出題されている。

歯車と軸受での損傷と原因が出題される場合が多い。それ以外では、⑨ 漏れ、グランドパッキンの使用方法での漏れ量、⑩ 亀裂から、打音検査による内部のクラック、ひび割れなどが出題されている。

1 歯車の損傷と原因

1-1 損傷と原因

(1) アブレシブ摩耗

すりみがき摩耗ともいい、じん挨（あい）、砂、溶接のスパッタ、潤滑油中の不純物、歯面や軸受などからの金属摩耗粉などの異物によって、歯のかみ合い時に歯面のすべり方向に発生するすりきずである。

(対策)

① 不純物の侵入防止対策を行う

② 潤滑油の交換時期を早くする、潤滑剤の管理を徹底する

(2) ピッチング

表面疲れに属するもので、歯車の使用初期に発生するものを「初期ピッチング」という。ピッチングとは､歯面の凹凸の高い部分に荷重が集中し、この応力によって細いき裂が生じ、その進展によって歯面の一部が欠落するものである（**図表 6-3-1**）。

(対策)

① 歯面の硬化処理を行う

② 潤滑油の粘度を見直す

(3) スポーリング

歯面の過大荷重によって表面下組織に過大応力が発生し、ピッチングの隣接小孔が連結して大きな孔となり、かなりの厚さで金属片がはく離、脱落することをスポーリングという。

この状態は歯元の面に起こりやすく、ずぶ焼入れ、とくに浸炭焼入れ鋼において発生する（**図表 6-3-2**）。

(対策)

① 歯面の硬化処理を行う

② 潤滑油を再検討する

図表 6-3-1 ●初期ピッチング

図表 6-3-2 ●スポーリング

出典：『歯車損傷図鑑』（日本機械学会）

図表 6-3-3 ●スコーリング

出典：『歯車強さの設計資料』（日本機械学会）

(4) スコーリング

金属面同士の接触の結果、融着した微細接触粒子が引き裂かれることにより生じ、歯面より金属が急速に取り除かれる現象である。この現象が多く起こる部位は、接触応力とすべり速度の大きい部分、すなわち歯元面と歯先面である（**図表 6-3-3**）。

（対策）

① 歯面の接触圧力を軽減する

② 冷却効果の大きい潤滑方法を検討する

③ 高粘度の潤滑油を検討して、歯面油膜を維持する

(5) 腐食摩耗

水分、酸、潤滑油中の添加剤などの化学反応により、小孔や錆として認められる歯面の劣化である。運転を停止して長時間そのままにしておくと、

錆が発生して、歯面以外の各部分にまで赤錆が広がることが多い。

(6) 疲れ折損

材料の疲れ限度を超えて曲げの繰返し応力が加わった場合に起こる。長期使用の歯車で発生するのは不思議ではないが、歯の折損した歯断面は比較的なめらかで、貝がら状の模様が見られる。

(7) バーニング（焼け）

運転中に歯面が高温となって変色する損傷で、過度の速度や荷重の条件または潤滑条件の不良、外部からの加熱などが原因である。

また、硬さの低下を伴うことが多く、歯面または歯元の疲れ強さを低下させる。

2 ころがり軸受の損傷と原因

2-1 損傷と原因

(1) フレーキング

ベアリングが荷重を受けて回転すると、内外輪の軌道面および転動体の転動面は絶えず繰返し応力を受けるので、材料の疲れによって表面がウロコ状にはがれる損傷が生じる。この現象をフレーキングという。また、同じようにころがり疲れによって小孔を生じる現象をピッチングといい、区別している（**図表 6-3-4**）。

(原因・対策)

① 取付け、心出し不良を修正する

② 潤滑剤が不足している、潤滑剤を見直す

(2) 異常摩耗

はめあい面に振動荷重がかかると、その接触面で微小なすべりが繰り返され、その結果生じる錆に似た酸化摩耗粉を伴う「フレッチング」と呼ばれる摩耗現象および「クリープ」と呼ばれるはめあい面のかじり摩耗があ

図表 6-3-4 ●フレーキング

写真提供：日本精工株式会社

図表 6-3-5 ●フレッチング

写真提供：日本精工株式会社

図表 6-3-6 ●クリープ

写真提供：日本精工株式会社

る（**図表 6-3-5、6-3-6**）。

（原因・対策）

①はめあいの微小すき間不良（すべり摩耗、振動）

・すき間、締めしろを適正値に修正する。

a）締めしろ不足、はめあいを修正する

図表 6-3-7 ●焼付き

図表 6-3-8 ●電食

写真提供：日本精工株式会社

b）スリーブなど締付けを適正に修正する

（3）焼付き

軌道面、転動体、保持器などが急激な発熱によって焼き付く現象である（**図表 6-3-7**）。

（原因・対策）

① 軸受のはめあい、すき間不足

・はめあい、すき間を修正する

② 潤滑不足

・潤滑方法を見直す

③ 取付け不良を修正する

（4）電食

軌道輪と転動体間の薄い油膜を通して、微弱電流が断続して流れた場合に発生するスパークによって起こる現象である（**図表 6-3-8**）。

（原因・対策）

図表 6-3-9 ●錆・腐食

写真提供：日本精工株式会社

① 通電によるスパーク溶解
・軸受を絶縁する
・アースをとる

(5) 錆・腐食

化学薬品や腐食性ガスによる浸食、海水や泥水の浸食などによって錆びたり腐食したりする現象である。

(原因・対策)

① 化学薬品、腐食性ガス、海水や泥水の侵入
・侵入防止を行う
・保管時に防錆処置を施す
・潤滑剤の処置を行う

(6) 変色

油焼けは、潤滑剤の劣化、変質などにより、着色物質（淡褐色）が軸受表面に付着して起こる。

(原因・対策)

① 摩耗粉の付着：酸化摩耗粉が焼き付けられたように付着して変色する
② 熱影響：軸受が回転中に異常発熱し、加熱、冷却されて変色（テンパーカラー：薄紫色、濃い赤紫色）する。再使用は不可である
・はめあい、すき間の見直し
・潤滑油の見直し
・取付け方法の見直し

［3］機械の主要構成要素に生じる欠陥の種類、原因および発見方法

▼

実力確認テスト

問題 1　表面の疲れに属するもので、歯車の使用初期に発生するものを初期ピッチングという。

問題 2　歯面の過大荷重によって表面下組織に過大応力を発生させ、小孔が連結して大きい孔となり、かなりの厚さで金属片がはく離・脱落することをスポーリングという。

問題 3　金属面同士の接触の結果、融着した微細接触粒子が引き裂かれることによって生じ、歯面より金属が急速に取り除かれる現象をスコーリングという。

問題 4　スポーリングの防止対策としては、歯面層の硬化処理を材質切欠きができないように実施する。

問題 5　歯車の歯の折損や局所的な歯面摩耗などの異常がある場合には、異常な歯がかみ合うときだけ、低周波領域において大きな衝撃振動が発生する。

解答と解説

問題 1 ○

ピッチングとは、歯面の凹凸の高い部分に荷重が集中し、接触圧力によって表面からある深さの部分に応力によって細かな亀裂が生じ、その進展によって歯面の一部が欠落するものである。

問題 2 ○

スポーリングは歯の心部に比較して、表面の硬さを向上させたものに多く、材料の疲労、熱処理不良などであり、この状態は歯元の面に起こりやすい。

問題 3 ○

局部的な接触面に負荷が集中して、潤滑油膜が破れて完全な金属接触となった場合は、激しいスコーリングになる。

問題 4 ○

表面硬化の範囲は、歯元まで均一に処理を行う（図表 6-3-10）。

図表 6-3-10 ● 表面硬化の範囲

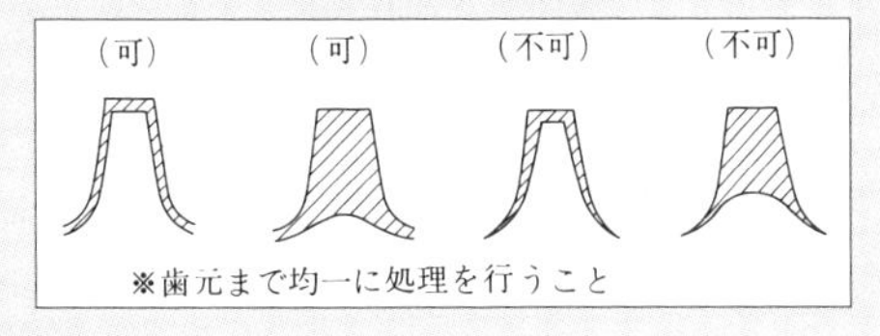

問題 5 ×

高周波領域において振動が発生する（図表 6-3-11）。

図表 6-3-11 ● 歯車の異常による衝撃振動

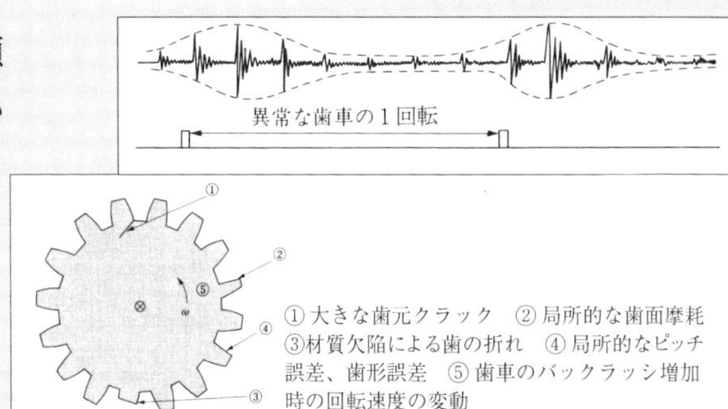

[出題傾向のまとめ・重要ポイント]

この分野からは1問程度出題されている。

ここ数年間で出題頻度が高いのは、以下のとおりである。

(1) グランドパッキンからの流体の多少の漏れ量、これはパッキンの冷却と焼付き防止を目的としている点をポイントとして押さえておく。

(2) ハンマなどによる打音検査は、日常点検時などで簡易的に、金属材料のひび、亀裂、ゆるみ、浮き、すき間の発生などのトラブルを発見するために有効な作業方法である。

(3) 空気圧配管からの空気漏れの発見では、石けん水などによる気泡を利用する簡易的な方法も有効的である。

このように、簡易的で地味な検査方法であるが、トラブルの早期発見には大切な作業である。

[今後の学習・重要ポイント]

(1) ピッチングは、歯車などの表面疲れから発生し、初期の段階から進行する損傷である。対策としては、歯面の硬化処理を行う、潤滑油の粘度の見直しを行うなどがある。

(2) スポーリングやスコーリングも原因と対策を理解しておく。

(3) 軸受の損傷は、フレーキング、クリープ、電食などの出題が多く、原因と対策も学習しておく。

この分野は少し難しいが、ポイントをつかむことが重要である。

第6章

機械系保全法

4
潤滑および給油

出題の傾向

潤滑および給油に関し、一般的な知識を有すること。

（1）潤滑剤の種類、性質および用途

（2）潤滑方式の種類、特徴および用途

（3）潤滑状態の特徴

（4）潤滑剤の劣化の原因および防止法

（5）潤滑剤の分析の方法および浄化の方法

・潤滑剤には、潤滑油、グリース、個体潤滑剤（PTFE など）がある

・潤滑の目的は、減摩作用、応力分散、冷却作用、密封、防錆作用

・潤滑油の種類は、マシン油、ギヤ油、タービン油、油圧作動油がある

・グリースの性質は、NLGI ちょう度番号（軟らかい・硬い）を理解する

・劣化の原因、対策とその測定方法について理解する

1 潤滑

1-1　摩擦の概念

２つの物体が接触（接近）することによる摩擦面の状態で、すべり摩擦ところがり摩擦に分類される。また、潤滑剤を使用している状態から見ると、乾燥摩擦、境界摩擦、流体摩擦に分類できる（**図表 6-4-1**）。

(1)　乾燥摩擦（固体摩擦）

２つの摩擦面の間に潤滑剤の存在がなく、完全に乾燥した固体同士の摩擦のことで、固体摩擦ともいう。

(2)　境界摩擦（境界潤滑）

２つの摩擦面に互いにきわめて薄い潤滑剤の油膜が存在する状態である。機械・装置の起動・停止時にも発生するもので、給油量の不足、潤滑剤の不適合、衝撃荷重を受けるなどの場合にも、境界潤滑状態になる。

この状態が長く続くと、油膜が切れて摩擦部分にかじりや焼付きが起きて、故障・破損などのトラブルの原因となる。

(3)　流体摩擦（流体潤滑）

２つの摩擦面は直接接触することなく、十分な厚さの流体膜（油膜）が存在し、完全に離れて動作（運動）する状態をいう。潤滑の状態（条件）としては、もっとも理想的である。

2 潤滑剤

2-1　潤滑の目的

潤滑の目的を区別すると、減摩作用、冷却作用、応力分散、密封作用、防錆作用、防じん作用となる。

図表 6-4-1 ●摩擦の分類

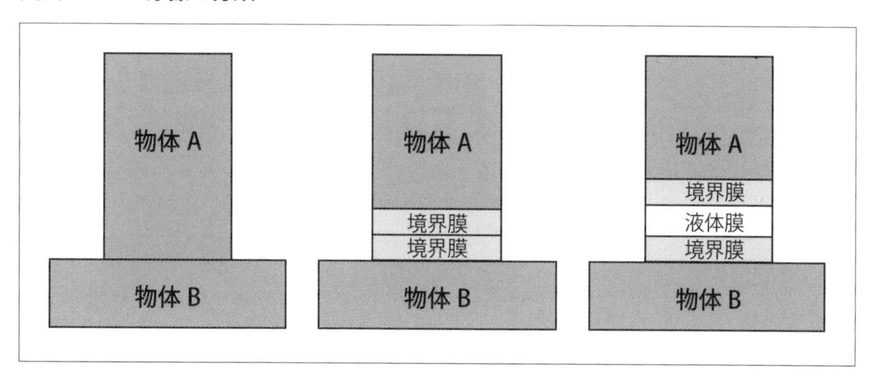

(1) 減摩作用

油膜の構成は粘度が高いほど安定性が良いが、あまり高すぎると油自身の摩擦熱のため、かえって摩擦面の温度が上昇することがある。そこで、運転条件から許される範囲内の粘度の潤滑剤を使用しなければならない。

(2) 冷却作用

油の粘度の違いによって放熱力の差は大きい。粘度の低い油ほど放熱力は大きいので、冷却が求められる場合は低粘度の潤滑剤を使う。

(3) 応力分散作用

歯車やころがり軸受の摩擦面は、点接触または線接触をしており、荷重を受けているため集中応力が発生する。摩擦面に潤滑剤を供給することにより、微小ではあるが集中応力を分散することができ、疲労時期が延長される。

2-2 潤滑剤の一般的な性質

(1) 潤滑油の性質

① 粘度

粘度が大きくなれば摩擦抵抗が大きくなるので、軽荷重・高速回転に粘度の高い潤滑油を使用すると、大きな摩擦損失が生じる。だからといって粘度の低いものが良いわけではない。粘度が低すぎると、油は接触面の圧力に耐えられずに押し出され、流体潤滑の状態が保てなくなる。

また、粘度は温度によって変化するので、使用個所の荷重、速度、温度などによって適正なものを選択することが大切である。

ISO粘度グレード(VG)表示は、各中心粘度を整数化した形となっている。潤滑油の粘度は規定どおりにつくることが困難なので、313K（40℃）における動粘度の範囲を規定して、その中心粘度で呼ぶようにしている。

② 粘度指数（VI：Viscosity Index）

潤滑油の粘度は温度によって大幅に変化し、低温度で高く（硬く）なり、温度が上がると低く（軟らかく）なる。この変化の割合を示すのに粘度指数が用いられる。

粘度変化の小さいものほど粘度指数は高く、良質な潤滑油といえる。良質な潤滑油とは、粘度指数が 80 以上である。

③ 流動点・凝固点

潤滑油は冷却していくと粘度が次第に増大（硬く）する。潤滑油を冷却したときに、固まって流動しなくなる温度を凝固点といい、凝固する前の流動しうる最低温度を流動点（凝固点よりも 2.5K 高い温度）という。

④ 全酸価

潤滑油が劣化してくると酸性分が増加する。油試料 1g 中に含まれる酸性成分を中和するのに要する水酸化カリウムの mg 数を全酸価といい、交換時期の目安となる。

(2) グリースの一般的な性質

① ちょう度

測定方法は、298K（25℃）のグリースを混和器で 60 回混和した試料をカップに取り、試験機でコーンを落下させ、入った深さをミリメートルの 10 倍の数値で表す。**図表 6-4-2** に NLGI ちょう度番号の表を示す。

② 滴点

グリースは加熱により軟化するが、ある温度以上では液状となる。この液状となったグリースが測定試験機の容器底部から滴下したときの温度を滴点という。滴点はグリースの耐熱性を示すと同時に、使用限界温度を表す。

(3) 固体潤滑剤の一般的な性質

図表 6-4-2 ● NLGI ちょう度番号

NLGI No.	ちょう度範囲	状　態
000 号	445～475	半流動状
00 号	400～430	半流動状
0 号	355～385	きわめて軟
1 号	310～340	軟
2 号	265～295	中間
3 号	220～250	やや硬い
4 号	175～205	硬
5 号	130～160	きわめて硬
6 号	85～115	きわめて硬

固体潤滑剤としては、黒鉛、二硫化モリブデン、ポリ四ふっ化エチレン樹脂（PTFE）などである。

その性質は以下のとおりである。

① せん断力が小さい：硬さが低く、層状組織を有し、摩擦抵抗が小さい

② 融点が高い：耐熱性、熱安定性がよく、焼付き防止の効果がある。また、熱伝導度がよい

2-3　潤滑油の種類と用途

潤滑油には、動物系潤滑油、鉱油系潤滑油、合成系潤滑油がある。

・動物系潤滑油：摩擦特性はよいが安定性に欠ける

・鉱油系潤滑油：潤滑性に富むが耐火性に劣る

・合成系潤滑油：石油などの基油に、使用目的に応じた添加剤を加えてつくられる

種類と用途は以下のとおりである。

(1) タービン油

各種のタービン、電動機、送風機や油圧作動油に用いられ、無添加タービン油は 6.86MPa（70kgf/cm^2）程度の一般油圧装置に用いられる。

添加タービン油は酸化防止剤、錆止め剤、消泡剤などの添加剤を含み、重要なタービン、発電機、送風機、油圧作動油として用いられる。

(2) マシン油

タービン油とほぼ同一粘度であるが、精製度は潤滑油の中でもっとも悪く、油の劣化が速い。手差し給油や滴下給油をする一般機械に用いられる。

(3) 軸受油

マシン油が全損式給油方法であるのに対し、軸受油は主として循環式、油浴式、はねかけ式給油方法による各種機械の軸受部の潤滑油として用いられる。

(4) 油圧作動油

一般作動油では、ISO VG32～68 タービン油相当品が多く使用されている。

2-4 油圧作動油

(1) 油圧作動油の具備すべき条件

条件として、以下の8つがあげられる。

① 粘度が適正であること

② 粘度指数（VI）が高いこと：現在使用されている一般作動油のVI値は100前後である

③ 消泡性が良いこと

④ 潤滑性が良いこと

⑤ 水分離性が良いこと：作動油中の水の混入許容度は0.1％程度までで、新油でも水分が0.03％以内含まれている

⑥ 酸化安定性が良いこと

⑦ せん断安定性が良いこと

⑧ 防錆性が良いこと

3 潤滑方式

(1) 強制循環給油

摩擦面の潤滑作用と同時に冷却作用を確実に行うために、ポンプで潤滑油を循環させる方法で、油量、油温、油圧の調整を確実に行うことができる。吐出し圧力 0.49MPa（5kgf/cm^2）程度までの歯車ポンプに多く用いられ、軸受には 0.09MPa（1kgf/cm^2）前後に減圧調整して供給する。

(2) 噴霧給油（オイルミスト潤滑）

圧縮空気で油を霧状にし、摩擦面に吹き付けて給油する方法である。この特徴は、油とともに多量の空気を送り込むので冷却作用が大きく、比較的少量の油で有効な潤滑ができる。また、給油量と冷却の効果（空気量）とが独立に調整できる点が、他の給油法に見られない長所である。

(3) グリース給脂

グリース給脂は、一般の潤滑油の場合と異なり間欠給脂なので、1 回あたりの給脂量を少なくして給脂間隔を短くすることが望ましい。また、グリースが給脂装置の主管、枝管に長期滞留するので、高熱雰囲気にさらされないようにするとともに、枝管取替え時などには、グリースを完全に充満させ、空洞が生じないようにする。

油汚染管理（コンタミネーション・コントロール）

4-1　潤滑油の劣化

① 金属の影響

潤滑油中に金属摩耗粉が混入すると、その酸化反応は接触金属の表面積に関係することから激しく酸化が進行する。また、油が劣化して生じた酸がこれらの金属と反応してつくる金属石けんも、強力な酸化促進剤として作用する。

② 水の影響

油中に酸廃物や炭化物または金属摩耗粉などが存在すると、水による乳化を促進するだけでなく、その分離が困難となる。水の含有量は0.1％以下、それ以上は更油の時期を考慮する。

4-2　劣化の防止対策

潤滑油の劣化防止のために、次のようなことに留意すべきである。

① 使用温度は333K（60℃）以下、できれば328K（55℃）以下の使用が望ましい

② コンタミネーション・コントロールを行う

③ 水分の混入は避ける（水は添加剤を変質させ、多いときには作動油を乳化させ、油の劣化促進や腐食および潤滑不良につながる）

④ 原則として他のメーカの潤滑油と混合しない

⑤ 同じメーカであっても、商品名やグレードが異なった場合は混合は避ける（添加剤が劣化する）

⑥ 潤滑油の定期点検を行う

劣化処置方法としては、新油と交換、再生して使用、粘度調整、脱水処理、ろ過処理、アルカリ化調整、水分調整などがある。

4-3　汚染測定法

(1) 計数法

一般に使用されている作動油はNAS11～12級であり、11～12級以下の使用が望まれる。サーボ系ではNAS8級が使用限界であり、7級以下での使用が望ましい。

図表6-4-3にNAS等級の一覧を示す。

(2) 質量法

① メンブランフィルタ法（ミリポアフィルタ法）：作動油100mℓ中の汚

図表 6-4-3 ● NAS 等級の一覧

粒子の大きさ〔μm〕	クラス													
	00	0	1	2	3	4	5	6	7	8	9	10	11	12
5〜15	125	250	500	1000	2000	4000	8000	16000	32000	64000	128000	256000	512000	1024000
15〜25	22	44	89	178	356	712	1425	2850	5700	11400	22800	45600	91200	182400
25〜50	4	8	16	32	63	126	253	506	1012	2025	4050	8100	16200	32400
50〜100	1	2	3	6	11	22	45	90	180	360	720	1440	2880	5760
100 以上	0	0	1	1	2	4	8	16	32	64	128	256	512	1024

染物の量を測定する方法

② 溶解抽出法（不溶解分）：酸化生成物の測定をするもので、作動油100mℓ中の不溶解分の重量を測定する方法

4-4 汚染の影響

汚染粒子の影響は軸受や摺動面の摩耗を著しく促進する。粒子の大きさでいえば、油膜厚さと同程度の大きさの粒子が摩耗にもっとも悪い影響を与える。つまり油膜がポンプでは、0.5 〜 30 μ m、バルブ摺動部で 4 〜 20 μ m の厚さになるので、そのくらいの粒子ということである。

[4] 潤滑および給油

実力確認テスト

問題 1　乾燥摩擦とは固体摩擦ともいわれ、2つの摩擦面の間に潤滑剤がない完全に乾燥した固体と固体の摩擦である。

問題 2　境界摩擦とは境界潤滑ともいわれ、摩擦面の表面が互いにきわめて薄い潤滑剤の膜で分離されているときの摩擦である。

問題 3　潤滑のおもな目的は減摩作用、冷却作用、応力分散、密封作用、防錆作用、防塵作用などである。

問題 4　粘度とは油の粘さをいい、粘度が大きく（高く）なると油は軟らかくなる。

問題 5　粘度指数が小さい（低い）潤滑油は、温度による粘度変化が小さいものである。

問題 6　油の放熱力は粘度の違いで大きな差があり、粘度の低い油ほど放熱力は大きい。

問題 7　グリスのちょう度とは硬さと粘さを合わせた性質を表し、ちょう度範囲の数値が大きいことはグリスが硬いことを表す。

問題 8　一般に低速回転の軸受には、硬いグリスを使用する。

問題 9　潤滑油の一般的な劣化現象として、全酸価の低下があげられる。

問題 10　ISO VG 68の潤滑油の粘度は、ISO VG 32の潤滑油の粘度よりも低い。

問題 11　潤滑油は、冷却していくと粘度が次第に増大する（高くなる）。固まって流動しなくなる温度を凝固点という。

問題 12　潤滑油に水が混入した場合、潤滑上いろいろなトラブルを発生させるが、一般的に5%以下ならば問題はない。

[4] 潤滑および給油

解答と解説

問題 1　○

摩擦面の状態を機械的に分類すると、すべり摩擦ところがり摩擦となる。潤滑剤を使用している状態から考えると、摩擦面における潤滑剤の挙動により、乾燥摩擦・境界摩擦・流体摩擦の3種類に分類することができる（**図表 6-4-1** を参照）。

問題 2　○

境界摩擦は、機械の起動、停止のときにかならず起こるもので、給油量不足、粘度の不足および衝撃荷重を受けたときにも境界摩擦状態となる。

問題 3　○

・減摩作用：油膜の構成は粘度が高いほど安定性がよいが、運転条件から許される範囲内の粘度のものを使用する

・冷却作用：油の粘度の違いで放熱力は大きい差がある。粘度の低い（軟らかい）油ほど放熱力は大きい

問題 4　×

粘度は毛細管を一定条件で、一定量の潤滑油が流出するのに要する時間を基準にして表す。粘度が大きく（高く）なるとは、油が硬くなることである。

問題 5　×

潤滑油の粘度は、温度によって大幅に変化する。この変化の割合を示すのに、粘度指数が用いられる。粘度指数が小さい（低い）とは粘度変化が大きいこと、粘度指数が大きい（高い）とは粘度変化が小さいことである。

問題 6　○

冷却作用の点から考えると、できるだけ低粘度の油が有利となる。

問題 7　×

ちょう度範囲の数値が大きいということは、グリスは軟らかいことである（**図表 6-4-2**）。

問題 8　×

グリス潤滑は、潤滑部の摩擦熱によってグリスの一部が溶けて潤滑作用を行う。低速回転の軸受では軟らかいもの、高速回転の軸受では硬いグリスを使用する。

問題 9　×

一般に、潤滑油は絶えず金属と接し、空気や熱の影響のもとで長時間使用すると、酸化作用により油中に酸が生成されて全酸価の値が増加する。そこで全酸価は潤滑油の劣化、使用限界の目安となる。

問題 10　×

ISO VG 68 の粘度のほうが高い（硬い）（**図表 6-4-4**）。

図表 6-4-4 ● ISO 粘度グレード

種　　類	使用圧力範囲〔MPa(kgf/cm^2)〕	適正動粘度〔mm^2/s(cSt)〕	
		313K(40℃)	373K(100℃)
ISO VG32	6.86MPa(70kgf/cm^2) 以下※	29.84	5.421
ISO VG68	6.86MPa(70kgf/cm^2) 以上※	67.86	9.224

※作動油選択の目安に使用のこと

問題 11　○

潤滑油を冷却したとき、固まって流動しなくなる温度を凝固点といい、凝固する前の流動しうる最低温度を流動点という。

問題 12　×

水の混入は、乳化を促進するだけでなく、その分離が困難となる。作動油中の水の混入許容度（管理基準値）は0.1％以下である。新油でも水分が0.03％以内含まれている。

[出題傾向のまとめ・重要ポイント]

この分野からは1問程度出題されている。

ここ数年間で出題頻度が高いのは、以下のとおりである。

(1) NLGIちょう度番号が大きくなるほど硬くなる。
000号、00号、0号、1号、2号、3号、4号、5号、6号と硬くなり、9種類となる。

(2) 油圧作動油において、油中の水分混入許容限度は0.1%程度までで、新油の状態でも水分は0.03%以内程度は含まれている。

(3) 油圧作動油の使用温度は、一般的に303K(30℃)~328K(55℃)の範囲が油圧機器において望ましいとされている。

[今後の学習・重要ポイント]

(1) 潤滑油に水分が混入しても無色である。しかし空気が混入するために白濁する。

(2) 油圧作動油(ドラム缶など)の新油の状態は、NAS7等級程度であり、ふたを開けた瞬間にNAS8等級となる。

(3) 油圧作動油において、熱による劣化を酸化劣化といい、黄色系から茶色系へと変化していき、ここに金属摩耗粉が混入すると黒系となる。

- 天ぷら店の油は、酸化劣化して茶色系へと変化していく
- 自動車のエンジンオイルは、エンジンルームなどの金属摩耗粉が混ざるために黒系へと変化する

第6章

機械系保全法

5

機械工作法の種類および特徴

出題の傾向

次にあげる工作法の種類およびその特徴について概略の知識を有すること。

（1）機械加工（2）仕上げ（3）溶接（4）鋳造（5）鍛造（6）板金

この分野からは1問程度出題されている。

（3）溶接では、溶接法の特徴と用途を理解しておくこと。

・TIG溶接は、非溶極式アーク溶接の一種である。アルミニウム、マグネシウム合金、ステンレス鋼の溶接に欠かすことのできない溶接法である

・MIG溶接はイナートガスアーク溶接の1つで、ワイヤーを消耗電極としてシールドガス中で溶接する方法である。

1 溶接

溶接は、被覆アーク溶接とガス溶接に大別される。被覆アーク溶接は、電気によりアークを発生させて溶加材を溶かして接合する。ガス溶接は、ガスの燃焼熱でガス溶接機によって金属を加熱して溶接する方法である。

1-1 被覆アーク溶接

被覆アーク溶接は、ホルダで支えた被覆溶接棒と被溶接物（母材）との間に交流または直流の電圧をかけ、その間隙（かんげき）にアークを発生させるものである。

アーク電流は50～400A、アーク電圧は20～40V、アークの長さは1.5～4mm、アーク速度は80～300mm/min、溶接棒の溶融速度は、ほぼ電流に比例する。

アークの強い熱（温度約6273K、6000℃）によって溶接棒が溶け、金属蒸気または溶滴となって溶融池に溶着され、そこで母材の一部と融合して溶接金属をつくる。

２つの部材を溶接するときは、適当なみぞ（開先）をつくっておき、そこを溶着金属で埋めて接合を完了する。

1-2 半自動アーク溶接法の種類（不活性ガスアーク溶接）

溶接中に空気中の酸素や窒素から溶接部をしゃ断して、良好な溶接金属を得る溶接法（不活性ガス：イナートガス）

(1) TIG溶接

TIG溶接は非溶極式（非消耗電極式）アーク溶接の一種である。アルゴン、ヘリウムなどのイナートガス雰囲気中でタングステン電極（非消耗電極）と母材との間にアークを発生させ、そのアーク熱によって溶加材（溶加棒）および母材を溶融して接合する。

図表 6-5-1 ●被覆アーク溶接の略図

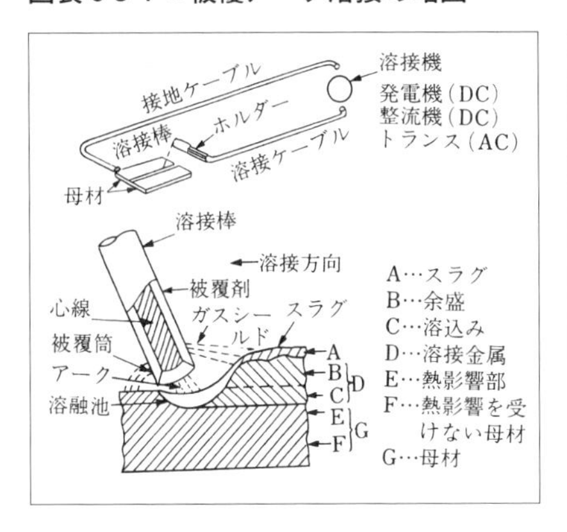

図表 6-5-2 ● TIG 溶接と MIG 溶接

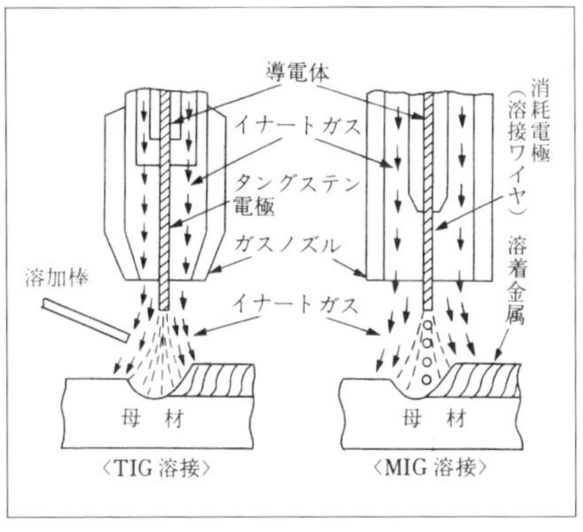

用途は一般構造、極薄鋼板、薄鋼板（2mm 以下）、裏波溶接の 1 層目の溶接に適している。またアルミニウム、マグネシウム合金、ステンレス鋼の溶接に欠かすことのできない溶接法である。

(2) MIG 溶接

MIG 溶接はイナートガスアーク溶接法の 1 つで、ワイヤを消耗電極とし、アルゴン、ヘリウムなどの酸化性のない不活性ガスを主成分としたシールドガス中でアークを発生させ、溶接する方法である。

MIG 溶接は非常に活性で、溶接時に大気中の酸素、窒素、水素と反応し、溶接部が脆化（ぜいか：もろくなる）するチタン材料に有効である。

また、この方法は非鉄金属やステンレス鋼の溶接に用いられる。炭酸ガスアーク溶接よりも酸素の少ない溶着金属が得られ、そのため切欠きじん性が非常に良好であることから、最近では高品質が要求される場合の軟鋼、高張力鋼、低温用鋼の溶接にも用いられる。

(3) MAG 溶接

MAG 溶接は、イナートにより安価な炭酸ガスを、単独またはアルゴンと混合して用いるなど、酸化性のシールドガスを用いる。軟鋼、高張力鋼および低合金鋼の溶接に広く用いられる。MAG 溶接のうち炭酸ガスを単独で用いる方法を、炭酸ガスアーク溶接（半自動アーク溶接）といって分類している。

図表 6-5-3 ●溶接部の主な欠陥とその原因

割れ名称	溶接欠陥状態		原因
溶接変質硬化部割れ（二番割れ）	 トウクラック 変質硬化部 ビート下亀裂	溶接変質硬化部に現れるもので、一般に「二番割れ」といわれている	①溶着鋼中の水素 ②鋼材の硬化 ③応力集中
アンダーカット	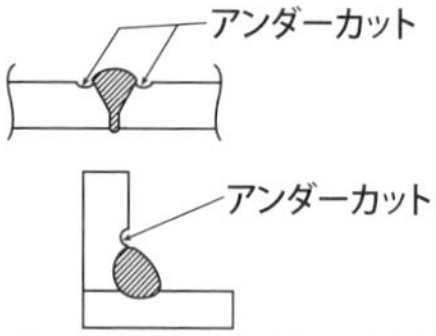 アンダーカット アンダーカット	溶接線端の部分で母材が溶けすぎてみぞあるいはくぼみができたもの	①溶接電流の過大 ②運棒の不良 ③アークの長すぎ
ブローホール	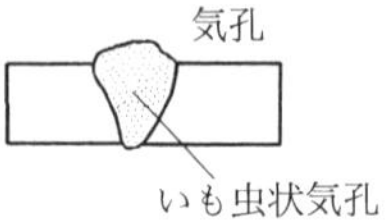 気孔 いも虫状気孔	溶着金属中に残留したガスのためにできた空洞である	①溶接棒または材料の湿気多量 ②溶接電流の過大 ③母材に付着している不純物 ④溶着部の急激な凝固 ⑤ブローホールの風対策もあるが、CO ガス、水素ガスの内部に残るのが主因
溶込み不足	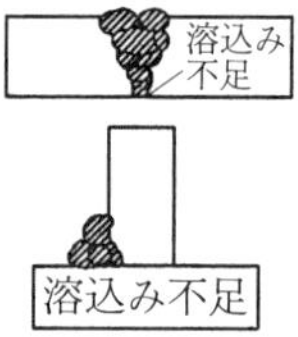 溶込み不足 溶込み不足	接合部の底の部分が溶けないで、すき間が残ったもの	①溶接棒の径の過大 ②底の間隔が小さすぎる

2 ガス溶接

ガス溶接とは、酸素とアセチレンや水素、プロパンなどのガスを使って燃焼させた高温（2,873～3,573K）の火炎で材料を温め、溶加材を加えて接合する方法である。

ガス溶接装置は、酸素ボンベ（黒色）・アセチレンガスボンベ（褐色）、ガス圧力調整器とホース、溶接トーチが接続される。

3 レーザ加工

レーザ加工とは、効率の高い連続波 CO_2 レーザを用いて熱処理、溶接、切断などを行う加工法である。

その特徴は、

① 超硬合金、耐火合金などの難削材の加工ではバイト加工と併用する。そのため工具寿命、加工度、能率の大幅改善が図られる

② 宝石類、電子機器の穴あけ、溶接、切断に用いる

③ アルミニウム、ステンレスなどのシート（3mm 以下）の高速切断を行う

④ 金属の表面硬化、パルスショックで 20～30％の硬さの向上が図られる

⑤ 加工物が導電性である必要はないので、プラスチックなどの非金属材料の加工も可能である

4 鍛造

鍛造（forging）は、金属の素材を金型などで圧力を加えて塑性流動させて成形する。組織が緻密になり鋳造に比べて鋳巣（空洞）ができにくいので、強度に優れた素形材をつくることができる。熱間鍛造と冷間鍛造があり、冷間鍛造は仕上がり製品の寸法精度が熱間鍛造より優れる。

5 鋳造

鋳造とは、溶かした金属を型に流し込み、型の形状を製品に転写する技術である。

鋳造型には砂を用いる一般鋳造法のほかに、V プロセス鋳造法や金型を用いるダイカスト鋳造法などがある。

6 手仕上げ作業

(1) ラップ仕上げ作業

ラップ仕上げ作業は、工作物より軟らかい材料でつくられた仕上げ定盤の表面にラップ油とラップ剤（砥粒）の混合物を塗り、これで互いにすり合わせを行い、工作物表面の小さな凹凸の除去を行い、磨くことである。

これは研削作業よりさらに精度の高い表面となり、仕上げしろは0.005mm 程度となる。仕上げには、乾式法と湿式法があり、乾式法の方が仕上がり面に光沢が出る。

(2) きさげ作業

定盤や工作機械の摺動面(加工物)仕上げなどにおいて、きさげ用工具(やすり用材質など)を用いて、すり合わせによりあたりを取り、高い部分(凸)を少しずつ削り取って仕上げ面を得る作業である。

仕上げ面精度を高めて、潤滑性を保持し滑らかさを得る作業であり、職人技の範囲でもある。

・赤あたりと黒あたり

① すり合わせ定盤(基準とする)に光明丹を塗り、加工物をすり合わせると、加工物の表面の高い個所に光明丹が赤く付く。これを赤あたりという。この赤い部分をきさげで削り取る。この作業を繰り返し、塗り方を薄くしていく

② 定盤をふき取り、今度は加工物面に光明丹を塗り、これを定盤にすり合わせると今度は加工物の高い個所の光明丹が取れて黒く光ってくる。これを黒あたりという。この作業(きさげ)を繰り返して面粗度を上げる

7 その他の特殊加工法

(1) ウォータジェット加工

直径が0.1mm前後の水のジェットを、連続あるいはパルス状に数百m/s以上の速さで噴射して除去加工を行う加工法である。金属、非金属の穴あけや切断などに使用される。

(2) 電解研磨

被加工物を陽極とし、陽極溶解作用を利用して被加工物表面の突起部分を選択的に溶解して、なめらかな表面を得る加工法である。

(3) 電子ビーム加工

大きなエネルギを持つ電子の束を、電磁レンズで絞って固体表面に焦点を結ばせるとパワー密度が大きくなり、電子の持つ運動エネルギの大半が

熱となって材料表面を気化蒸発させることで除去加工を行う。

溶接に使う場合は、溶加材が不要で、活性金属や異種金属の接合が可能という特徴がある。

［5］機械工作法の種類および特徴

実力確認テスト

問題 1　被覆アーク溶接は、ホルダーでつかんだ溶接棒と母材との間に、交流または直流の電圧をかけて、間げきにアークを発生させるものである。

問題 2　被覆アーク溶接棒は、心線と被覆剤（フラックス）で構成される。

問題 3　TIG 溶接は、タングステン・イナートガスアークと呼ばれる。

問題 4　MIG 溶接は、非溶極式（非消耗電極式）アーク溶接の一種である。

問題 5　MAG 溶接のうち、シールドガスに炭酸ガスを単独で用いる方法を、炭酸ガスアーク溶接という。

問題 6　溶射とは、金属や非金属を加熱して細かい溶滴状にし、加工物の表面に吹き付けて密着させる方法である。

問題 7　プレス加工にみられる弾性的な変形の回復現象を、スプリングバックという。

問題 8　放電加工とは、加工液中で加工用電極と工作物の間に放電を起こさせ、この放電作用によって工作物の表面加工、穴あけ、切断を行う加工法である。

問題 9　レーザ加工とは、効率の高い連続波 CO_2 レーザを用いて、熱処理、溶接、切断を行う加工方法である。

問題 10　レーザ加工では、宝石類、電子機器の穴あけ切断加工はできない。

問題 11　タップは、加工物にめねじを加工する切削工具である。

[5] 機械工作法の種類および特徴

▼

解答と解説

問題 1　○

被覆アーク溶接（shielded metal arc welding）は、アークの強い熱（温度約 6273K（6000℃））によって、母材の一部が溶けると同時に溶接棒も先端が溶け、溶滴となって溶融池に溶着され、そこで母材の一部と融合して溶接金属をつくる。

図表 6-5-4 に被覆アーク溶接の原理およびアークの周辺を示す。

図表 6-5-4 ●被覆アーク溶接の原理およびアークの周辺

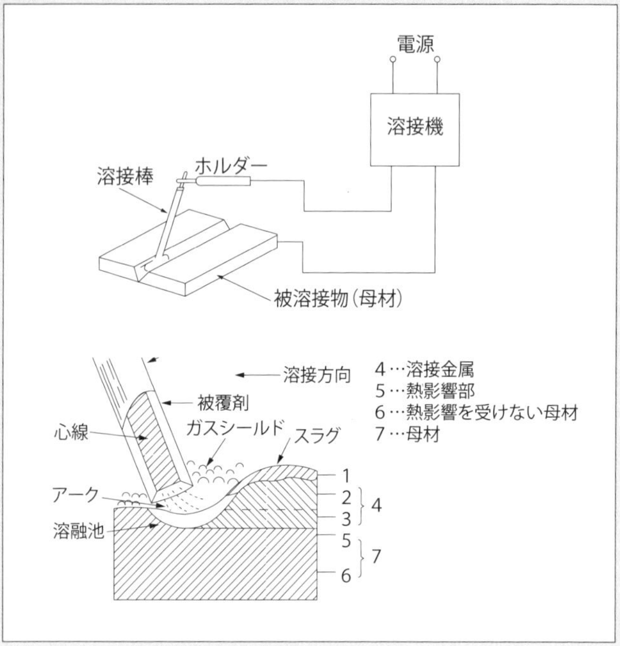

問題 2　○

溶接棒は、ほとんどが溶接金属の割れを防ぐため、低炭素の軟鋼心線を使用しており、被覆剤の組成により溶接金属の特性（性質）が変わってくる。

問題 3　○

TIG 溶接はイナートガスアーク溶接法の 1 つで、タングステンを非消耗電極としてアルゴン、ヘリウムなどの酸化性のない不活性ガスを主成分としたシールドガス中で、アークを発生させ溶接する方法である。一般構造物はもちろん、極薄鋼板、薄鋼板（2mm 以下）、裏波溶接の 1 層目の溶接に適している。アルミニウム、マグネシウム合金、ステンレス鋼の溶接に欠かすことのできない溶接法である（**図表 6-5-5**）。

図表 6-5-5 ● TIG 溶接法の原理

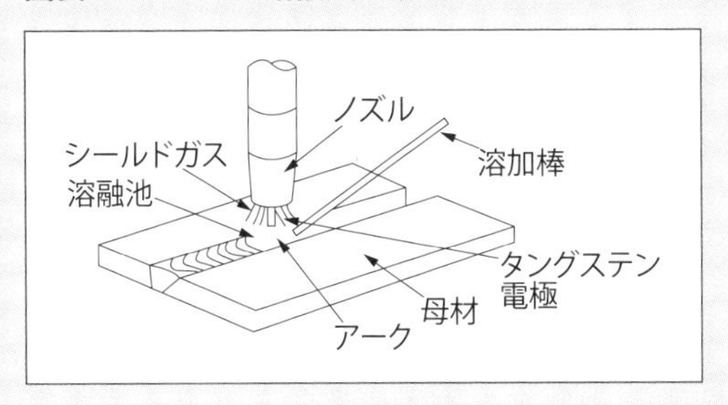

問題 4　×

MIG 溶接法はイナートガスアーク溶接法の 1 つで、ワイヤを消耗電極とし、アルゴン、ヘリウムなどの酸化性のない不活性ガスを主成分としたシールドガス中で、アークを発生させて溶接をする方法である。

炭酸ガスアーク溶接よりも酸素の少ない溶着金属が得られ、非鉄金属やステンレス鋼、軟鋼、高張力鋼などの溶接に用いられる。**図表 6-5-2** に TIG 溶接と MIG 溶接の違いを示している。

問題 5　○

イナートガスよりも安価な炭酸ガスを、単独でまたはアルゴンと混用して用いるなど、酸化性のシールドガスを用いるのが MAG 溶接である。軟鋼、高張力鋼、低合金鋼の溶接に広く用いられる。

問題 6　○

この方法は、母材の温度上昇が一般には低く、熱影響および熱ひずみの出ない状態で、各種の金属を溶着することができる。**図表 6-5-6** に溶射の種類と特徴を示す。

図表 6-5-6 ●溶射の種類と特徴

溶射法	溶射法の原理	特徴	おもな溶射材料
メタライジング法 （メタリコン）	酸素―アセチレン炎中に線状の溶射材料を送り込み、圧空で吹き付ける	①　コスト安価 ②　密着力比較的小 〔14.7N/mm^2 (1.5kgf/mm^2)〕 ③　線状可能な材料に限られる ④　厚肉盛りが可能（2 mm以下）	鋼、ステンレス 鋼合金 Al Zn Sn
サーモスプレイ法	酸素―アセチレン炎中に粉末状溶射材料を送り込み、吹き付けた後、ガス炎で溶融・密着させる	①　コスト高価 ②　密着力非常に大 〔294N/mm^2 (30kgf/mm^2)以上〕 ③　N―O合金、O―N―Cなど自溶合金に限られる ④　母材変形がややある ⑤　厚肉盛り不可（＜2 mm）	N―C合金 （耐食・耐摩耗） O―N―C合金 （耐食・耐摩耗）
プラズマ法	プラズマフレーム中に粉末状溶射材料を送り込み、高速で母材へ吹き付ける	①　コスト比較的高値 ②　密着力比較的大 〔＜39.2N/mm^2 (4.0kgf/mm^2)以上〕 ③　金属、セラミックなどすべての材料の溶射可 ④　厚肉盛り不可（＜0.5mm）	WO、TcC、OrO、 W、Ni、Fe、 AlO、 TO、ZO 他
爆発溶射法	円筒にOH、Oおよび粉末状溶射材料を封入し、スパーク放電で爆発させ、母材に高速で吹き付ける	①　コスト非常に高値 （プラズマ法の約3倍） ②　密着力非常に大 〔265N/mm^2 (27kgf/mm^2)〕 ③　金属、セラミックなどすべての材料の溶射可 ④　厚肉盛り不可（＜0.3mm）	同上

問題 7　○

加工圧を除くと素材は弾性ひずみ部分の変形が戻り、金型の表面形状が正確に転写されない。これは、金属薄板のプレス加工で素材に加えられる加工仕事のうち、塑性仕事は永久変形として成形に費やされるが、保存された弾性仕事は金型が開くとき解放され、弾性変形分が元に戻るためである。

板金の冷間曲げ加工のときのスプリングバックは同一材質の場合、曲げ半径の大きいものほど大きくなる。

問題 8　○

彫り込み加工、切断加工、研削加工などがあり、工作物の表面加工、穴あけ、切断などを行うことができる。

問題 9　○

レーザ加工は真空加工室が不要なので、高い実稼動率で使用することができる。

- 超合金、耐火合金などの難削材の加工では、バイト加工と併用すると、工具寿命、加工度、能率の大幅改善が図られる
- アルミニウム、ステンレスなどのシート（3mm 以下）の高速切断を行う
- 金属の表面硬化、パルスショックで 20 ～ 30％の硬さ向上が図られる

問題 10　×

宝石類、電子機器の穴あけ、溶接、切断加工に用いられる。

問題 11　○

タップは、自らのおねじを使って相手加工物にめねじを加工する切削工具である。逆に、自らのめねじを使って相手加工物におねじを加工する切削工具をダイス（ねじ切りダイス）という。ボルトねじ山の修復などに使用する。

[出題傾向のまとめ・重要ポイント]

この分野からは 1 問程度出題されている。

ここ数年間で出題頻度が高いのは、以下のとおりである。

(1) 溶接は、被覆アーク溶接類とガス溶接に大別される。
被覆アーク溶接は、電気によりアークを発生させて溶加材を溶かして接合する。ガス溶接は、ガスの燃焼熱でガス溶接機によって金属を加熱して溶接する方法である。

(2) TIG 溶接は、非溶極式アーク溶接の一種である。
アルミニウム、マグネシウム合金、ステンレス鋼の溶接に欠かすことのできない溶接法である。

(3) MIG 溶接は、ワイヤーを消耗電極とし、シールドガス中でアークを発生させ溶接する方法である。

[今後の学習・重要ポイント]

(1) 溶接部の主な欠陥と原因として、
・アンダーカットとは溶接線端の部分で母材が溶けすぎて溝やくぼみができてしまうこと。溶接電流の過大、アークの長すぎが原因となる

(2) レーザ加工とは、効率の高い連続波 CO_2 レーザを用いて熱処理、溶接切断などを行う加工法である。加工物が導電性である必要はないのでプラスチックなどの非金属の加工も可能である。

(3) ウォータジェットとは、水のジェットを連続、あるいはパルス状に数百 m/s 以上の速さで噴射して、金属、非金属の穴あけや切断などに使用される。

第6章

機械系保全法

6 非破壊検査

出題の傾向

非破壊検査の種類、特徴および用途について概略の知識を有すること。

・非破壊検査とは、材料または製品の材質や形状寸法に変化を与えないで、その材料の健全性を調べる方法をいう

・分類は、欠陥の検出（探傷）とひずみ測定に大別される

この分野からは 1 問程度出題されている。

(1) 表層部の欠陥検出に適しているもの

① 浸透探傷検査、② 磁気探傷検査、③ 渦流探傷検査

(2) 内部の欠陥検出に適しているもの

① 放射線透過検査、② 超音波探傷検査

(3) 検査物（検出体）の状態は、金属材料か非金属材料か、また磁性体か非磁性体かを見極めて適する方法を選ぶ。

1 非破壊検査

1-1　非破壊検査の分類

非破壊検査（NDT・NDI *）は、材料と製品の原形や形態に変化を与えないように、振動や電磁気などの物理的現象を利用して検査するもので、放射線、音波、超音波、熱、光、電気、磁気、微粒子などを用いる。

* NDT または NDI（Non Destructive Testing or Inspection）

現在、非破壊検査と称されているのは、以下の８種類である。

① 肉眼検査
② 漏えい検査
③ 浸透検査
④ 超音波検査
⑤ 磁気検査
⑥ 渦流検査
⑦ 放射線透過検査
⑧ AE 法（AE：アコースティック・エミッション）

1-2　非破壊検査法の比較

① 表層部欠陥検出に適している検査

浸透探傷検査、磁気探傷検査、渦流探傷検査がある。

② 内部欠陥検出に適している検査

放射線透過検査、超音波探傷検査がある。

③ 肉眼検査

もっとも用いられる方法で、簡易的、迅速、安価である。レンズ、反射鏡、顕微鏡などを使用した作業、検査や製品検査などにおいて行われる。

2 非破壊検査の種類

2-1 漏れ試験

漏れ試験は、タンクや容器などの溶接部の気密・水密を調べる目的で行われる。もっとも簡単な水浸法は、試験容器内の圧力を水圧よりも高くして、圧力の変化や発生する気泡によって漏れの有無や場所を知る方法である。水圧試験は、AE 検査と併用される場合もある。

2-2 浸透探傷検査

浸透探傷検査とは、検査体表面に開口した欠陥を浸透液を用いて探傷する方法で、金属以外の非金属材料にも適用できる。しかし、多孔質のものや極端に表面の粗いものに対して適用しにくい場合もある。

他の検査法と比べてもっとも特徴的なのは、複雑な形状の検査体でも 1 回の操作で検査面全体の探傷が可能で、欠陥の方向に関係なくすべての方向の欠陥が探傷できることである。

浸透液として、染料を含むものと蛍光物質のものがある。浸透時間は検査体の温度を考慮して決める。

2-3 超音波検査

(1) 原理

超音波検査は、可聴音（オーディオ）を超えた音波を被検査物の内部に浸透させて、内部の欠陥あるいは不均一層の存在を検知する方法である。普通は 0.5 ～ 15MHz の周波数の超音波が用いられる。

金属材料の内部に持続時間のきわめて短い音波パルスを入射すると、内部欠陥が反射源となって反射した超音波（エコー）が戻ってくるが、このエコーを受信して映像で表示する。このときのエコーの大きさから欠陥の大きさを推定し、また送信された超音波パルスが受信されるまでの時間を測定して欠陥までの距離がわかる。

(2) 種類

超音波探傷試験は、以下の３つに大別される（**図表 6-6-1**）。

① 透過法

この方法は精度は低いが、薄板製品あるいは表面層近くで欠陥を見つけるのに便利である。

② パルス反射法

この方法は溶接部､鋳物鍛造品および圧延素材の欠陥検査に用いられる。パルス反射法には、垂直探傷法と斜角探傷法があり、探傷面に平行な広がりのある傷の検出には垂直探傷法が使用される。

③ 共振法

薄板の厚さの測定、板中の欠陥（ラミネーション）の検査、あるいは操業中の化学反応容器の厚さを測定して、腐食状況を知るなどの目的に使用される。

2-4　磁気探傷検査

(1) 原理

被検査物を磁化した状態で、表面または表面に近いきずによって生じる漏えい磁束を、磁粉もしくは検査コイルを用いて検出してきずの存在を知る非破壊検査方法である。

肉眼で見えないかすかなきず（割れ､すじきず､介在物偏析､ブローホール、溶込み不良など）を検知できるが、オーステナイト系ステンレス鋼などの非磁性体には適用できない。

(2) 磁粉探傷検査（Magnetic Particle Inspection）

磁粉検査とは、強磁性体の表面または表面から比較的浅い部分に存在する欠陥を探傷する方法の１つである。検査体に適切な磁場を加え、欠陥部に生じた漏えい磁場によって磁粉を磁化し、欠陥部に生じた磁極に磁粉を吸着させて磁粉模様を形成させる。

形成された磁粉模様を観察することによって欠陥の有無を知ろうとする

図表 6-6-1 ●超音波探傷試験の種類

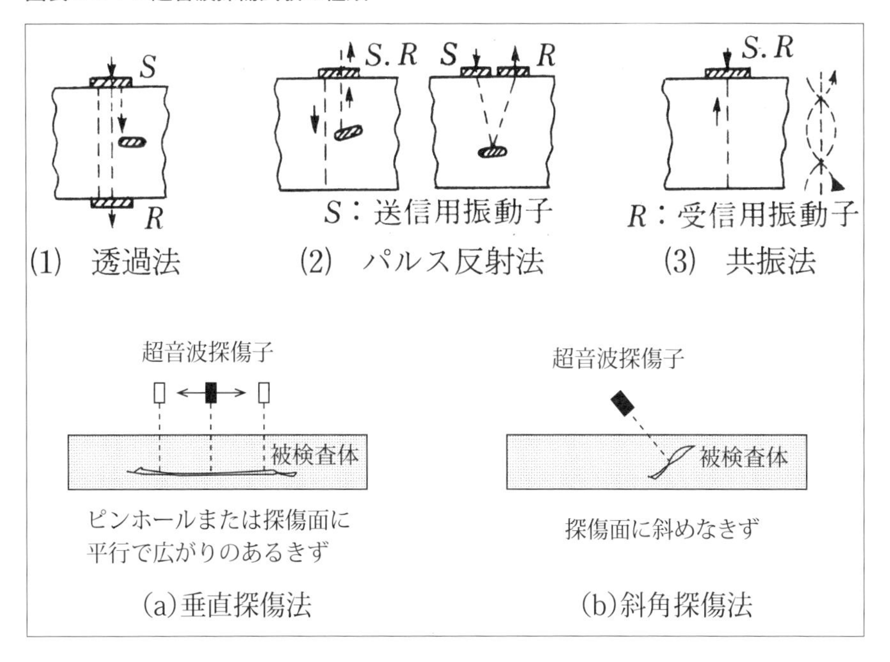

試験方法である（**図表 6-6-2**）。

磁束線の方向と直角になる向きのき裂が発見されやすい。

2-5 渦流検査

渦流検査は、金属内に誘起される渦動電流（フーコー電流：Eddy Current）の作用を利用する非破壊検査方法で、金属の表面あるいは表面に近い内部の諸欠陥（割れ、ブローホール、空孔、すじきず、介在物、表面ピット、アンダーカット、溶込み不良、融合不良など）はもとより、金属の化学成分、顕微鏡組織および機械的・熱的履歴も検査できるほか、細管の寸法検査、各種材料の選別にも利用できる。

とくに、磁気検査を応用できない非磁性金属材料に便利である。

オーステナイト系ステンレス鋼管（とくに細管）の欠陥検査や腐食度の検査に用いられる。

図表 6-6-2 ●欠陥部における磁粉模様の形成

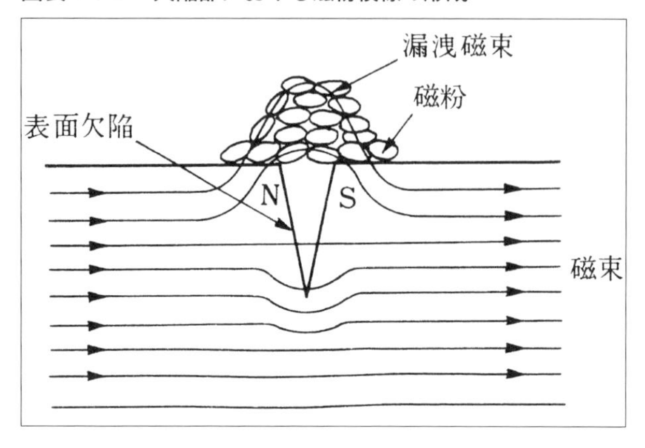

2-6　放射線透過検査

(1) X 線透過検査

X 線は物体を透過するが、一部は物体中に吸収される性質があり、透過 X 線の強さは、透過厚さ、欠陥の有無、材質に応じて変化する。

また、X 線は蛍光物質にあたり、これから可視光線を発生したり、写真フィルムを感光させる性質がある。X 線透過法はこれらの性質を利用して、金属内部にある欠陥を調べるものである（**図表 6-6-3**）。

(2) γ（ガンマ）線透過検査

肉厚が大になると普通の X 線では透過しにくくなるため、X 線よりさらに波長が短く透過力の強い γ 線を利用する検査方法である。

この方法は、装置が簡単で現場での取扱いが容易であり、かつ可搬性があり安価である（γ 線源は人体に照射されると有害であるから、普通はアルミニウム製のカプセルに詰め、これを鉛やタングステン製の容器に入れて保管している）。

2-7　アコースティック・エミッション

(1) 概要

物体に荷重をかけていくと、はじめに弾性変形をするが、その荷重の繰

図表 6-6-3 ● X 線透過検査の仕組み

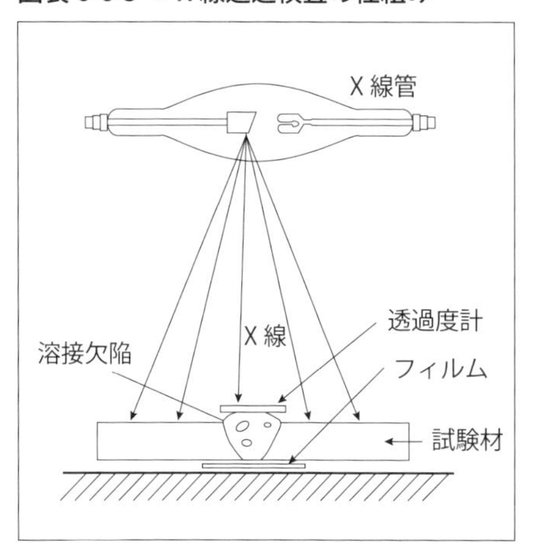

返しまたは荷重の増加などによって物体は塑性変形を生じ、ついには微細な割れが生じる。このとき、割れの発生・成長の各段階ごとにひずみエネルギーが解放される。これを AE センサによってキャッチし、超音波を電気エネルギに変換してそのものの現在の状態を知り、破壊を未然に防止しようとするものである。

(2) 特徴

従来の非破壊検査法が、すでに発生している欠陥を検出する方法であるのに対し、AE 法は欠陥が発生しつつある状態を調べる方法である。

AE 法はその欠陥が安定して無害なのか、成長するような不安定な欠陥なのかなど、欠陥の有害度に関する情報が得られ、また破壊の予知が可能なことが大きな特徴である。

また、稼働中に非分解で検査ができるので、大型で複雑な形状の設備でも検査が可能である。

2-8 ひずみ測定

電気抵抗ひずみゲージ法が一般的である。この方法は、ひずみゲージと呼ばれる素子を被測定物の表面に貼り付け、物体が変形するときに、これに追随して変形するひずみゲージの電気抵抗値の変化を測定し、この位置のひずみを求める方法である。この電気抵抗値の変化はきわめて微少なので、ホイートストンブリッジ回路と呼ばれる電気抵抗を精密に測定する回路が使用される。

[6] 非破壊検査

実力確認テスト

問題 1　非破壊検査とは、材料または製品の材質や形状寸法に変化を与えないで、その材料の健全性を調べる方法をいう。

問題 2　非破壊検査法において内部欠陥検出に適しているものは、浸透探傷検査、磁気探傷検査、渦流探傷検査などである。

問題 3　非破壊検査において欠陥の検出は、内部および表層部の欠陥を対象とする検査方法があり、いずれも欠陥が発生する前に試験を行う方法である。

問題 4　AE 法は、欠陥の発生中に検出する方法である。

問題 5　磁気検査は、ステンレス鋼などの非磁性体には適用できない。

［6］非破壊検査

解答と解説

問題 1　○

非破壊検査（NDT または NDI：nondestructive testing or inspection）は、振動や電磁気などの物理的現象を利用するもので、放射線、音波、超音波、熱、光、電気、磁気、微粒子などを用いて検査を行う。

問題 2　×

浸透探傷検査、磁気探傷検査、渦流探傷検査は、表層部の欠陥検出に適する。内部欠陥検出に適しているのは放射線透過検査、超音波探傷検査である（**図表 6-6-4**）。

図表 6-6-4 ●非破壊検査の分類

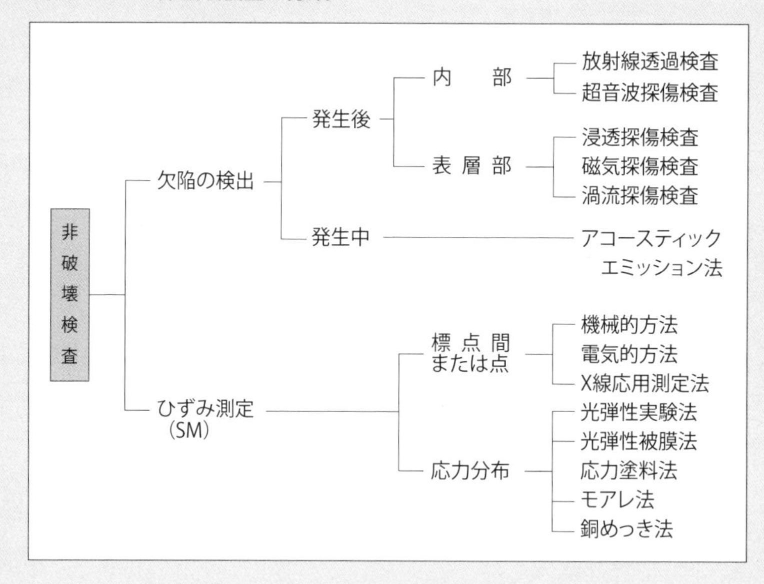

問題 3　×

その分類は、欠陥の検出（探傷）とひずみ測定に大別される。これらの方法は、いずれも欠陥がすでに発生した後に試験をする方法である。

問題 4　○

AE 法（Acoustic Emission）は、致命的な破壊となる前に放出される超音波を、測定物の表面に設置した AE センサによってキャッチし、超音波を電気信号に変換して、そのものの現在の状態を知り、破壊を未然に防止しようとするものである（**図表 6-6-5**）。

図表 6-6-5 ● AE 法の検出原理

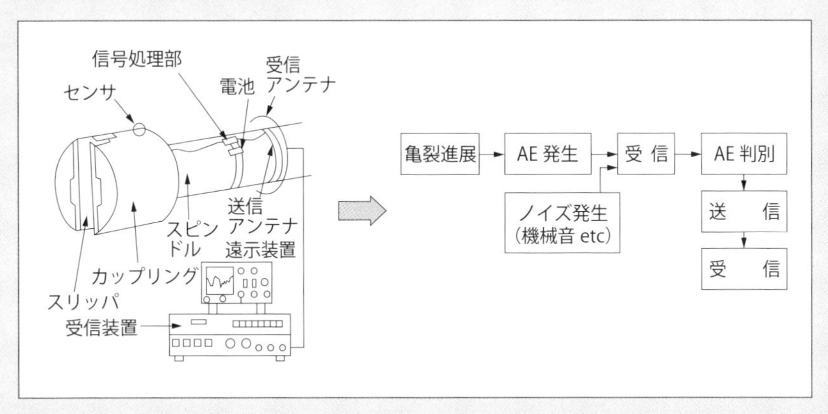

問題 5　○

磁気検査（Magnetic Flux Inspection）は、被検査物を磁化した状態で、表面または表面に近いきずによって生じる漏洩磁束を、磁紛もしくは検査コイルを用いて検出して、きずの存在を知る方法である。

肉眼で見えないかすかなきず、割れなどを検出できるが、非磁性体には適用できない。

[出題傾向のまとめ・重要ポイント]

この分野からは1問程度出題されている。

ここ数年間で出題頻度が高いのは、以下のとおりである。

(1) 浸透探傷検査・渦流探傷検査は、表層部の欠陥検出に適している。

(2) 磁粉探傷検査は、磁性材料の表面層に欠陥がある場合、欠陥部に磁粉模様が形成されることで欠陥の有無がわかる。

このように、表面の欠陥検出と内部の欠陥検出、磁性体と非磁性体、導体と絶縁体の区別より適した検査法を選択することである。

[今後の学習・重要ポイント]

(1) 肉眼検査は、五感を働かせた検査方法で、簡易的・迅速で安価である。レンズや反射鏡などを用いることがある。

また、検査機器、測定機器を用いての測定結果に対しても、最終的には人が目視して製品の合否を判断することになる。

(2) ひずみ測定では、電気抵抗ひずみゲージ法が一般的である。金属ひずみゲージと半導体ひずみゲージがある。

第6章

機械系保全法

7
油圧装置および空気圧装置

出題の傾向

次にあげる油圧・空気圧装置、機器の種類およびその特徴について概略の知識を有すること。

（1）油圧装置および空気圧装置の基本回路

（2）油圧機器および空気圧機器の種類、構造および機能

（3）油圧装置および空気圧装置に生ずる故障の種類、原因および防止方法

（4）作動油の種類および性質

この分野からは、3、4問程度出題されている。

①油圧は、ポンプ、バルブ、アクチュエータと広範囲となるが、その種類や構造および機能を基本事項から理解する

②メータイン回路、メータアウト回路などの基本回路を理解する

③油圧作動油では、石油系と難燃性作動油を種類と特徴を理解する

④空気圧は、油圧との比較と特徴、3点セットなどを理解する

1 油圧装置

1-1　油圧装置を構成する 5 要素

油圧装置で力を伝達する作動油の流れは、基本的に**図表 6-7-1** に示す 5 つの要素から成り立っている。

(1) 油圧装置（回路）の空気圧装置と比較した利点

- 小型の装置でも比較的大きな力が出せる
- 油圧部品のハンドル操作で簡単に調整ができる
- 配管などで引出し遠隔操作ができる
- ショックが比較的少なく、動作がなめらかである
- 数本のアクチュエータで同時に 1 つの仕事（動作）をする同調回路動作ができる（空気圧では、空気に圧縮性があるので、同調回路での速度調整にはかなりのムリがある）

(2) 作動油の流れ

図表 6-7-1 において、

①：油圧タンクに必要量の作動油を入れる。数十～数百リットルのものまであり、出た作動油は、漏れ・故障がない限りタンクに戻る。

②：油圧ポンプは、タンクから作動油を吸いあげ、圧力油（圧力を高くして）として回路に送り出す。油圧ポンプは、補助の動力源（電動モータ・エンジン）などの力を借りて回転する。

③：制御弁（油圧バルブ）は、②から送られてきた高圧油をどのように制御して仕事（動作）するかを決める。

[圧力を制御する：圧力制御弁]

仕事をするために必要な圧力を制御する。

[方向を制御する：方向制御弁]

前進、後退、回転といった仕事のために、作動油をどの方向に流せば（供給するか）よいかを制御する。

図表 6-7-1 ●油圧回路の基本的な構成と作動油の流れ

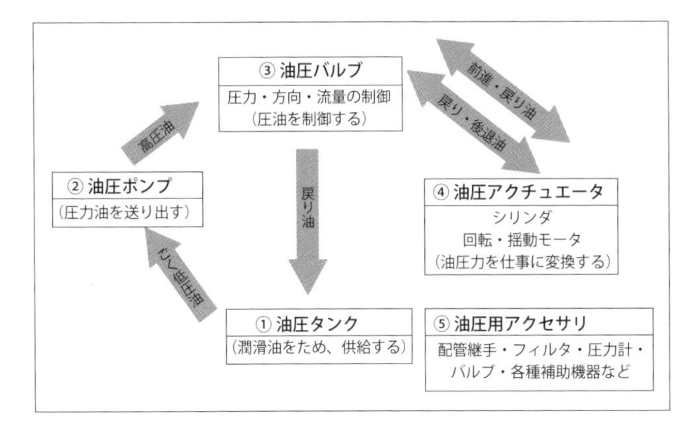

［流量を制御する：流量制御弁］

④：油圧アクチュエータは、③から送られてくる制御された圧力油を元に最終段階で仕事（動作）をするところであり、油圧シリンダ・油圧モータなどがある。1つの仕事（1動作）が完了すると押し出された作動油は、③の制御弁（バルブ）を経由して、①のタンク戻る（回収される）。これが作動油の流れである。

⑤：アクセサリとは、油圧回路の補助部品のことで、圧力計・フィルタ・ホースなどをいう。

1-2　油圧ポンプの機能・構造

(1) ベーンポンプ

ベーンポンプには、定容量形と可変容量形がある。圧力は、6.86MPa（70kgf/cm^2）までが一般的である（**図表 6-7-2**）。

① 定容量形の特徴

通常9～15枚のベーンをもち、リングの形状によって吐出し量が制御でき、脈動も少ない。ベーンは常に遠心力でリング面に押し付けられており、ベーン先端が多少摩耗しても、漏れ、すき間をつくることなく、安定した性能を維持する

②可変容量形

図表 6-7-2 ●ベーンポンプと歯車ポンプ

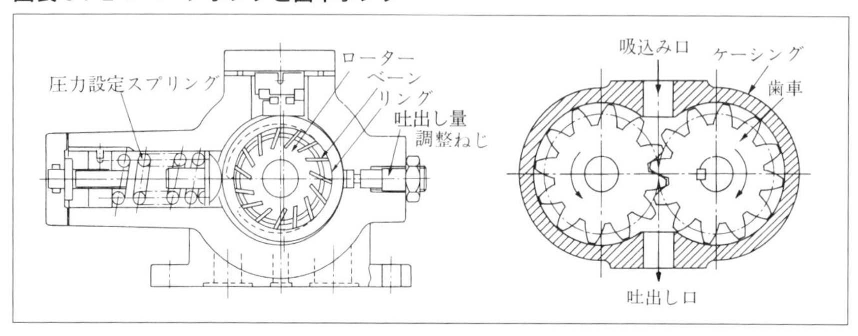

1 回転あたりの吐出量を負荷圧に応じて変え、油圧作動に必要なだけの圧油を吐出し、ムダなエネルギ損失を少なくする。

(2) 歯車ポンプ（ギヤポンプ）

一対の歯車がケーシングの中でかみ合って回転することで、ポンプ作用をする。他のポンプと比較して、構造が簡単で部品点数も少なく安価である。耐久性にも優れているため、工作機械、建設機械、車両、農業用機械など幅広く使用されている（**図表 6-7-2**）。

外接形と内接形があり、歯形はインボリュート、トロコイドなどが用いられている。

圧力的には、外接形では 20.59MPa（210kgf/cm^2）、内接形では 29.42MPa（300kgf/cm^2）も可能である。

(3) ピストンポンプ

シリンダ内におけるピストンの往復運動によってポンプ作用が行われ、他のポンプと比較して高圧での使用が可能である。

① 種類

- ピストンを駆動方向に配置したアキシャル形
- 半径方向に放射状に配置したラジアル形
- 軸と直角方向に並列に配置し、クランクまたはカムで駆動するレシプロ形

② 特徴

- 他のポンプと比較して、高圧に耐え効率にも優れる
- 可変容量形にするのが比較的容易で、バルブとの組合わせによってさまざ

まな可変制御が可能で、回路設計の容易化、省エネルギ化が可能である

しかし、次のような欠点もある。

- 構造が複雑で、精密な仕上げを必要とし、高価である
- 摺動部が作動油の汚染により摩耗しやすく、作動油の管理が重要になる
- ピストンの本数による脈動が振動、騒音源になりやすい

1-3　油圧バルブの種類・機能

(1) 圧力制御弁

油圧回路の圧力を一定に保持し、回路内の最高圧力を制限して、主回路より一段低い圧力に減圧したり、回路内の圧力が一定以上になるまで流れをしゃ断するなど、圧力を制御する弁である。

① リリーフバルブ（弁）

油圧回路内の圧力が弁の設定圧力以上に達すると、弁が開いて圧油の一部または全量を戻り側へ逃がす働きをする。油圧回路を一定圧力に保ち、異常圧力を防止し、装置を保護する役目を果たす。

構造面で、直動形リリーフバルブとバランスピストン形リリーフバルブに大別できる。

- 直動形リリーフバルブ

構造が簡単で、容量のわりに比較的小型だが、チャタリングの発生や圧力オーバーライド性能が悪く、低圧小容量向けの安全弁として使用される。

- バランスピストン形リリーフバルブ（内部パイロット・内部ドレン）

回路内の余剰油を逃がすバランスピストン部（流量制御部）と、その作動を制御して圧力を調整するパイロット部（圧力制御部）からなる。油圧バランス構造にしてあるのでチャタリング現象が小さく、圧力オーバーライド（逃げ始め圧力とポンプの吐出量を全量逃がす圧力の差）も小さい（**図表 6-7-3**）。

② 減圧弁

主回路より一段低い圧力が必要な場合に使用する弁で、構造的には差圧一定形減圧弁と 2 次圧一定形減圧弁がある。

図表 6-7-3 ●バランスピストン形リリーフバルブ

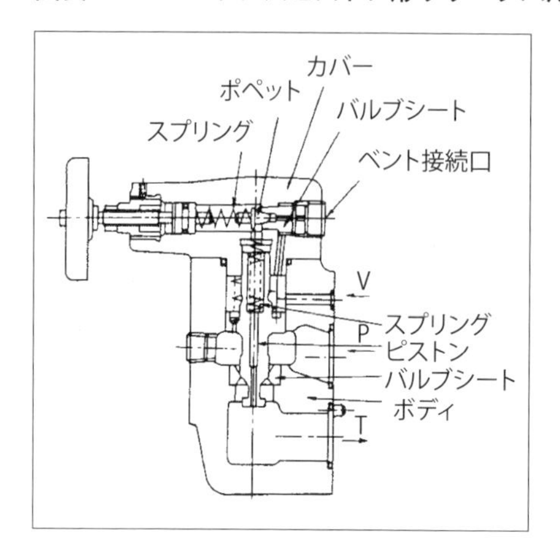

差圧一定形減圧弁は、1 次側圧力と減圧された 2 次側圧力との差圧が常に一定で、流量制御弁の圧力補償機構に用いられている。

2 次圧一定形減圧弁は、圧力制御弁として一般的に使用されており、1 次側圧力が 2 次側設定圧力よりも高ければ、1 次側圧力に関係なく 2 次側圧力を一定圧力に保持する弁である。

③ シーケンス弁（バルブ）

2 つ以上の分岐回路がある場合、回路の圧力によってアクチュエータの作動順序を自動的に制御する弁である。構造的に、直動形シーケンス弁とパイロット作動形シーケンス弁に分類できる。

パイロットとドレンの組合わせにより 4 つのタイプがある。

④ アンロード弁（外部パイロット・内部ドレン）

回路内の圧力が設定圧力以上になると、自動的に圧油をタンクに逃がして回路圧力を低下させ、ポンプを無負荷にして動力を節約する自動弁である。

⑤ カウンタバランス弁（バルブ）

アクチュエータの戻り側に抵抗を与え、立形シリンダなどの自動落下防止、または制御速度以上の速さで降下するのを防止するときに使用する弁である。

(2) 流量制御弁

図表 6-7-4 ●流量制御弁の JIS 記号

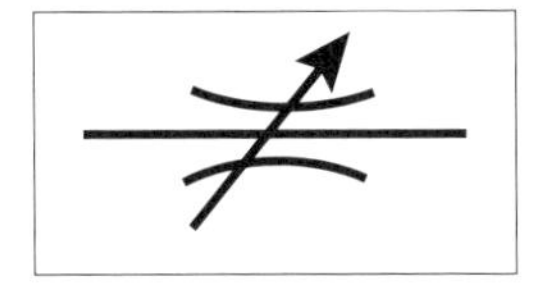

図表 6-7-5 ●方向制御弁の分類と JIS 記号

分類		JIS 記号	備　考
操作方式	手動		手の力による操作
	機械		カム、ローラなどの機械力操作
	パイロット圧（油圧）		パイロット油圧力による操作
	電磁		電磁力による操作
	電磁パイロット圧		電磁力により制御されたパイロット油圧力による操作
	空気圧		空気圧により制御されたパイロット油圧力による操作

油圧回路の供給量を調整し、油圧シリンダや油圧モータなどの速度を制御するのが流量制御である（**図表 6-7-4**）。流量の制御方法には、可変容量ポンプを使って 1 回転あたりの吐出量を変える方法と流量制御弁による方法がある。

① 絞り弁

形状的に、ニードル弁とスプール弁がある。絞り弁は弁内の絞り抵抗によって通過流量を制御するもので、機構が簡単なので広く使用されている。しかし、圧力変動によって流量が変化するという欠点があり、速度の精密さをあまり必要としない回路や、圧力変動の少ない回路に使用される。

(3) 方向制御弁

油圧アクチュエータの運動方向を制御するため、油の流れの向きを変えたり、流れの方向を規制する制御弁である（**図表 6-7-5**）。操作方法には、電磁操作、機械操作、手動操作などがある。

① チェック弁

油を一方向にだけ流し、反対方向への流れを完全に阻止する弁である。チェック弁やリリーフ弁は、油圧が設定以上になると作動油が弁スプリングを押し上げてタンクに逃げる構造であるが、この逃げはじめの圧力をクラッキング圧力という（回路設定圧力からみると圧力損失でもある）。

② パイロットチェック弁

逆流を完全に阻止するのでなく、必要に応じてパイロット圧力による外力を作用させて逆流を可能にする弁である。

パイロットポート（PP）より規定のパイロット圧油を作用させると、ピストンがポペット弁を押し上げるため、出口側から入口側への逆流が可能となる。

③ ソレノイド弁

ソレノイド弁（電磁弁）とは、電磁操作弁および電磁パイロット切換え弁の総称である。切換え弁の片側または両側にソレノイド（電磁石）を設け、電気信号のON、OFFにより交互に通電・励磁して電磁石を作動させ、直接または間接的にスプールを駆動して油の流れ方向を切り換える弁である（**図表6-7-6**）。

④ 交流ソレノイドと直流ソレノイド

交流ソレノイド弁では、コイルに流れる電流は可動鉄心と固定鉄心の距離(ストローク)によって変化し、ストロークが大きくなると大きな電流(起動電流）が流れる。したがって、何らかの原因でスプールが切換え途中で固着すると、コイルに過大な電流が流れ続けるため、異常発熱を起こしてコイルの焼損に至ることがある。

直流ソレノイドでは、コイルに流れる電流はコイルの巻線抵抗だけによって決まるため、ストロークに関係なく一定であり、通常はコイルの焼損は起きない。切換え速度は、交流タイプと比較すると遅くなる。

ソレノイドに発生する吸引力（F）は、

$F \propto (V/f \cdot N)^2$ に比例する

V：電圧、f：周波数、N：巻き数

図表 6-7-6 ●ソレノイド弁

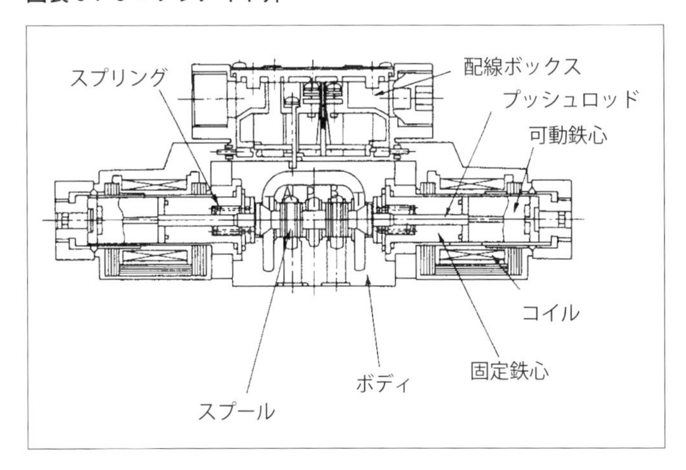

つまり、50Hz 地区で使用していたバルブを 60Hz 地区に移動して使用すると、吸引力は 25/36 倍に低下する。

1-4 油圧アクチュエータ

流体エネルギを直線運動や回転運動に変換する装置の総称である。

直線運動には油圧シリンダを、回転運動、揺動運動には油圧モータを使用する。

(1) 油圧シリンダ

流体の持つエネルギ、すなわち流量、圧力を直線運動に変える装置である。

① 構造

一般産業用油圧シリンダの構造は**図表 6-7-7** のとおりである。

② 種類

・単動形シリンダ

ピストンの片側だけに油圧がかかるもので主に立形に用いられる。

・複動形シリンダ

ピストンの両側に油圧がかかるもので、油圧シリンダとして一般的に用いられている。これらのシリンダには両ロッド形、テレスコピック形なども含まれ、両ロッド形のものは前進・後退スピードの等速化を目的として

図表 6-7-7 ●一般産業用油圧シリンダの構造

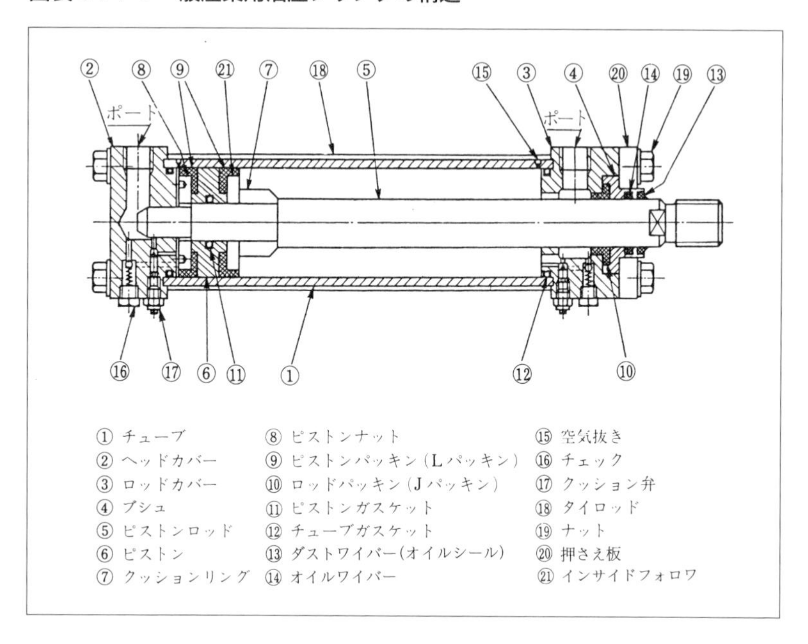

使用することが多い。

(2) 油圧モータ

圧油の持つ流体エネルギを機械エネルギ、力（トルク）と回転速度によるエネルギに変換する油圧機器で、油圧モータに圧油を供給すると、モータ軸は回転動作をする。つまり、油の圧力と流量を出力トルクと出力回転数に変換するアクチュエータである（**図表 6-7-8**）。

油圧モータには、

・回転式 ─┬─ 歯車モータ（外接形、内接形）
　　　　　└─ ベーンモータ

・往復式 ─┬─ アキシャルピストン形（斜板形、斜軸形）
　　　　　└─ ラジアルピストン形

などの種類がある。各種油圧ポンプと同じような構造でつくられている。

図表 6-7-8 ●油圧モータの JIS 記号

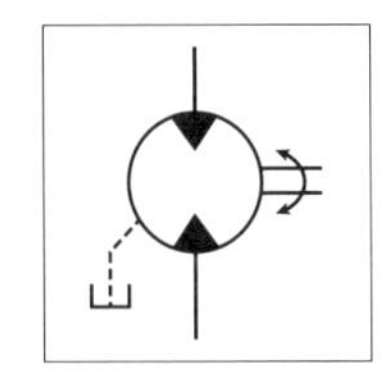

図表 6-7-9 ●アキュムレータの構造

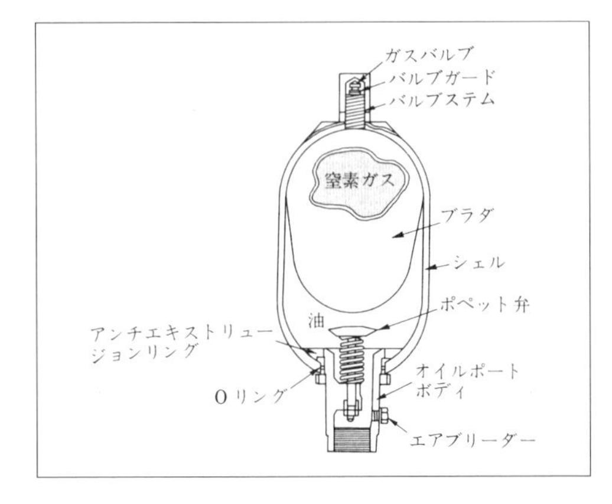

1-5　アキュムレータ

アキュムレータは、油圧回路において、油が漏れた場合に圧力が低下しないように漏れた油を補充したり、停電などの緊急時の補助油圧源となる(**図表 6-7-9**)。また、サージ圧を吸収したり、脈動を減衰させるなどの効用をもっている。

気体圧縮式のブラダ形が主流であり、安全性、経済性の面から、通常は不活性ガスである窒素ガスが使用されている。

2 油圧装置を構成する基本回路

2-1　圧力制御回路

(1) 無負荷回路（切換えバルブを利用）

油圧アクチュエータが仕事をしていないときに、P.T ポートから油をタンクに戻し、油圧ポンプを無負荷にして動力損失を少なくし、油温の上昇防止、油圧ポンプの長寿命化を図る働きがある（**図表 6-7-10**）。

(2) シーケンス回路

油圧アクチュエータを順次作動させる回路をシーケンス回路という。負

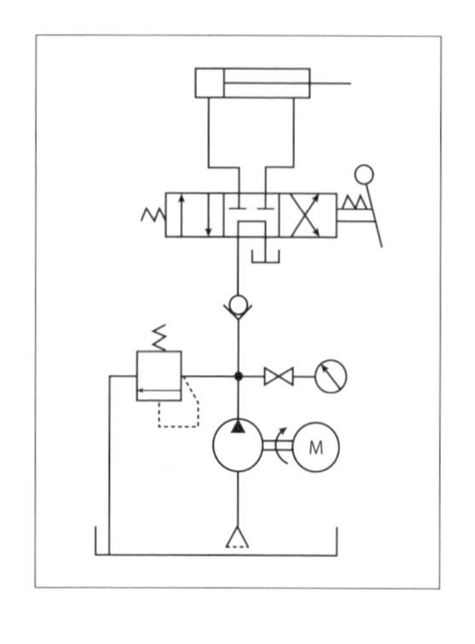

図表 6-7-10 ●無負荷回路

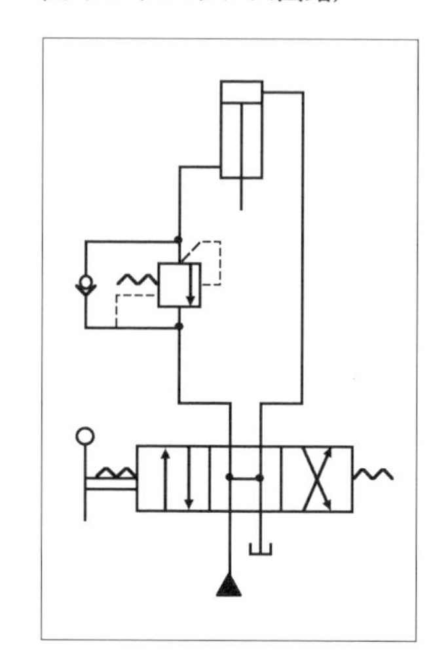

図表 6-7-11 ●自重落下防止回路（カウンタバランス回路）

荷の違いを利用するもの、シーケンス弁を用いるもの、電磁切換え弁とリミットスイッチを用いるものがある。

（3）圧力調整回路

主回路とは別に、回路の一部を減圧し、作動の動作に応じた圧力を保持させるものである。レデューシングバルブを用いた回路などがある。

（4）自重落下防止回路（カウンタバランス回路）

立形シリンダのロッドが負荷によって自重落下する場合には、ロッド側回路にカウンタバランス弁を入れて、ロッド側負荷に見合う背圧を発生さることで、自重落下を防止することができる（**図表 6-7-11**）。この場合、シリンダの下降速度は、ポンプ吐出し量に見合った一定のものとなる。

（5）アキュムレータ回路（圧力保持回路）

アキュムレータを用いることにより、圧力の保持によって動力を節約したり、急激な圧力を吸収して回路の安全確保などを図ることができる（**図表 6-7-12**）。

・シリンダのクランプ状態時

図表 6-7-12 ●アキュムレータ回路
（圧力保持回路）

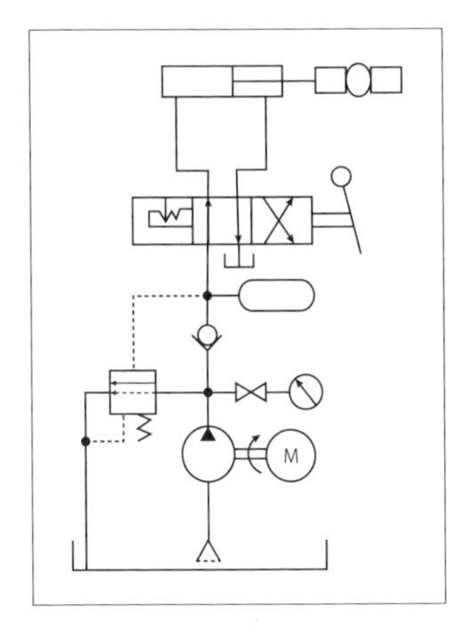

シリンダ内の圧力はアキュムレータにより保持され、保持中はアンロード弁により無負荷回路となる。

2-2　速度制御回路

(1) 速度制御の基本回路

① メータイン回路

アクチュエータの動作に対して､流量調整弁によって流入する油を絞り､速度を調整しようとする回路である（**図表 6-7-13**）。負荷の変動に対応するために、一部の工作機械で使用しているが、一般的な設備機械での使用には注意が必要である。

② メータアウト回路

油圧アクチュエータの動作に対して、油が押し出される出口側に流量制御弁を設けて速度を調整しようとする回路である（**図表 6-7-14**）。絞り効果により背圧が発生して、負荷の変動に対応した安定的な動作をするために、一般的な機械設備の動作回路に用いられる。

③ ブリードオフ回路

ポンプからアクチュエータに流れる流量の一部をタンクへ分岐（バイパ

図表 6-7-13 ●メータイン回路

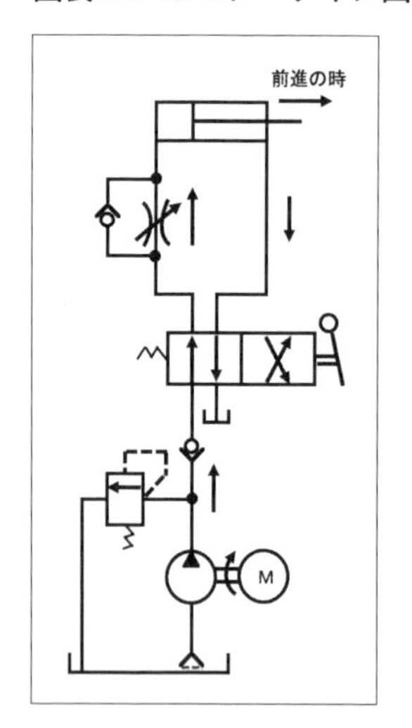

図表 6-7-14 ●メータアウト回路

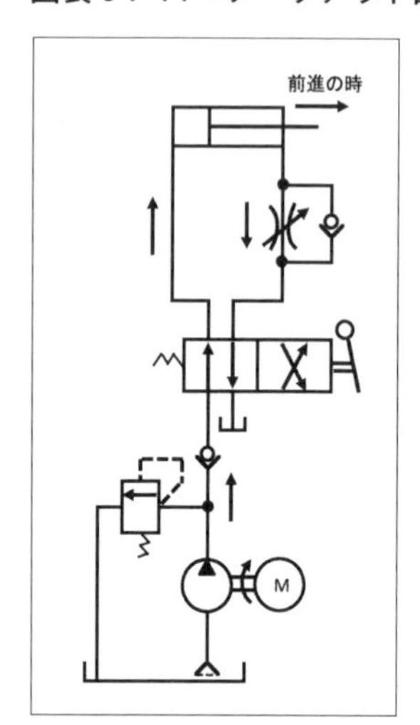

ス）することにより、アクチュエータの速度を調整する回路である（**図表 6-7-15**）。ムダな動力の消費をせず、回路効率は非常に優れている。

しかし、負荷の変動が大きい場合には正確な速度制御はできない。

(2) 差動回路

アクチュエータの両端に加圧された流体を送り込み、シリンダの面積差によりロッド側の流体に押し出されたポンプ最大流量を合算し、アクチュエータを高速に前進させる回路である（**図表 6-7-16**）。シリンダ内部はピストンが両面から受ける力の差（ロッド面積分）で前進する。

(3) 同調回路

複数のシリンダや油圧モータを、同時に同速で動作させたい場合の回路である（**図表 6-7-17**）。油の流れを調整して２つ以上のシリンダを同調動作させるものと、シリンダの回路を直列に連結して行うものに分けられる。

(4) ロッキング回路

切換え弁やパイロットチェックバルブを用い、油圧アクチュエータを任意の位置に固定し、動き出さないようにする回路である（**図表 6-7-18**）。

図表 6-7-15 ●ブリードオフ回路

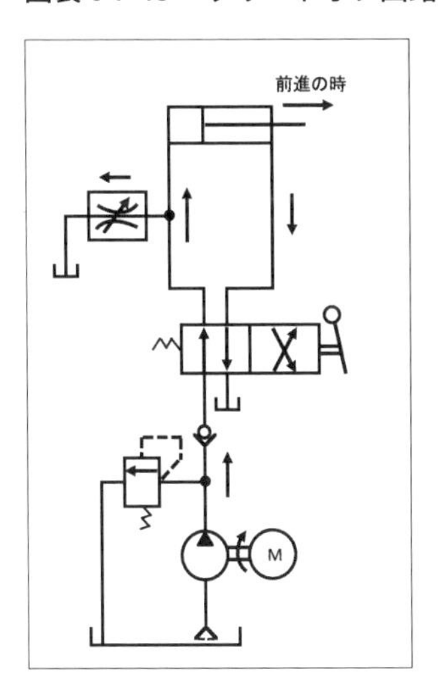

図表 6-7-16 ●差動回路

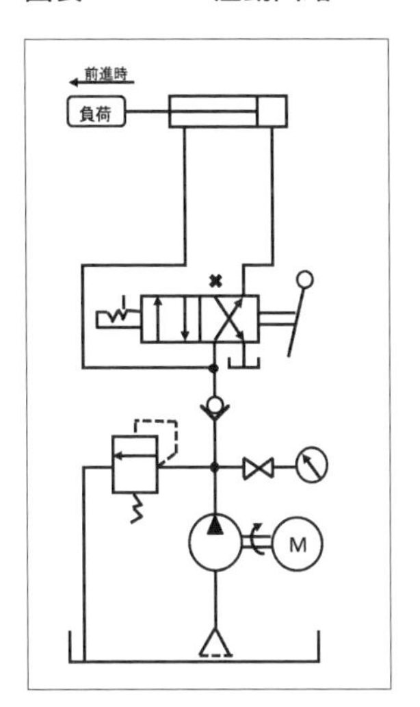

図表 6-7-17 ●同調回路

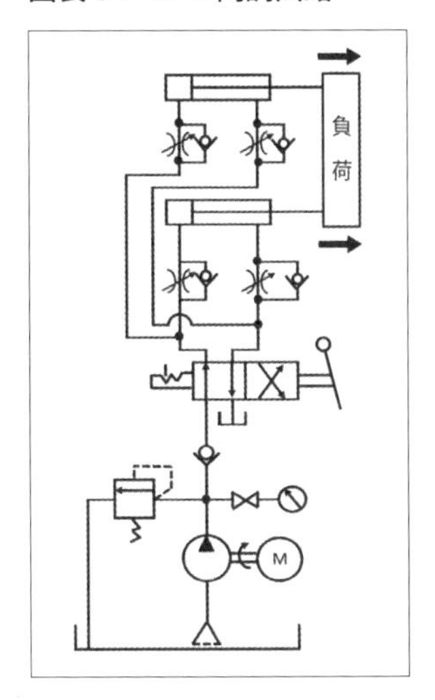

図表 6-7-18 ●ロッキング回路

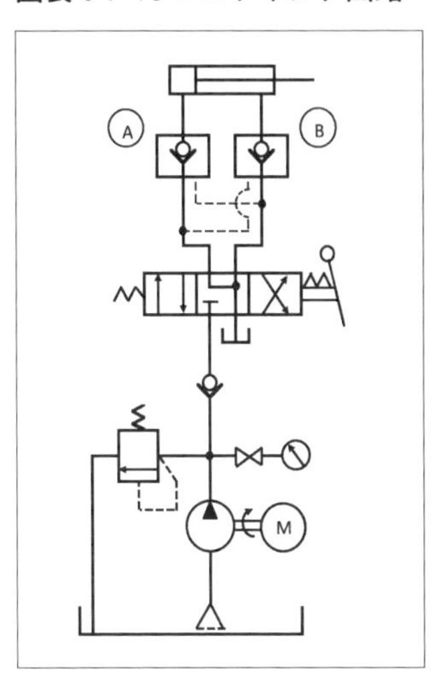

3 油圧装置に生じる故障の種類・原因および防止方法

3-1　故障の現象と原因推定

(1) 油圧シリンダの出力低下

出力低下の原因としてあげられるのは、**図表 6-7-19** のとおりである。

(2) 油圧シリンダの速度低下

速度低下の原因としてあげられるのは、**図表 6-7-20** のとおりである。

(3) 振動・油漏れ

振動・油漏れ現象が生じた場合の原因として、以下があげられる。

① 起動、停止時の切換えクッションが大きい

② サージ圧の発生

③ 配管サポートの強度不足

④ 油圧ポンプにキャビテーション発生

⑤ リリーフバルブにチャタリング発生

(4) 発熱

発熱現象が生じた場合の原因として、以下があげられる。

① ポンプ容積効率の低下

② ポンプ内部の異常摩耗による焼付き

③ 激しい油温上昇

④ ストレーナの目詰まり、または吸込み抵抗の増大

⑤ エアの侵入

⑥ 軸継手の心出し不良

(5) 水が混入した場合

油圧装置に水が混入すると、摩耗が促進するほか、キャビテーション、エロージョンが発生し、作動油の劣化などを引き起こす。

鉱油系作動油の水分混入割合は、新油で 0.03％ほどである。水分混入の許容量は、装置が常に稼動しているかどうか、作動油が常に循環してい

図表 6-7-19 ●油圧シリンダの出力低下

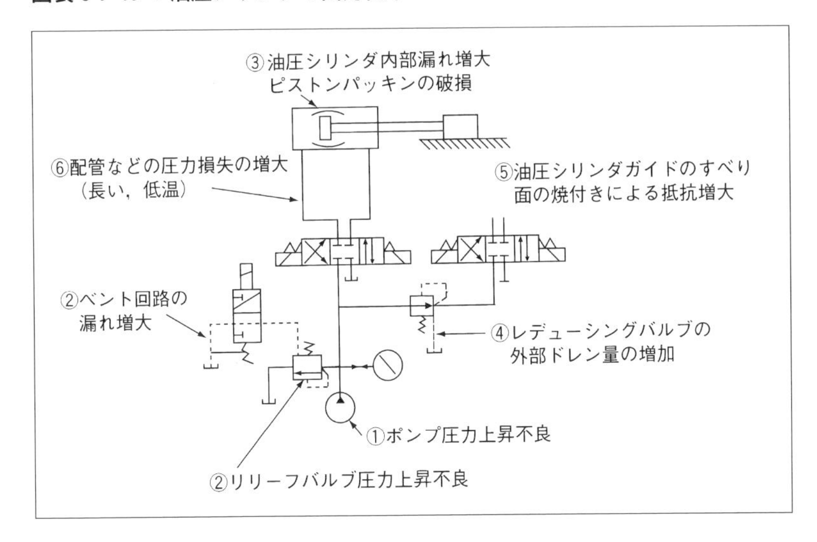

図表 6-7-20 ●油圧シリンダの速度低下

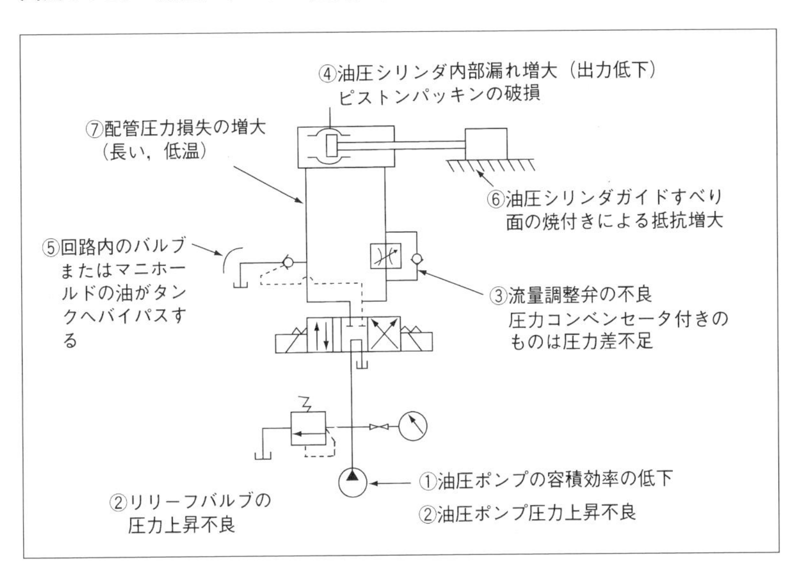

るかどうかなど、装置の条件やタンクの大きさ、作動油などによって異なるが、0.1％程度が限度となる。

4 空気圧装置

4-1 空気圧装置の構成

(1) 特徴

一般に、空気圧装置は0.6～0.8MPa（6～8kgf/cm^2）程度の圧縮空気を利用している。空気圧装置には、以下のような特徴がある。

① 油圧と比較して、軽・中負荷作業に適している
② 圧縮空気を利用しており、空気圧タンクにエネルギの蓄積ができる
③ 低温時の水分凍結および防錆には注意が必要である
④ 空気は圧縮性が高く、油圧と比べて精密な速度制御は難しい

(2) 基本構成

空気圧機器は、電動機や原動機などによって機械的エネルギを空気の圧力エネルギに変換し、制御弁などで制御し、アクチュエータ出力の負荷の要求に適合した機械的エネルギとして取り出す一連の機器および応用機器である。空気圧装置は一般に、空気圧源装置、清浄化機器、潤滑機器、制御部、アクチュエータに分けられる（**図表6-7-21**）。

(3) 空気圧力源装置

① 圧縮機（コンプレッサ）

- ターボ形圧縮機は、羽根車を高速で回転させるので大容量形が多い
- 往復動圧縮機には、回転運動を往復運動に変えるクランク機構と、空気を圧縮するピストン機構で構成され、通称レシプロタイプという
- スクリュ圧縮機は、非対称断面の雄ロータと雌ロータが連続的にかみ合って空気を圧縮する構造である。一般工業用に使用される湿式タイプ（オイルスクリュ形）と、圧縮機内に油を使用しないので圧縮空気に油が混じらない乾式タイプ（ドライスクリュ形）がある。乾式タイプは、食品、医薬品、半導体工業用などで多く使用される

② 空気圧タンク

図表 6-7-21 ●空気圧装置の基本構成

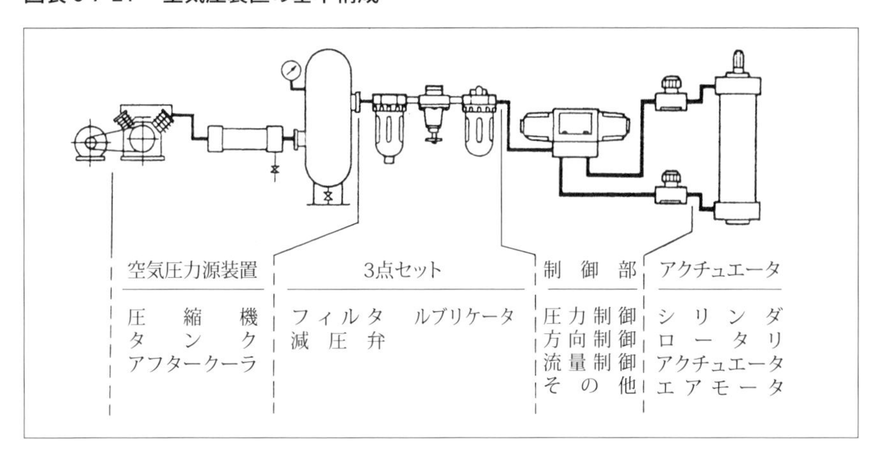

一時的に多量の空気が使用されても、空気圧の低下を最小限にするという機能を持つ。また、空気消費量の変動に伴う空気圧の脈動を平滑化し、さらに停電時の一時的な補給を行う。

③ アフタクーラ

圧縮機の直後に設置され、圧縮機から吐出される 473K（200℃）～573K（300℃）に加熱された空気を冷却することによって圧縮空気中の水分を除去する。一般に、空気の温度を 311K（38℃）まで下げて、混入蒸気の 63%以上を除去するように設計されている。

(4) 3 点セット（エアコントロールユニット）（図表 6-7-22）

① フィルタ

圧縮機に吸入・吐出される空気には粉じん、圧縮機で発生する油の酸化物、配管中に発生するドレンなどが含まれており、エア機器の作動不良の原因となる。各種フィルタで異物を除去し、清浄な空気を供給する。

② 減圧弁（レギュレータ）

空気圧装置回路動作に必要な圧力を調整する。

③ ルブリケータ

空気圧機器のアクチュエータや方向制御弁、流量制御弁などには摺動部があり、適度な潤滑が必要である。そこで、潤滑油を霧状にして配管内に

図表 6-7-22 ● 3 点セット（エアコントロールユニット）

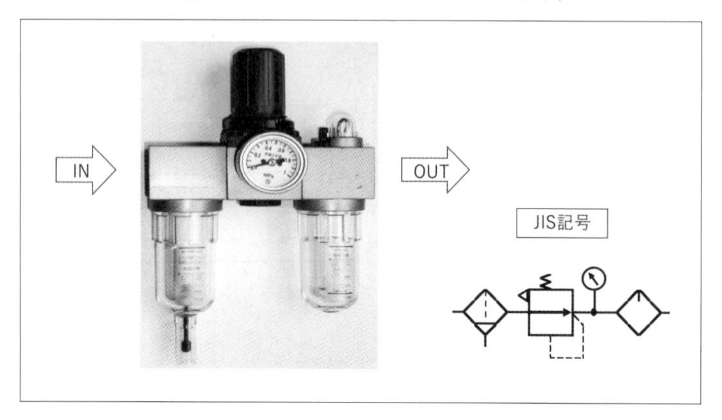

混合して送り出す機器である。使用潤滑油は、スピンドル油やマシン油を使用するとシール材を傷めるので、VG32 タービン油が用いられる。

(5) 制御部（空気圧制御弁）

空気圧配管中に設置し、流れの方向を変え、流量を調整し、また圧力や作動順序や時間などを制御するために用いられる。機能上からの分類では、圧力制御弁、方向制御弁、流量制御弁となる。

(6) アクチュエータ

流体エネルギを変換して機械的な仕事をする機器をアクチュエータという。空気圧シリンダ、空気圧モータ、揺動形アクチュエータ、空油変換器などに分類される。

4-2 空気圧機器の種類と特徴

(1) 圧力制御弁

空気圧回路で圧力が規定以上になったら圧力を逃がす安全弁、さらに 1 次側の圧力を 2 次側の要求する圧力に減圧する減圧弁などがある。

① 減圧弁

構造や機能から分類すると、

・直動形は、弁ばね（調節ばね）により設定調整する
・パイロット形は、パイロット機構（圧力）を組込んで調整する

(2) 方向制御機器

① 方向制御弁

空気圧シリンダや空気圧モータなどのアクチュエータの始動・停止方向の切換えを目的とした流体の流れ方向を制御する弁をいう。

方向制御弁には、

- 1方向の流れを止める止め弁
- 2個以上の入口からの圧力に対して高い圧力の入力が出口側に通じるシャトル弁
- アクチュエータからの排気を急速に行う急速排気弁（クイックエキゾーストバルブ）
- 切換え弁とシリンダなどとの間に設け、空気を排気とともに直接放出する制御弁

がある。

② 操作方式による分類

人力操作弁、機械操作弁、電磁操作（ソレノイド）弁と空気圧操作弁による方式がある。

③ バルブの構造による分類

ポペット弁とスプール弁によるもの、その他がある。

④ 電磁弁

電磁石（ソレノイド）を操作力としたもので、方向制御弁でもっとも多く用いられている。

(3) 流量制御弁

空気の流れる量を調整して、アクチュエータの動作速度を制御するための弁で、単に空気流量を調整する絞り弁や、一方向だけ絞り弁が内蔵され、もう一方の反対の流れ方向は絞っていない速度制御弁もこの範ちゅうに入る。

① 絞り弁

調節ねじで弁の開度を調節し、流路抵抗を変えて空気流量制御を行う弁である。弁開度を微細に調節できるためにニードル弁が多い。

図表 6-7-23 ●速度制御弁

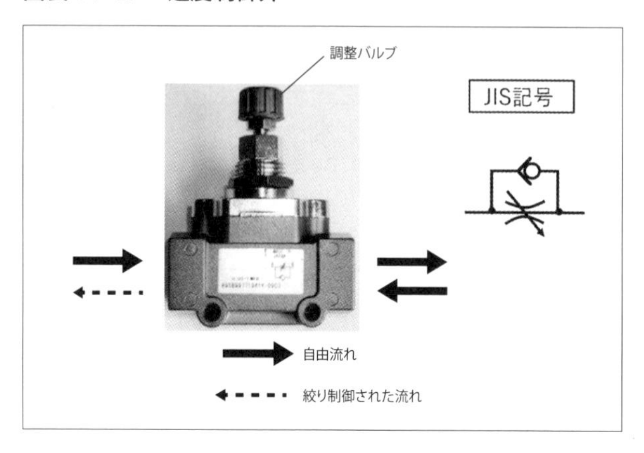

② 速度制御弁

逆止弁と絞り弁を並列に１つの本体中に組み合わせた流量調整弁で、アクチュエータの速度制御用として広く用いられる。スピードコントロールバルブともいわれる（**図表 6-7-23**）。

速度制御弁のインラインタイプは、エアの流れる方向で、制御流れは絞り効果が得られ、自由流れはチェック弁が解放状態となり絞られてもいるが絞り効果は得られない。

空気には圧縮性があるので、回路の組み方によってはショックが出やすいという欠点があり、十分な回路構成を考慮することが必要である。

5 作動油

5-1　作動油の種類、性質

作動油は、ポンプによって発生したエネルギをアクチュエータに伝達する重要な役割を持っている。また、摺動部の潤滑を良くしたり、すき間からの漏れを防いだり、錆を防ぎ、油圧機器から発生する熱を奪うなどの働きを持っている。

(1) 種類（図表 6-7-24）

① 石油系作動油

パラフィン系原油を精製したものに酸化防止、防錆のため添加剤を加えたもので、ほとんどの油圧装置はこの作動油で十分な性能と耐久性が得られる。

② 合成系作動油（難燃性）

とくに低温や高温用としてつくられた合成有機化合物の作動油で、リン酸エステル系、脂肪酸エステル系がある。油温変化に対し粘度変化が少な

図表 6-7-24 ●油圧作動油の種類

図表 6-7-25 ●油圧作動油の性状例

作動油の種類 / 性状の項目	石油系作動油	水成系作動油		合成作動油	
		油中水乳化系(W/O系)	水・グリコール系	リン酸エステル系	脂肪酸エステル系
比　重	0.85～0.90	0.92～0.94	1.05～1.1	1.1～1.28	0.92～0.95
粘　度 mm²/s(cSt)311K(38℃)	40～70	76～97	43	43	40～60
粘度指数(V.I)	95～100	130～150	140～165	32	160～200
流動点K(℃)	253(−20)以下	265(−8)～248(−25)	243(−30)～221(−52)	253(−20)	243(−30)
水分(重量%)	−	40	35～45	−	−
高温使用限界K(℃)	373(100)	338(65)	338(65)	423(150)	383(110)
熱、酸化安定性	343K(70℃)以下	338K(65℃)以下	338K(65℃)以下	343K(70℃)以下でとくに良い	343K(70℃)以下でとくに良い
耐 火 性	悪い	かなり良い	良い	良い	やや悪い
潤 滑 性	非常に良い	かなり良い	良い	良い	良い
圧 縮 性	高い	高い	低い	良い	低い
金属の腐食	Cuだけ不可	Cd、Mg、Zn、Cuは不可	Cd、Mg、Zn、Cuは不可	良い	良い
ゴムへの影響	良い	良い	やや悪い	悪い	良い
消 泡 性	良い	良い	良い	良好	良好
キャビテーションの誘発	普通	発生しやすい	発生しやすい	少ない	少ない
水処理性	良い	やや悪い	悪い	良い	良い

いが、石油系に比べて酸化性・潤滑性・腐食性の点で劣るので、航空機や耐火性用としての特殊用途に使われる。

③ 水成系作動油（難燃性）

引火の危険を伴う油圧装置に使用される一種の合成油で、油中水乳化系や水・グリコール系などがある。

油中水乳化系は、石油系の油を乳化剤で油中水滴形、つまり水のつぶを油で包んだW/O形としたものだが、粘度や潤滑性が不安定である。

水・グリコール系は、高温の場合に水分が水蒸気に変わって作動油の表面を覆い、引火を防ぐ性質の作動油である。

(2) 作動油の性状

図表 6-7-25 のとおりである。

5-2　保守管理

油圧装置が十分に機能を発揮するためには、作動油を最適な状態に保持する必要がある。その不具合現象としては、粘度や油温の管理不良、特性劣化、ごみや空気の混入などがよる。

(1) 作動油の粘度

作動油の性状が適切でない場合、次のような悪影響を及ぼす。

① 粘度が高すぎる場合：流体抵抗の増大による温度上昇、圧力損失の増大、動力損失の増大、作動不良が発生する

② 粘度が低すぎる場合：内部漏れと外部漏れの増大、ポンプ容積効率の低下、潤滑性の低下による摺動部の摩擦増大、適切な流量調整の困難などがある

(2) 作動油中のごみ

作動不良の原因は、ごみによるものがきわめて多いので、ごみの侵入経路には十分な注意が必要である。

① 最初から入っているごみ:組み立てるまでの溶接スケール、バリ、切粉、土砂、シール片、錆など

② 内部で発生するごみ：摩耗による金属粉、油の酸化によるスラッジなどの堆積物、シールくずなど

③ 外部から侵入するごみ：タンク、配管接続部などからのごみや水分など

(3) 石油系作動油の運転温度

作動中の油温が高すぎると、作動油の抗酸化性を低下させ、劣化を早めることになる。逆に油温が低すぎると、作動油の粘度が増し、油圧ポンプの機械効率が低下する。

① 危険始動温度

288K（15℃）以下では、ポンプや弁の作動抵抗が増大し、フィルタからポンプまでの配管抵抗が大きくなり、騒音も発生する。そこで 303K（30℃）以上の温度で始動するのが適当とされ、加熱装置が必要となる。

② 推奨油温度

各ポンプメーカが推奨する油温は、305K（32℃）～ 343K（70℃）の温度範囲であるが、機械効率、ポンプ寿命、作動油の酸化の点から適正な油温は、303K（30℃）～ 328K（55℃）の範囲である。

③ 限界油温と危険油温

高温の限界は、343K（70℃）～353K（80℃）であり、粘度、抗酸化性、効率に大きな影響をおよぼす。353K（80℃）以上になると、ポンプ効率と作動油の寿命は急速に低下する。

(4) 難燃性作動油の問題点

難燃性作動油の中で、W/O エマルジョンや水・グリコールのように水を含んだ作動油は、石油系作動油に比較して潤滑性が劣るので、最高圧力と回転数を制限して使用する。

使用温度も、最適油温 308K（35℃）～318K（45℃)、最高油温は 323K（50℃）程度である。

また、リン酸エステル系作動油は、塗料やシール材を溶融する作用があるので、十分な注意が必要でなる。

5-3 汚染

作動油の汚染（コンタミネーション）についても理解する必要がある。**図表 6-7-26** に汚染の種類と原因を示す。

(1) 劣化

作動油の劣化速度は、油温、水、金属、気泡、または溶解空気圧力などによって異なるが、もっとも影響が大きいのが油温である。油温が 343K（70℃）を超えると 10K（10℃）油温上昇に対して酸化速度は 2 倍になる。

(2) 汚染度の等級

汚染度を測定するには、計数法すなわち汚染物の数と大きさをカウントする方法、汚染物質の重量を測定する重量方法、指数として汚染程度を比較する方法がある。計数法による汚染の基準としては、NAS（National Aerospace Standard）規格が使用されている（**図表 6-7-27**)。

(3) 汚染粒子と油圧機器の摩耗

油圧機器を高圧にすると作動油の条件は一段と厳しくなり、耐摩耗性、酸化安定性などとともに、汚染粒子の問題がある。

また、サーボ油圧に用いる作動油は、細いノズルから噴射されて油圧の

図表 6-7-26 ●作動油汚染の種類と原因

汚染物の種類 / 汚染の原因	金属粉	鋳物砂	じんん埃	錆	溶接スラグ	シール材	ゴム類摩耗粉	切削・研摩粉	繊維類	塗料片	作動油劣化物	水分	異種の液体	空気
不適当な洗浄や製造組立工程	○	○	○	○	○	○	○	○	○	○	○	—	○	—
保管、輸送途上	—	—	○	○	—	—	—	—	—	○	—	○	○	—
装置の露出部や修理時	○	—	○	○	○	○	○	○	○	○	—	○	○	○
装置内からの離脱や発生	○	—	○	○	○	○	○	○	○	○	○	○	—	○

図表 6-7-27 ● NAS 汚染度等級

(NAS 1638)

粒子の大きさ［μm］ / 等級	100ml 中の粒子の数				
	5～15	15～25	25～50	50～100	100以上
00	125	22	4	1	0
0	250	44	8	2	0
1	500	89	16	3	1
2	1 000	178	32	6	1
3	2 000	356	63	11	2
4	4 000	712	126	22	4
5	8 000	1 425	253	45	8
6	16 000	2 850	506	90	16
7	32 000	5 700	1 012	180	32
8	64 000	11 400	2 025	360	64
9	128 000	22 800	4 050	720	128
10	256 000	45 600	8 100	1 440	256
11	512 000	91 200	16 200	2 880	512
12	1 024 000	182 400	32 400	5 760	1 024

制御を行うことから、作動油の清浄度管理が重要である。一般に、NAS7級以上の清浄度管理が必要である。

(4) その他の注意点

① 水の含有量は 0.1%以下、それ以上になると、更油の時期を考慮する

② 空気の含有量は 6 ～ 10%が標準で、それ以上ではキャビテーションを起こしやすい

[7] 油圧装置および空気圧装置

▼

実力確認テスト

問題 1　油圧回路における無負荷回路とは、油圧アクチュエータが仕事をしていない場合に、油圧ポンプを無負荷にして動力損失、油温の上昇などを少なくする回路のことである。

問題 2　静止している流体圧力の性質は、パスカルの原理で説明できる。

問題 3　油圧ポンプを大別すると、ベーン形、歯車形、ピストン形の 3 種類となる。

問題 4　歯車ポンプは、他のポンプと比較して構造が簡単で、部品点数も少なく安価である。

問題 5　油圧バルブの働きは、油圧回路において油の圧力、流量および流れの方向を制御することにより、油圧アクチュエータの発進と停止、速度、方向、作動順序などを制御する機器と定義することができる。

問題 6　方向制御弁にはチェック弁、手動操作弁、電磁弁などがある。

問題 7　油圧機器のアクセサリとは、圧力計、フィルタの 2 種類である。

問題 8　油圧アクチュエータは、流体エネルギーを直線運動や回転運動に変換する装置の総称である。

問題 9　ブラダ形アキュムレータは、脈動を増幅させるために使用する。

問題 10　油圧の速度制御回路には、メータイン回路、メータアウト回路、ブリードオフ回路が代表的に用いられる。

問題 11　油圧シリンダに故障が発生すると、まったく動かない、速度が出ないなどの現象が起こる。

問題 12　油圧シリンダの出力が低下している場合、原因はほぼ油圧ポンプの圧力上昇不良といってもよい。

問題 13　油圧ポンプの異常騒音の発生原因のひとつとして、油温が低く粘度が高い場合がある。

問題 14 空気は軽いため、とかく重量があることを忘れがちであるが、地表で 1 cm^2 当たり約 10.13N（ニュートン）の重量がある。

問題 15 空気圧装置は、一般に空気圧力源装置、清浄化機器、潤滑機器、制御弁、アクチュエータに分けられる。

問題 16 空気圧縮機には、容積形・ターボ形があり、通常の空気圧力源として 0.6865MPa（7kgf / cm^2 G）前後のものが多く使用される。

問題 17 安全弁は、空気圧回路で圧力が上昇しすぎた際に、機器や配管の損傷を防止するために使用される。

問題 18 方向制御弁のバルブ構造には、ポペット弁タイプやスプール弁タイプなどがある。

問題 19 流量制御弁は、空気の流れる量を調整して、アクチュエータの作動速度を制御するための弁である。

問題 20 方向制御弁などの排気ポートから排気される空気が、急激な膨張のために一種の破裂音を発生する。この騒音を防ぐために消音器（サイレンサ）などが使われる。

問題 21 空気圧回路の 1 次供給口付近に空気圧調整ユニット（3 点セット）を取り付ける場合、その順序は 1 次供給口側からルブリケータ、レギュレータ、フィルタの順になる。

問題 22 石油系作動油の運転温度は、328K（55℃）～ 353K（80℃）の範囲が適正な油温とされている。

問題 23 油圧作動油は大別すると、石油系作動油、合成系作動油（難燃性）、水成系作動油（難燃性）に分けられる。

問題 24 水・グリコール系作動油は、水とグリコールを主成分とした難燃性作動油である。

問題 25 油圧作動油など汚染管理のことを、コンタミネーションコントロールという。

解答と解説

問題1　○

図表 6-7-28 に切換え弁を用いた無負荷回路、リリーフ弁のベントを利用した無負荷回路を示す。

図表 6-7-28 ●切換え弁を用いた無負荷回路とリリーフ弁のベントを利用した無負荷回路

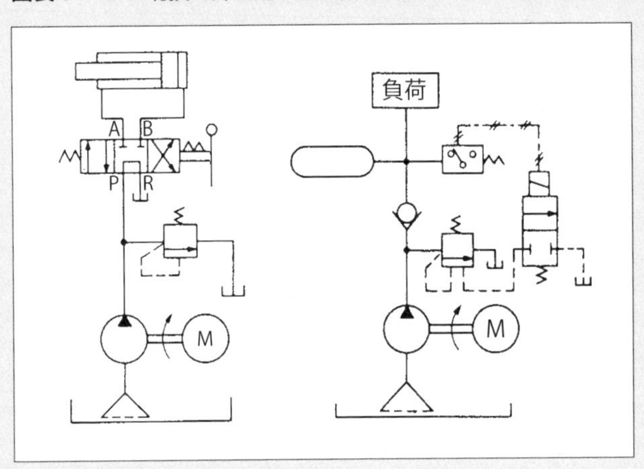

問題2　○

パスカルの原理とは、以下の性質をいう。

・流体の圧力は、面に対して直角に作用する

・各点の圧力は、すべての方向に等しい

・密閉した容器の中の流体の一部に加えられた圧力は、同時に流体各部に等しい強さで伝播される

問題3　○

図表 6-7-29 に油圧ポンプの機構上の分類を示す。

問題4　○

歯車ポンプは、一対の歯車がケーシング内でかみ合って回転することでポンプ作用をする。他のポンプと比較して、構造が簡

図表 6-7-29 ●油圧ポンプの機構上の分類

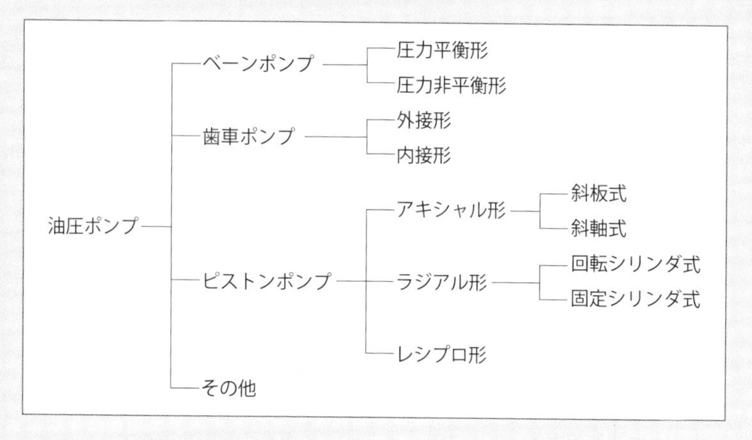

単で部品点数も少なく、安価で耐久性にもすぐれているため、工作機械、建設機械、車両、農業用機械など広く使用されている。

問題 5　○

油圧バルブは、次の 3 種類に分類することができる。

・圧力制御弁：仕事の大きさを決める

・流量制御弁：仕事の速さを決める

・方向制御弁：仕事の方向を決める

油圧装置は、いろいろな要素の組合わせにより、多くの機能を持たせることができる。

問題 6　○

油圧アクチュエータの運動方向を制御するため、油の流れの向きを変えたり、流れの方向を規制する制御弁である。シート弁はチェック弁として、スプール弁は方向切換え弁として用いられていることが多い（**図表 6-7-30**）。

問題 7　×

油圧機器に本来の機能、性能を発揮させるためには、油圧タンクや配管などの付属品や、アキュムレータ、クーラ、フィルタ、圧力計などのアクセサリが正しく保全されていなければならない。**図表 6-7-31** に主要な付属品とアクセサリを示す。

図表 6-7-30 ●方向制御弁の分類

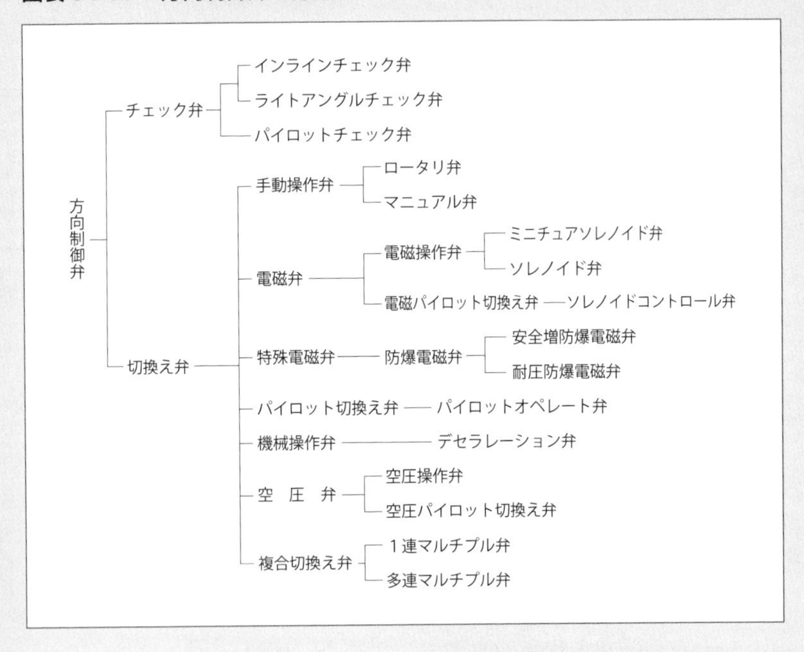

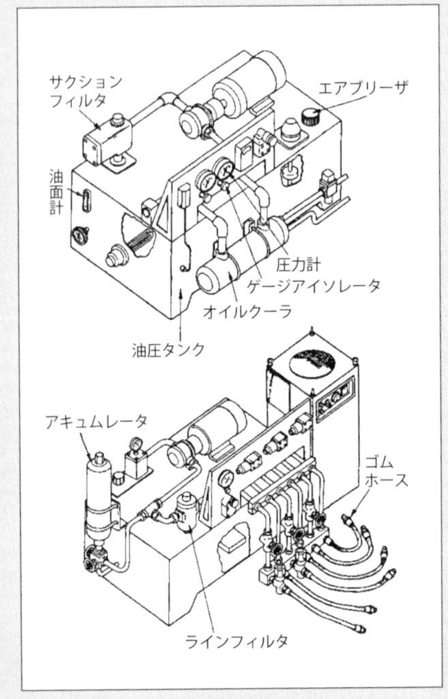

図表 6-7-31 ●
主要な付属品とアクセサリ

問題 8　○

油圧シリンダは直線運動に、油圧モータは回転運動に変換する機器である。

問題 9　×

アキュムレータは、油圧回路において油が漏れた場合に、圧力が低下しないように、漏れた油の補充や停電など緊急時の補助油圧源となるだけでなく、サージ圧力を吸収したり、脈動を減衰させるなどの作用をもっている。封入ガスは、窒素ガスが一般的である。

問題 10　○

シリンダの前進動作を想定した場合（**図表 6-7-32**）、

・メータイン回路は、ヘッド側に入っていく油を絞ってスピード調整をする方法

・メータアウト回路は、ロッド側から押し出されて出てくる油を絞ってスピード調整をする方法

・ブリードオフ回路は、シリンダの速度制御に必要な油量以外を絞り弁を通してタンクに戻す方法

である。

図表 6-7-32 ● メータイン、メータアウト、ブリードオフ回路

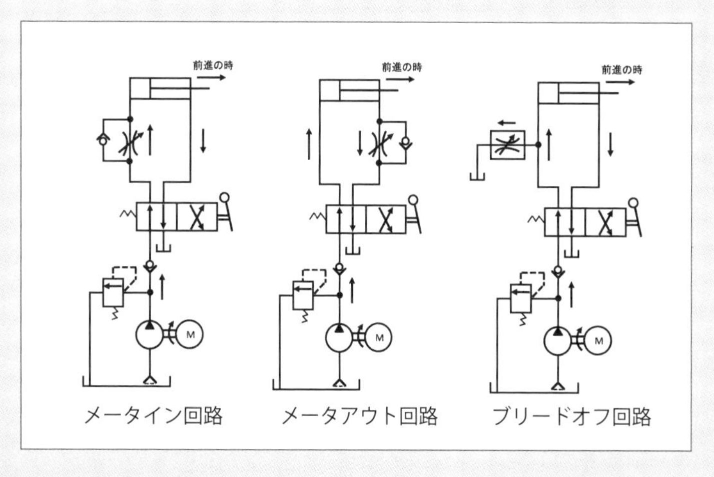

問題 11　○

故障の発生は、何らかの形で異常現象を伴う。油圧シリンダの場合、以下のような現象が起こる。

・まったく動かない
・動作が異常である
・出力が足りない
・速度が出ない

また、油圧機器単体や配管では、騒音、振動、油漏れ、発熱などで故障の発生を知ることができる。

問題 12　×

油圧ポンプの圧力上昇不良だけでなく、リリーフバルブの圧力上昇不良、油圧シリンダの内部漏れ増大、油圧回路内のバルブから大量の油がタンクへバイパス、油圧シリンダガイドすべり面の焼付きなどによる抵抗増大、配管などの圧力損失の増大などが考えられる。

問題 13　○

ポンプ自身の内部部品の摩耗が大きい場合や、油の粘度が大きかったり、フィルタの目詰まりなどで吸引負圧が大きい場合も起こる。空気を吸引している場合は、カリカリという音が連続的に発生する（エアレーション）。

図表 6-7-33 に、油圧装置の騒音発生個所とその原因を示す。

問題 14　○

単位面積当たりにかかる力を圧力といい、単位は Pa（パスカル）を用いる（Pa は N/m^2 と等しい）。また、大気による圧力を大気圧といい、SI 単位では 1.01325×10^5〔Pa〕と表記される。1hPa（ヘクトパスカル）は 100Pa なので、大気圧は 1013.25〔hPa〕である。

問題 15　○

機械的エネルギーを空気の圧力エネルギーに変換し、制御弁な

図表 6-7-33 ●騒音個所と原因

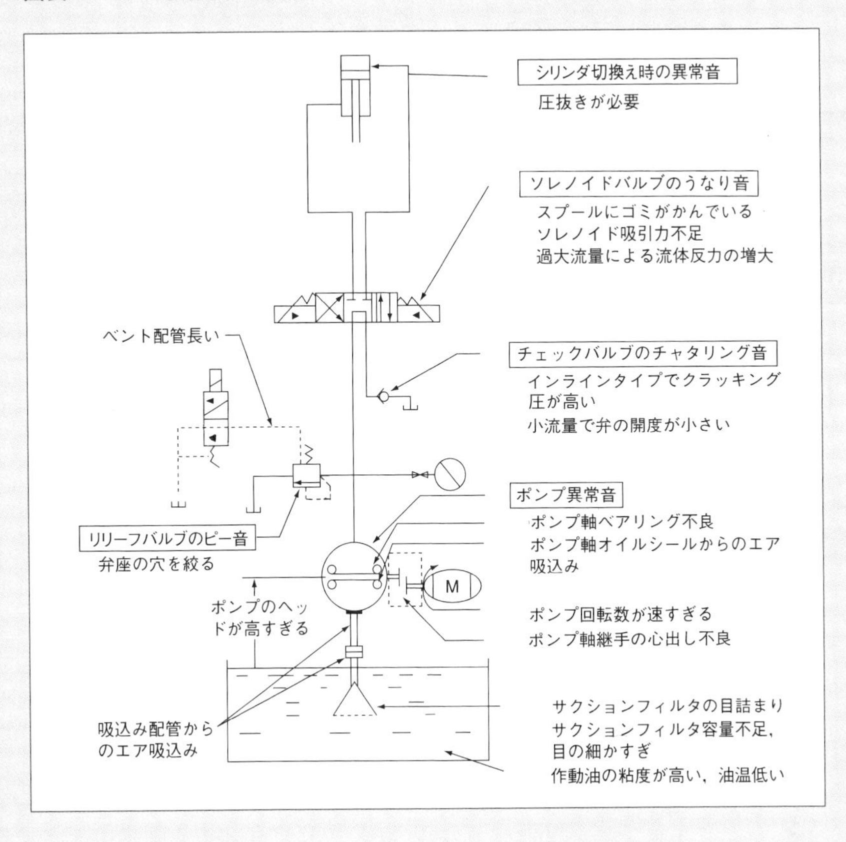

どで制御してアクチュエータ出力の負荷の要求に適合した機械的エネルギーとして取り出す一連の機器である（**図表 6-7-21** を参照）。

問題 16 ○

一般的産業用、機械装置の空気圧力源として利用されている。

問題 17 ○

構造によって、ポペット式とダイヤフラム式に大別される。空気タンクなどに取り付けて使用されるのは、ポペット式である。

問題 18 ○

方向制御弁は、空気圧シリンダや空気圧モータなどのアクチュエータの始動・停止方向の切替えを目的とした、流体の流れの方向を制御する弁をいう。**図表 6-7-34** にポペット弁の構造例を示す。

図表 6-7-34 ●ポペット弁の構造例

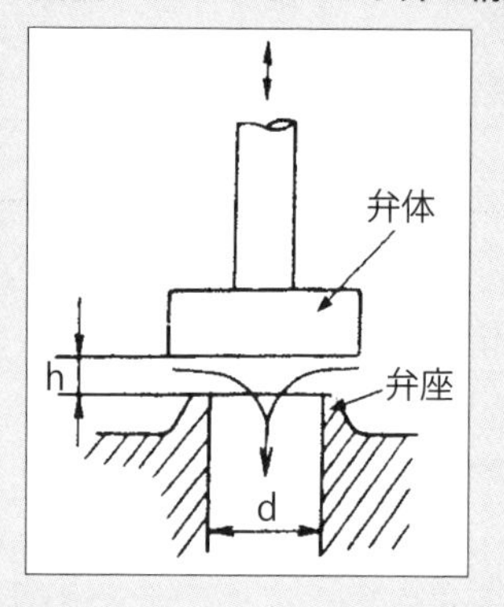

問題 19　○

単に空気流量を調整する絞り弁や逆止弁と、絞り弁が内蔵された速度制御弁（スピードコントローラ）もある。**図表 67-35** に速度制御弁の構造例を示す。

図表 6-7-35 ●速度制御弁の構造例

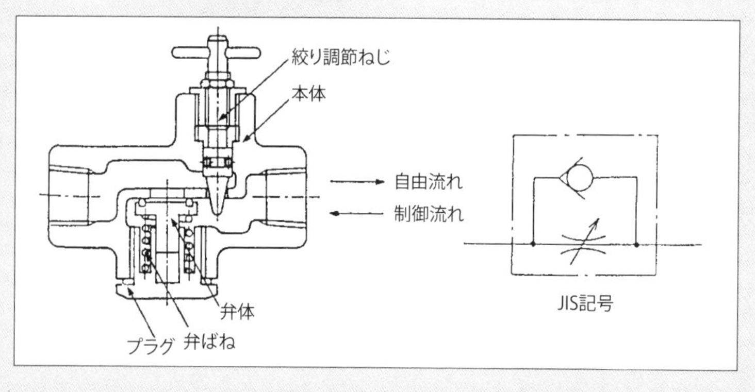

問題 20　○

排気ポートからの騒音を防ぐために消音器（サイレンサ、マフラ）が使われる（**図表 6-7-36**）。

図表 6-7-36 ●消音器の構造例

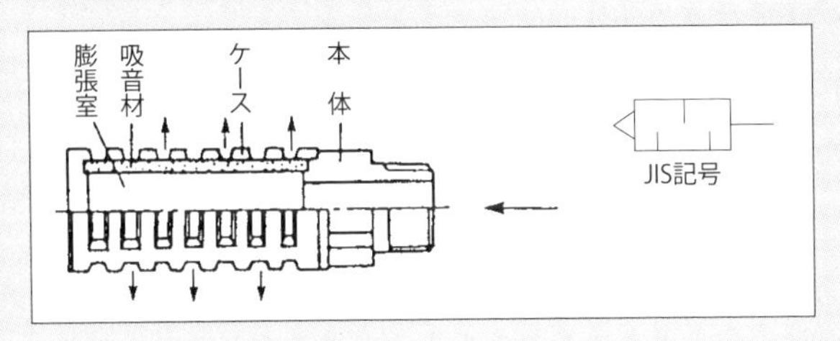

問題 21 ×

1次供給側からフィルタ、レギュレータ（減圧弁）、ルブリケータの順に取付けられる。ルブリケータの潤滑には、VG 32 の潤滑油が用いられる。製品上油をきらう設備の場合（食品、電子部品、半導体など）には、ルブリケータが省略されて2点セットになり、無給油タイプの空気圧部品機器が使用される。

問題 22 ×

各ポンプメーカが推奨する油温は 305K（32℃）～ 343K（70℃）であるが、機械効率、ポンプ寿命、作動油の酸化の点から、適正な油温は 303K（30℃）～ 328K（55℃）の範囲とされている。

問題 23 ○

一般油圧作動油では、ISO VG 32 ～ 68 相当が多く用いられている。**図表 6-7-24** に油圧作動油の種類を示している。

問題 24 ○

水・グリコール系作動油は、引火の危険を伴う油圧装置に使用される一種の合成作動油で、グリコールそのものは燃焼するが、水を多く含んでいるため約 40％水蒸気が多く発生して燃焼はしない。

問題 25 ○

油圧作動油などの劣化条件影響、劣化の防止対策、汚染度の測定、分析を汚染管理コンタミネーションコントロールという。

[出題傾向のまとめ・重要ポイント]

この分野は 3、4 問程度出題されている。出題頻度が高いのは、

(1) メータイン回路はシリンダに入る油を絞って、メータアウト回路は、押し出された油を絞って速度の調整をする。このときの回路上のチェックバルブの向きは逆になる。

(2) 空気圧回路は、油圧回路と比較して動作安定性は劣る。

(3)空気圧回路の3点セットは、入口からフィルタ、レギュレータ(減圧弁)、ルブリケータの順に配置されている。

(4) 作動油の適温は、303K（30℃）～ 328K（55℃）とされている。

(5) 石油系作動油は、難燃性に比べて発火しやすい点を理解しておく。

[今後の学習・重要ポイント]

(1) ベーンポンプやピストンポンプには、定容量形と可変容量形があり、歯車（ギヤ）ポンプは構造上定容量形のみである。

(2) アキュムレータは、漏れた油の補充や停電などの補助油圧源、ポンプの脈動の吸収やサージ圧の減衰などの働きをもっている。

(3) 油圧の基本回路で無負荷回路は、ポンプを無負荷にして動力損失を少なくして油温の上昇を防止し、ポンプや回路の寿命を長くする。

(4) メータアウト回路は、メータイン回路に比べて負荷の変動がある場合に有効で、一般的機械装置の油圧回路に多く用いられている。

(5) 油圧作動油には、石油系（一般作動油、タービン油）があり、合成系には（リン酸エステル系）、水成系には、水・グリコール系と W/O エマルジョン系、O/W エマルジョン系があり、これらは難燃性作動油である。

第6章

機械系保全法

8
非金属材料、金属材料の表面処理

出題の傾向

次にあげる非金属の種類、性質、用途について概略の知識を有する。

(1) プラスチック、(2) ゴム、(3) セラミックス

表面処理では、(1) 表面硬化法、(2) 金属皮膜、(3) 電気めっき、(4) 塗装、(5) ライニング

この分野からは、各1問程度出題されている。

① プラスチックの分類として、熱硬化性と熱可塑性を理解する

② 天然ゴムと合成ゴムの種類と性質を区別しておく

③ セラミックスの特徴として絶縁性、耐摩耗性に優れている点を理解する

④ めっき、塗装などの金属材料の表面処理は、被膜をつくり、腐食、摩耗などから守る働きがある

1 非金属材料

1-1　プラスチック

プラスチックとは可塑物という意味で、熱や圧力によって流動し、任意に成形することができる。プラスチックは合成有機高分子化合物からできており、熱硬化性プラスチックと熱可塑性プラスチックに大別される（**図表 6-8-1**）。

一般に、プラスチック類は金属に比べて軟らかく、表面にきずがつきやすい。また、表面が軟らかで弾性を持っているため容易に変形し、荷重を除くと元に戻るという特性を持っている。

(1) 分類

① 熱硬化性プラスチック

比較的、低分子の化合物であるが、成形時の熱、圧力などにより流動しながら分子間に反応が起こり、互いに３次元的結合し合った構造を取る高分子となり、再び加熱しても軟化や融解は起こらない。

一般に、耐熱性などに優れている（フェノール、エポキシ樹脂など）。

② 熱可塑性プラスチック

高温で軟化して自由に変形することができ、冷却すると硬化する性質を持つ。再利用が可能である（塩化ビニール、ポリアミド樹脂、ポリエチレン樹脂など）。

(2) エンジニアリングプラスチック

① 熱硬化性プラスチック

a）フェノール樹脂（PF）

主に通信機器部品などに用いられている。耐熱性に優れる（熱変形温度：473K、200℃）が、衝撃値は低い。

b）エポキシ樹脂（EP）

当初は接着剤として利用されていたが、現在では塗料、電気部品、土木

図表 6-8-1 ●プラスチックの主な種類と用途

樹　脂		一般的性質	用　途
熱硬化性プラスチック	シリコーン樹脂	高温、低温に耐え、電気絶縁性、発水性良好	電気絶縁材、耐寒、耐熱のグリースやゴム、発水剤、離形剤、消泡剤
	エポキシ樹脂	金属への接着力大、耐薬品性良	金属の接着剤、塗料、積層品
	ポリウレタン樹脂	強度大、弾力性に優れる。電気絶縁性良好、耐水性、耐酸性、アルカリに弱い	スポンジ、ゴム、合成繊維、接着剤
熱可塑性プラスチック	塩化ビニール樹脂	強度、電気絶縁性、耐薬品性良好、可塑剤で柔軟化できる。高温、低温に弱い	フィルム、雑貨、管、電気絶縁材料（とくにコード被覆）、ダイオキシン発生のため廃棄物処理が困難
	ポリビニールアセタール樹脂	無色透明、密着性良好	フィルム、安全ガラス中間層、接着剤、塗料
	メタクリル樹脂（アクリル）	無色透明、強じん、耐薬品性もかなり大、有機ガラスといわれる	風防ガラス、その他ガラス代用、広告装飾、雑貨、医療用品
	ポリアミド樹脂（ナイロン）	強じん、耐摩耗性大	合成繊維、成形品として耐摩耗材（歯車など）
	ポリエチレン樹脂	比重水より小、柔軟でも比較的強じん、耐水性、耐薬品性、電気絶縁性良好	包装フィルム、電気絶縁材（とくに高周波絶縁材）、びん、容器、雑貨
	ふっ素樹脂	低温から高温の広範囲に電気絶縁性良好、耐薬品性、強度大	電気絶縁材料、耐薬品材、パッキン、ライニング

用などに用いられている。

②熱可塑性プラスチック

c）ポリアミド（PA：ナイロン）

ナイロンプラスチックは、機械的強度と耐熱性はある程度高いが、吸湿の高いこと（ナイロン 12 は低い）が欠点とされている。自動車、電気、一般機械、建設資材の成形品などに使用される。

d）ポリカーボネート（PC）

透明性を有し、一般に低温特性、光安定性、電気的特性、無毒、寸法精度などが優れているので、電気、機械、医療用などに用いられる。

e）ポリエチレンテレフタレート（PET）

耐熱性、耐薬品性、電気的性質に優れているので、繊維、ボトル、フィルムの分野で広く使用されている。

2 ファインセラミックスとゴム

2-1 ファインセラミックス

(1) 定義

セラミックスの強度を増すという目的で最初に登場したのがアルミナである。ファインセラミックスを定義すると、「高純度の人工粉末を厳密な制御の下で成形・焼結した非金属の無機質固体材料」となる。

(2) 特徴

① セラミックスは、金属材料や有機材料にない、次のような特徴がある。

・高温での使用に耐える
・電気絶縁性が良好である
・高強度で耐摩耗性に富んでいる
・酸、アルカリに対して耐食性が優れている

② ファインセラミックスは上記の特徴をより大きく活かした製品である。そのコーティングには、溶射、蒸着、低温成形セラミックス塗装などがある。

(3) 用途

反応焼結法、常用焼結法、雰囲気加圧焼結法、ホットプレス法などの焼結法によって得られた焼結体の用途は、以下のとおりである。

・Al_2O_3（酸化アルミニウム）：摺動部品、ノズル、切削工具
・Si_3N_4（窒化ケイ素）：高温用、シリンダライナ、タービンブレード
・SiC（炭化ケイ素）：高温用、タービンブレード、メカニカルシール、熱交換器
・ZrO_2（ジルコニア）：切削工具、はさみ

2-2 ゴム

(1) 天然ゴム

天然ゴムは一般に耐圧性、耐熱性に劣り、時間の経過につれて弾力性を

図表 6-8-2 ●ファインセラミックスの種類と用途

材　　料	融点〔K（℃）〕	最高使用温度〔K（℃）〕	モース硬度	熱膨張係数（× 10^{-7}/K）	熱衝撃抵抗性
Al_2O_3（アルミナ）	2323（2050）	2223（1950）	9	80（293～1773K）	良好
MgO（マグネシア）	3073（2800）	2673（2400）	6	140（293～1673K）	劣る
SiO_2（石英）	—	1473（1200）	7	5（293～1273K）	優良
ZrO_2（ジルコニア）	2873（2600）	2773（2500）	7～8	100（293～1673K）	普通
$3Al_2O_3$・$2SiO_2$（ムライト）	2103（1830）	2073（1800）	8	45（293～1573K）	良好
MgO Al_2O_3（スピネル）	2383（2110）	2173（1900）	8	90（293～1523K）	劣る
ZrO_2・SiO_2（ジルコン）	2693（2420）	2143（1870）（酸化気流）	7.7	55（293～1473K）	良好

失い、ひび割れなどの老化を起こす。

また、天然ゴムには軟質ゴムと硬質ゴムがあり、とくに硬質ゴムは電気絶縁性に優れ、電気絶縁材料としてよく使われる。エボナイトが代表的である。

(2) 合成ゴム

合成ゴムは耐油性、耐熱性、耐摩耗性、耐老朽化に優れている。使用温度範囲はニトリルゴム 243K（-30℃）～ 393K（120℃）、フッ素ゴム 263K（-10℃）～ 523K（250℃）である。

3 金属材料の表面処理

表面処理の目的とは、以下のとおりである。

- 金属の表面に被膜をつくり、金属を腐食から守る
- 表面を美化して、商品価値を高める
- 摩擦や摩耗から材料を守る
- 電気の導通性を向上させる（金属の表面に施すめっき、塗装、蒸着など）

めっきとは、金属などの表面に、他の金属の薄い膜をつくることであり、電気めっき法、溶融めっき法、金属溶射法、真空蒸着法などがある。

3-1　電気めっき

希硫酸や塩酸をベースとするめっき液中に、めっきされる金属製品を陰極（−）、めっきする金属（クロムなど）を陽極（+）として浸し、これに直流電流を流して、電解によって金属製品の表面に目的の金属を被覆層として析出させる方法である。

・カチオン：正に帯電したイオンまたは陽イオン

・アニオン：負に帯電したイオンまたは陰イオン

(1) クロムめっき

① 装飾クロムめっき

装飾クロムめっきの厚さは0.032～0.050mm程度で、大気中で変色せず、またじん挨にも摩耗が少なく、長く鮮明に反射像を写す。

② 硬質クロムめっき

工業用クロムめっきと呼ばれる。非常に硬い（800～1000HV）性質のめっきで、厚さは0.01～0.3mmである。切削工具の刃先へ0.03～0.08mmのクロムめっきを施すことで、工具寿命を3～4倍に延長できる。

(2) すずめっき

すずは価格がやや高いが、金属光沢を持ち空気中で変色しにくく、有機酸などに安定性がある。さらに衛生上無害なので、食品容器類、缶詰類や食品加工機械類のめっきに用いられる。めっき層は軟らかで潤滑性もよく、軸受部品の摺動部品、電気接点などに用いられる。

(3) 亜鉛めっき

亜鉛めっきは大気中の鉄鋼の錆止めとして優れており、かつ安価である。電気めっきは外観を重視しない工業用品の防食めっきとして、防食ボルト・ナットに利用され、溶融めっき製品にはトタン板などがある。

3-2　溶融めっき法

熱漬法ともドブ漬めっきともいわれる。亜鉛、すず、アルミニウム、鉛などの融点の低い非鉄金属の溶融浴に金属製品をつけた後に引き上げ、凝固させてその表面を被覆する方法である。

3-3 無電解ニッケルめっき

電解によらず、液に含浸することで被めっき物に金属ニッケル被膜を析出させる方法である。カニゼンめっきともいわれる。通電の必要がないので、プラスチックやセラミックスのような非金属にも使用できる。

素材の形状や種類にかかわらず均一な厚みの被膜が得られる。

3-4 塗装

塗装の目的は、製品の表面に塗料の被膜をつくることによって、木材や鉄材などが風雨によって腐食したり、薬液などにより侵されるのを防ぐ保護作用があげられる。また、物の表面に防熱、電気絶縁、防音などの特殊な性質を与えたり、電気絶縁塗料、船底防汚塗料、ひずみ測定塗料などの用途に用いられるものもある。

塗料の厚みは、一般機械には 30 ～ 50 μ m、プラント用には 80 ～ 150 μ m 程度が 1 ～ 2 回塗布されている。

3-5 ショットピーニングとショットブラスト

(1) ショットピーニング

粒径 0.4 ～ 1.2mm の鋼球を金属表面に吹き付けて、硬さ、疲れ強さを増す加工方法である。硬さは約 30 ～ 60％上昇する。疲れ強さは 3 ～ 27％程度となるが、表面が仕上げ・熱処理されていないものでは、上昇率は 23 ～ 100％にもなる。

(2) ショットブラスト

粒径 0.4 ～ 1.5mm の鋼球を金属表面に吹き付ける衝撃と研削によって、ひと皮むいて錆を取る方法で、物理的な錆落とし法の 1 つである。

[8] 非金属材料、金属材料の表面処理

▼

実力確認テスト

問題 1　ゴムには、合成ゴムと天然ゴムがある。

問題 2　FRP とは、発泡スチロールのことである。

問題 3　合成樹脂の中で、硬化を完了させると、後に再び加熱しても軟化・溶解しない性質をもつ樹脂を熱硬化性プラスチックという。

問題 4　セラミックス材料は、金属材料よりも温度による寸法変化が小さい。

問題 5　ファインセラミックスは、高純度の人工粉末を厳密な制御の下で成形、焼結した非金属の無機質固体材料をいう。

問題 6　表面硬化法は、塑性加工によるもの、溶接や溶射による肉盛り、めっきなどが含まれる。

問題 7　電気めっき法は、めっきされる金属材料を陽極（+）、めっきする金属を陰極（－）としてめっき液中に浸して、これに電流を流し、電解によって材料の表面に金属を被覆層として析出される。

問題 8　ショットピーニングは、形状が複雑で、他の表面強化加工が行いにくい場合などに使用される。

問題 9　薄いシート材を圧着したり、積層材を構成したりすることも表面処理である。

問題 10　軟質クロムめっきと硬質クロムめっきとは、材質すなわち化学成分が異なる。

問題 11　溶射とは、金属や金属化合物を加熱して細かい溶滴状にして、加工物の表面に吹き付けて密着させる方法である。

[8] 非金属材料、金属材料の表面処理

解答と解説

問題 1　○

ゴムは、合成ゴムと天然ゴムに大別される。現在では、耐油性、耐熱性、弾力性にすぐれた合成ゴムが主流である。

問題 2　×

FRP とは Fiber Reinforced Plastics の略で、繊維強化された熱硬化性プラスチックのことである。成形法はいろいろあるが、スプレーなどにより積層後に硬化させる。軽くて強いので、自動車、航空機、容器などの用途に広く使用されている。

繊維によって、カーボンファイバ（CFRP）、ガラスファイバ（GFRP）、ポリエステル樹脂など（KFRP）と呼ぶ。

問題 3　○

熱硬化性プラスチックは、いったん加工すると、再び加熱しても軟化溶解しない。これに対して、熱可塑性プラスチックは、高温で軟化する。

問題 4　○

題意のとおり。熱膨張率を比較すると、ファインセラミックスのほうが小さい。ファインセラミックスの特徴を**図表 6-8-3** に示す。

問題 5　○

セラミックスは、金属材料や有機材料にない以下の特徴を有する。

① 高温での使用に耐える
② 電気絶縁性が良好である
③ 高強度である
④ 耐摩耗性に富んでいる
⑤ 酸・アルカリに対する耐食性がすぐれている

図表 6-8-3 ●ファインセラミックスの特徴

区分 / 項目	ファインセラミックス		金属	
	性質	(例)常圧焼結アルミナ	性質	(例)炭素鋼S45CQ
硬度	高	1700HV	低	200HV
耐摩耗性	一般に良	—	—	—
圧縮強度	大	215N/mm^2 (220kgf/mm^2)(破壊)	小	49N/mm^2 (50kgf/mm^2)(変形)
化学的安定性(耐酸アルカリ、耐高温酸化)	良	—	悪	—
引張り強度	小		大	
延性	悪	破壊時ひずみ量≒0%	良	破壊時ひずみ量≒17%
加工性	悪		良	
製造コスト	高		低	
剛性(ヤング率E)	大	34×10^{4}N/mm^2 (3.5×10^{4}kgf/mm^2)	小	21×10^{4}N/mm^2 (2.1×10^{4}kgf/mm^2)
熱膨張率	小	7.1×10^{-6}/K	大	10.8×10^{-6}/K
比重	小	3.8	大	7.85
熱伝導率	小	36.0W/(m・K) (21.5kcal/m・h℃)	大	51.5W/(m・K) (40kcal/m・h℃)
電気伝導率	小		大	

問題 6　○

表面硬化の分類は以下のとおりである。

・拡散浸透処理

浸炭、窒化、浸硫窒化、金属セメンテーション

・表面焼入れ

火炎焼入れ、高周波焼入れ、無浸炭焼入れ

・被覆処理

硬質クロムめっき、粉末溶射、放電硬化、溶接肉盛り

・加工硬化処理

ショットピーニング、表面圧延

問題7　×

めっきされる金属材料を陰極（−）、めっきする金属を陽極（＋）とする。クロムめっき、すずめっき、亜鉛めっきなどがある。

問題8　○

金属の疲れ強さを増加させる目的で、粒度0.4～1.2mm程度の硬球を金属表面に吹き付ける硬化法である。

問題9　○

表面処理とは、金属表面に皮膜をつくり金属を腐食から守ったり、表面を美化して商品価値を高めたり、あるいは摩耗から材料を守ったり、電気の導通性を向上させるために、金属表面に施すめっき、塗装、蒸着などの処理をいう。

問題10　×

クロムめっきの軟質と硬質はめっきの厚さを意味しているので、材質は同じである。

問題11　○

溶射は、母材の温度上昇が一般的に低く、熱影響および熱ひずみが出ない状態で各種の金属を溶着することができる。しかし、母材との密着性が低いこと、母材強度が低下してしまうなどのデメリットもある。摩耗した軸材料を太くする場合などに用いられる。

熱源には、ガス炎やプラズマジェットなどが用いられる。

[出題傾向のまとめ・重要ポイント]

この分野からは２問は出題されている。

ここ数年間で出題頻度が高いのは、以下のとおりである。

(1) セラミックスは、高純度の人口粉末を厳密な制御の下で成形、焼結した非金属の無機質個体材料である。定義として押さえておくこと。

(2) ショットピーニングは、鋼球を金属表面に吹付けて硬さ、疲れ強さを増す加工法である。

(3) 熱硬化性と熱可塑性プラスチックの特徴を区別して理解しておく。

(4) クロム、すず、亜鉛めっきなど区別して特徴を理解しておくこと。

(5) 非鉄金属とは、元素のまま工業材料として用いられるもので銅、アルミニウム、すず、鉛、亜鉛などがある。

[今後の学習・重要ポイント]

(1) 天然ゴムのうち軟質ゴムは、弾性、柔軟性に富むが、耐油性、耐熱性に劣る（ホース、タイヤチューブなど）。硬質ゴムは、硬くてもろく、耐酸性、耐アルカリ性に富み、加工性に優れていて、電気絶縁材料（エボナイト）として使用される。

(2) 合成ゴムは、耐油性、耐熱性、耐摩耗性に優れ、ニトリルゴム、ブチルゴム、シリコンゴム、フッ素ゴム、ウレタンゴムなどがある。

(3) ショットブラストは、鋼球を金属材料の表面に吹き付け、その衝撃と研削によってひと皮むいて錆をとる方法である。ほかにはサンドブラストもある。これは、ケイ砂や鋼粒を表面に吹き付けるもので、鋳物の鋳はだ掃除、工具の焼はだ取りなど、なし地仕上げに用いる。

第6章

機械系保全法

9
力学の基礎知識、材料力学の基礎知識

出題の傾向

力学に関し、次の事項について概略の知識を有すること。

（1）力のつりあい、（2）力の合成および分解、（3）モーメント、（4）速度、加速度、（5）回転速度、（6）仕事およびエネルギ、（7）動力、（8）仕事の効率

材料力学に関し、次の事項について概略の知識を有すること。

（1）荷重、（2）応力、（3）ひずみ、（4）剛性、（5）安全率

この分野からは、2問程度出題されている。

① 力の3要素、ベクトル量、モーメント、速度、加速度、運動エネルギについてもう一度学習しておく。

② 荷重の種類と分類、応力とひずみ（応力度）についても理解しておく。

1 力学の基礎知識

1-1　力の大きさ

(1) 力

力とは、物体の静止または運動の状態を変化させたり、物体の形を変化させる原因となるものをいう。

(2) 力の3要素

力の大きさ、力の方向と向き、力の着力点（作用点）の3つの要素により、力を正しく表すことができる。

①ベクトル（ベクトル量）

力のように大きさおよび方向と向きをもつ量をベクトルまたはベクトル量という（力、速度、加速度など）。また、長さや時間のように大きさだけで、はっきり表すことのできる量をスカラ量（長さ、時間、速さ）という。

(3) 力の合成

物体に2つ以上の力が作用しているとき、この2つ以上の力をこれと同等の効果をもつ1つの力で表すことを合力（合成量）という。

(4) モーメント

モーメントとは、物体を回転させようとする力の働きである。

力のモーメント（moment of force）の記号は M で表す。

モーメント＝力 × 回転軸から力の作用線に引いた垂直の長さ

$M = F \times \ell$ ［N・m］となる

(5) 速度と速さ

① 速度

時間に対する変位の割合、つまり単位時間あたりの変位の大きさである。

速度も大きさ、方向をもつのでベクトル量である。速度が一定の運動を等速運動といい、時間 t の間に距離 s だけ動くときの速度 v は、

速度＝変位 / 時間　$v = s/t$ となる。

② **速さ**

速度の方向を考えず、大きさだけの場合を速さという。速さはスカラ量である。速度が一定でないとき平均速さ（平均速度）で表す。[m/s・km/h]

③ **加速度**

速度の時間に対する変化の割合を加速度という。加速度もベクトル量である。1 秒間に 1m/s ずつ速度が変わるとき、$1\mathrm{m/s^2}$ と表す。加速度が一定のときの運動を等加速度運動という。

④運動エネルギ

重さ W [N] の物体がある速度 v [m/s] で運動しているとき、この物体には仕事をする能力がある。このときのエネルギーを運動エネルギという。

物体の運動エネルギ（K）は、質量と速さの二乗に比例する。

運動エネルギ $K = 1/2 \cdot mv^2$ となる。

2 材料力学の基礎知識

2-1 荷重の種類と分類

(1) 荷重の種類

荷重とは材料（物体）に加えられた力、すなわち材料に作用する外力のことをいう（**図表 6-9-1**）。

a) 引張り荷重　b) 圧縮荷重
c) 曲げ荷重　d) せん断力　e) ねじり荷重

(2) 荷重の分類

① 静荷重

② 動荷重（繰返し荷重、交番荷重、衝撃荷重）

静荷重か動荷重かによって、材料に与える影響は異なってくる（**図表 6-9-2**）。

図表 6-9-1 ●材料への作用のしかたによる荷重の分類

名　称	ⓐ　引張り荷重	ⓑ　圧縮荷重	ⓒ　曲げ荷重
図	Wt Wt	Wc Wc	Wb
説　明	材料を軸方向に引き伸ばすように働く	材料を軸方向に押し縮めるように働く	材料を曲げるように働く
名　称	ⓓ　せん断力		ⓔ　ねじり荷重
図	Ws Ws		Wtw
説　明	材料を横からはさみ切るように働く		材料をねじるように働く

（注）図中の点線は、荷重が加わる前の材料の形状を示す
荷重は記号 W で表す

図表 6-9-2 ●材料への荷重の加わり方による分類

名　　称		説　　　　明
静　荷　重		材料に対してきわめてゆっくりかかる荷重。また加えられたまま変化しない荷重
動荷重	くり返し荷重	ほぼ一定の大きさで周期的に働く荷重。引張りなら引張り、圧縮なら圧縮が連続してくり返し作用する荷重のこと
	交 番 荷 重	たとえば引張りと圧縮のように、反対方向の荷重が交互に作用するもので、くり返し荷重の特別な場合
	衝 撃 荷 重	短い時間に衝撃的に作用する荷重。荷重の中では材料にもっとも大きな影響を与える

2-2　応力とひずみ

(1) 応力と単位

単位面積に生じる抵抗力を応力度、あるいは単に応力という。一般に応力という場合には、この応力度を意味する。

真応力とは、断面積の変化を考慮した応力で、断面積の変化を考慮しない値を公称応力という。

部材内力を断面積で徐した値を応力度といい、

応力（度）［Pa］＝荷重［N］/ 断面積［mm^2］で表す

換算単位として、

$1MPa = 1N/mm^2$ を覚えておくと便利である。

(2) 応力の種類

・引張り応力：引張りを受ける材料に生じる応力

・圧縮応力：圧縮を受ける材料に生じる応力

・曲げ応力：曲げを受ける材料に生じる応力

・せん断応力：せん断を受ける材料に生じる応力

・ねじり応力：ねじりを受ける材料に生じる応力

(3) ひずみ

伸び（＝変形）とは、物体に荷重が加わって応力が生じたとき、材料を構成する分子間にすべりが起こり、分子が移動する、つまり変形したわけである。この変形した量（λ：ラムダ）の元の長さ（ℓ）に対する割合をひずみ（ひずみ度）という。

ひずみ（ひずみ度）＝変形量［λ］/ もとの長さ［ℓ］

2-3　材料の応力とひずみ

(1) 荷重変形図（荷重と材料の変形量との関係）

図表 6-9-3 に荷重変形図を、**図表 6-9-4** に応力ひずみ図の見方と重要な点の名称を示す。

(2) フックの法則

フックの法則は、「比例限度内において応力とひずみは正比例する」という。これを式で示すと以下のとおりである。

$$\frac{応力}{ひずみ} = 一定 \qquad \frac{\sigma}{\varepsilon} = E\ [\mathrm{N/cm^2}\ (\mathrm{kgf/cm^2})] \quad \therefore\ \sigma = E\ \varepsilon$$

σ：応力、ε：ひずみ、E：弾性係数

(3) 弾性係数

弾性係数は、垂直応力（引張り応力、圧縮応力）と縦ひずみの比である。また、弾性係数には縦弾性係数と、接線応力（せん断応力）とせん断ひずみの比である横弾性係数の２種類がある。　縦弾性係数をヤング率という。

(4) ポアソン比

図表 6-9-3 ●荷重変形図

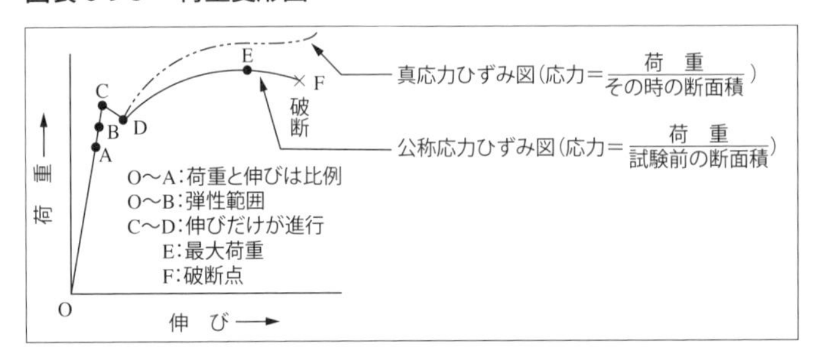

図表 6-9-4 ●応力ひずみ図の見方と重要な点の名称

点	名　称	説　明
A　点	比例限度	応力の小さいO から A 点までは、応力とひずみは直線的に変化する。つまり比例している。この比例関係の範囲内の最大応力である A 点を比例限度という
B　点	弾性限度	A 点をわずかに超えた B 点までは、応力を静かに除去して 0 にすると、ひずみも完全に消え去る。このような性質をもちうる限界の応力である B 点を弾性限度という。弾性限度以下で発生するひずみを弾性ひずみという
(注)	(以上のように、厳密には比例限度と弾性限度とは異なるが、材料の種類や試験方法によっては、2 つの点を判別するのがむずかしい場合が多い)	
C　点 D　点	降 伏 点	応力が増加しないのにひずみが急激に増加しはじめる点である。C 点を上降伏点、D 点を下降伏点という。JIS では、上降伏点をその材料の降伏点として採用している
E　点	極限強さ	応力が最大になる点、すなわち最大荷重を試験前の試験片の断面積で割った値である。引張り試験、圧縮試験における極限強さが、それぞれの材料の引張り強さ、圧縮強さである

材料は弾性範囲内において、横ひずみ ε1（荷重と直角方向のひずみ）と縦ひずみ ε（荷重の方向のひずみ）は互いに比例する性質があり、この 2 つのひずみ比 ε1/ ε は、弾性限度内（比例限度内ではないことに注意）では、材料によって一定の値をもつことが知られている。この比を、ポアソン比といい、1/m（m：ポアソン数という）で表す。

(5) 安全率

機械や構造物を設計する場合には、許容応力（材料に作用が許される最大の応力）を設定しなければならない。許容応力は基準強さ（引張り強さなど材料の破壊限界応力）よりも余裕をもって小さめに設定するのが普通である。この余裕を安全率という。

安全率＝基準強さ／許容応力

[9] 力学の基礎知識、材料力学の基礎知識

▼

実力確認テスト

問題 1　モーメント〔M〕の大きさは、回転軸からの距離と力の大きさに反比例する。

問題 2　速度とは、時間に対する変位の割合、つまり単位時間当たりの変位の大きさである。

問題 3　動力とは、(仕事) × (仕事にかかった時間) である。

問題 4　荷重とは、材料 (物体) に加えられた力、すなわち材料に作用する外力をいう。

問題 5　比例限度内において、応力とひずみは反比例する。この性質をフックの法則という。

問題 6　加えた荷重を取り除いたとき、発生していたひずみが残る場合の性質を弾性という。

問題 7　材料力学において安全率とは、材料の基準強さを許容応力で割った値である。

問題 8　物体の運動エネルギは、速度が 1/2 倍になると 1/4 倍 となる。

[9] 力学の基礎知識、材料力学の基礎知識

▼

解答と解説

問題 1　×

モーメント ＝ 力 × 回転軸から力の作用線に引いた垂線の長さとなる（$M = F \times \ell$〔単位：N・m〕）。つまり、モーメントの大きさは、距離と力の大きさに比例する。

問題 2　○

速度は、大きさ、方向（向き）を持つのでベクトル量である。一定の速度での運動を等速度運動といい、時間 t の間に距離 s だけ動くときの等速度運動の速度 v は、速度 ＝ 変位 ／ 時間（$v = s / t$）となる。

問題 3　×

動力（仕事率、仕事の効率）とは、ある物体に力を作用させ、その物体の位置を変移させることであり、仕事をしたといい、単位時間に対する仕事の割合をいう。

動力 ＝ 仕事 ／ 単位時間 で表される。一般に動力の単位は、N・m/s で表すが、馬力や kW で表すこともある。

問題 4　○

同じ引張り荷重であっても、静荷重か動荷重（繰返し荷重）かによって、材料に与える影響は異なってくる。**図表 6-9-2** に荷重の加わり方による分類を示している。

問題 5　×

比例限度内において、応力とひずみは正比例する。これがフックの法則である。

応力／ひずみ ＝ 一定（弾性係数）　となる。

問題 6　×

・ひずみが消滅してもとの形に復帰する性質を弾性といい、その消滅するひずみを弾性ひずみという

・ひずみが残る場合の性質を塑性といい、その残留するひずみを永久ひずみという

問題 7　○

機械や構造物を設計する場合、基準強さ（引張り強さなど材料の破壊の限界となる応力）と許容応力（材料に作用が許される最大の応力）では、許容応力は、基準強さよりも余裕を持って小さめに設定される。この余裕を安全率という。

安全率＝材料の基準強さ／許容応力　となる。

問題 8　○

速度(v)で運動している重さ(W)の物体の持つ運動エネルギは、重力加速度（g）とすると、

運動エネルギ＝（1/2）×（W/g）×v^2　となる。

[出題傾向のまとめ・重要ポイント]

この分野からは２問程度出題されている。

ここ数年間で出題頻度が高いのは、以下のとおりである。

(1) 物体の運動エネルギは、速度の二乗に比例する（$K = 1/2 \cdot mv^2$）。

(2) 等速運動の速度は、v = s/t で表される。

(3) モーメント（M）は、力（F）× 長さ（ℓ）で表される（$M = F \cdot \ell$ [N・m]）。

(4) 弾性範囲内において、ひずみは応力（荷重）に比例する。

(5) 安全率（余裕）は、基準強さ / 許容応力となる。

[今後の学習・重要ポイント]

(1) スカラ（スカラ量）は、長さや時間のように大きさだけで表す量。ベクトル（ベクトル量）は、力のように大きさおよび方向をもつ量をいう。

(2) 速さは、速度の方向を考えないで大きさのみとする場合をいい、速さはスカラ量である。

(3) 速度は、時間に対する変位の割合、つまり単位時間あたりの変位の大きさである。速度は大きさと方向をもつベクトル量である。加速度もベクトル量である。

(4) 単位面積に生じる抵抗力を応力（応力度）という。

(5) 応力とひずみ図において、応力が増加しないのにひずみが急激に増加し始める点を降伏点という（JIS では上降伏点をその材料の降伏点として採用している）。

第6章

機械系保全法

10
日本産業規格に定める図示法、材料記号、油圧・空気圧用図記号、電気用図記号およびはめあい方式

出題の傾向

(1) 日本産業規格に関し、一般的な知識を有すること。

① 図示法、② 主な金属材料の材料記号、③ 油圧・空気圧用図記号、④ 電気用図記号

(2) 日本産業規格に定めるはめあい方式の用語、種類および等級について、一般的な知識を有すること。

この分野からは、1、2 問程度出題されている。

① 機械製図において、外形線、寸法線、中心線など線の種類による用途および寸法補助記号で直径、球の半径などを学習しておく

② はめあいの種類から、すき間、締めしろなどをしっかりと理解しておく

1 製図の基礎

1-1　投影法

直角に交わった２つの平面で空間を４つに区切ると、４つの空角ができる。この角を、右上方から左回りに第一角、第二角、第三角、第四角という（**図表 6-10-1**）。

第三角に品物を置いて投影図を表した場合を第三角法といい（**図表 6-10-2**）、第一角に品物を置いて投影する方法を第一角法という。

（1）第三角法の特徴

第三角法は、次のような特徴を持っている。

- 品物を展開した場合と同じ関係にあり、理解しやすい
- 比較対照しやすく、描き誤りや見間違いが少ない
- 補助投影するときに容易である

こうした特徴により、JIS の機械製図では、正投影法は第三角法によって描く。

1-2　線の用法

図表 6-10-3 に、機械製図に必要な線の用法を示す。

1-3　断面の図示

（1）断面の図示をする位置

断面の図示は、原則として、基本中心線を含む平面で切断する（**図表 6-10-4**）。この場合、切断線は記入しない。

また、上下（または左右）対称な品物で外形と断面を同時に示したい場合は、普通は対称中心線の上側（右側）を断面で表す。

（2）断面を図示してはならないもの

軸、キー、ピン、ボルト、ナット、座金、小ねじ、止めねじ、リベット、

図表 6-10-1 ●投影法の角

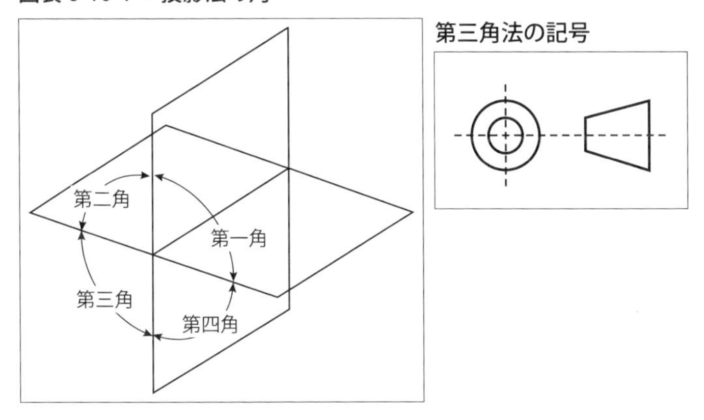

図表 6-10-2 ●第三角法の例

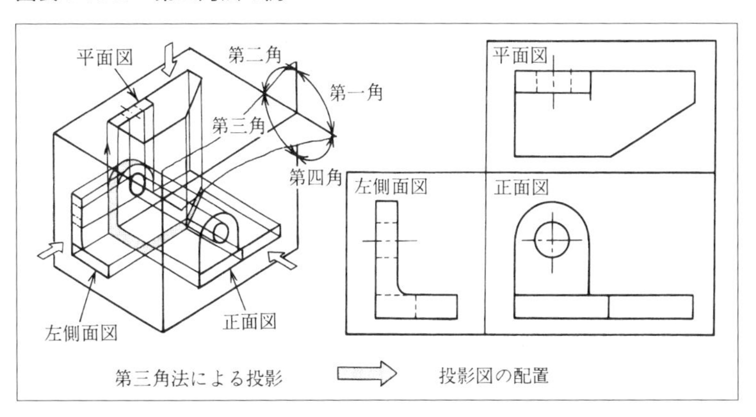

リブ、車のアーム、歯車などは、原則として長手方向に切断しないことを原則とする。

(3) 断面の表示

断面であることを表すために、ハッチングまたはスマッジングを用いる。スマッジングとは、ハッチングの代わりに断面の輪郭にそって黒鉛筆で薄く塗るか、筆で薄墨など塗ることである。

図表 6-10-3 ●線の種類および用法（JIS B 0001：2010）

用途による名称	線の種類[c]	線の用途
外形線	太い実線	対象物の見える部分の形状を表すのに用いる
寸法線	細い実線	寸法を記入するのに用いる
寸法補助線		寸法を記入するために図形から引き出すのに用いる
引出し線		記述・記号などを示すために引き出すのに用いる
回転断面積		図形内にその部分の切り口を 90 度回転して表すのに用いる
中心線		図形の中心線を簡略に表すのに用いる
水準線[a]		水面、油面などの位置を表すのに用いる
かくれ線	細い破線 または太い破線	対象物の見えない部分の形状を表すのに用いる
中心線	細い一点鎖線	a）図形の中心を表すのに用いる b）中心が移動した中心軌跡を表すのに用いる
基準線		とくに位置決定のよりどころであることを明示するのに用いる
ピッチ線		くり返し図形のピッチをとる基準を表すのに用いる
特殊指定線	太い一点鎖線	特殊な加工を施す部分など特別な要求事項を適用すべき範囲を表すのに用いる
想像線[b]	細い二点鎖線	a）隣接部分を参考に表すのに用いる b）工具、ジグなどの位置を参考に示すのに用いる c）可動部分を、移動中の特定の位置または移動の限界の位置で表すのに用いる d）加工前または加工後の形状を表すのに用いる e）くり返しを示すのに用いる f）図示された断面の手前にある部分を表すのに用いる
重心線		断面の重心を連ねた線を表すのに用いる
破断線	不規則な波形の細い実線 またはジグザグ線	対象物の一部を破った境界、または一部を取り去った境界を表すのに用いる
切断線	細い一点鎖線で、端部および方向の変わる部分を太くしたもの[d]	断面図を描く場合、その切断位置を対応する図に表すのに用いる
ハッチング	細い実線で、規則的に並べたもの	図形の限定された特定の部分を他の部分と区別するのに用いる。たとえば、断面図の切り口を示す
特殊な用途の線	細い実線	a）外形線およびかくれ線の延長を表すのに用いる b）平面であることをX字状の2本の線で示すのに用いる c）位置を明示するのに用いる
	極太の実線	圧延鋼板、ガラスなど薄肉部の単線図示を明示するのに用いる

注　a）JIS Z8316には規定していない
　　b）想像線は、投影法上では図形に現れないが、便宜上必要な形状を示すのに用いる
　　　また、機能上・工作上の理解を助けるために、図形を補助的に示すためにも用いる
　　c）その他の線の種類は、JIS Z 8312 または JIS Z 8321 によるのがよい
　　d）他の用途と混用のおそれがないときは、端部および方向の変わる部分を太くする必要はない
備　考　細線、太線および極太線の太さの比率は、1:2:4 とする

図表 6-10-4 ●断面図示

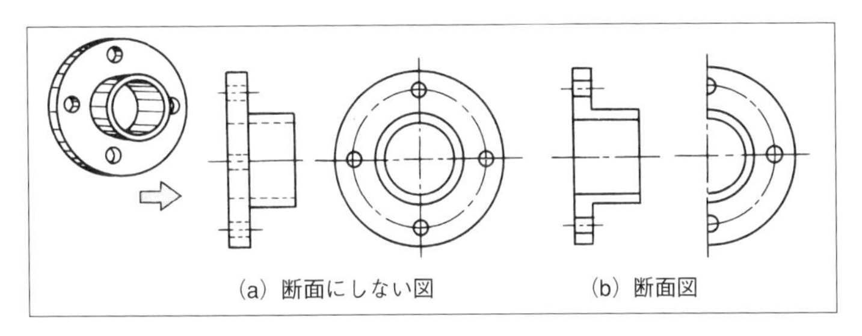

2 はめあい

2-1 はめあいの種類

穴と軸が互いにはまり合う関係をはめあいという。

(1) すき間と締めしろ

① すき間

すき間とは、軸の寸法が穴の寸法よりも小さい場合の、組み合わせる前の穴と軸との正の寸法の差をいう。

② 締めしろ

締めしろとは、軸の寸法が穴の寸法よりも大きい場合の、組み合わせる前の穴と軸との負の寸法の差をいう。

(2) はめあいの種類

① すき間ばめ

図表 6-10-5 ●すき間と締めしろ

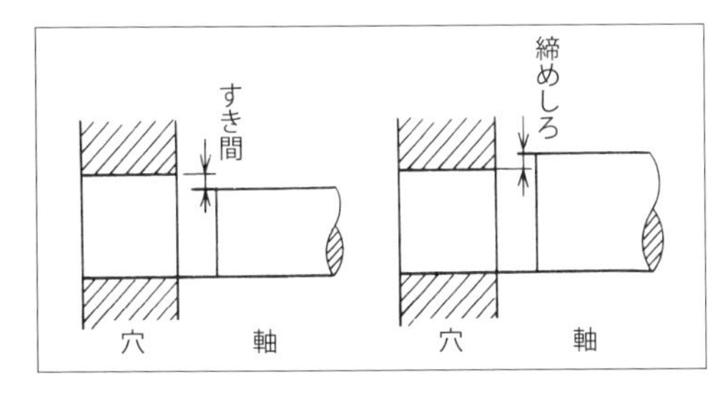

図表 6-10-6 ●穴基準のはめあい

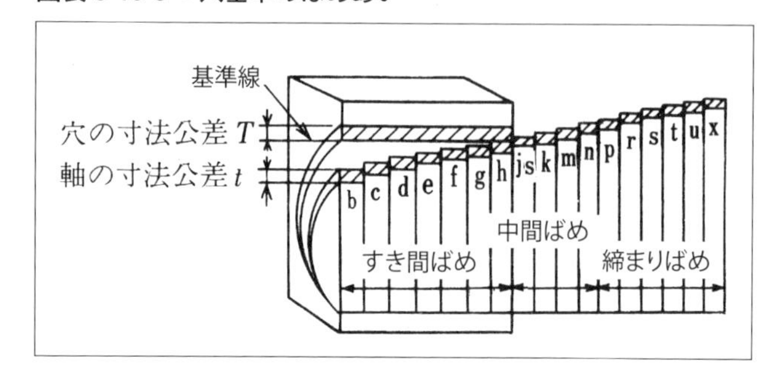

穴と軸を組み立てたときに常にすき間ができるはめあいである。穴の最小寸法が軸の最大寸法よりも大きいか、または極端な場合には等しい。

② 締まりばめ

穴と軸を組み立てたときに常に締めしろができるはめあいである。穴の最大寸法が軸の最小寸法よりも小さいか、または極端な場合は等しい。

③ 中間ばめ

組み立てた穴と軸との間に、実寸法によって、すき間または締めしろのどちらかができるはめあいである。穴と軸との公差域が全体または部分的に重なり合う。

2-2　はめあい方式の選択

穴基準によるか、軸基準のはめあいによるかは、加工するものにより決定する。一般的には、穴基準はめあい方式（加工）が多く採用されている（図表 6-10-6）。

穴基準のはめあいでは、穴の寸法公差は大文字の記号（H7 など）、軸の寸法公差は小文字の記号（m6 など）で示す。

一般に、軸と穴の加工を考えた場合、軸の加工より穴の加工の方が難しい。穴基準のはめあいは、1 つの基準穴に対して各種の軸をはめ合わせる。各種の穴を加工する軸基準のはめあいよりも加工が容易なので、多く採用されている。

また、軸基準のはめあいの場合は、軸用限界ゲージより高価な穴限界ゲージやリーマを数多く備えなければならないこともあり、一般には穴基準はめあいが多い。

3 製図用記号

3-1　寸法補助記号

製図上では、寸法数値とともに種々な記号を併記して、図形の理解を図るとともに図面あるいは説明の省略を図っている。このような記号を寸法補助記号といい、JIS に規定されている（**図表 6-10-7**）。

図表 6-10-7 ●寸法補助記号の種類、その呼び方（JIS B 0001：2019 抜粋）

記号	意味	呼び方
φ	180°を超える円弧の直径または円の直径	「まる」または「ふぁい」
Sφ	180°を超える球の円弧の直径または球の直径	「えすまる」または「えすふぁい」
□	正方形の辺	「かく」
R	半径	「あーる」
CR	コントロール半径	「しーあーる」
SR	球半径	「えすあーる」
⌒	円弧の長さ	「えんこ」
C	45°の面取り	「しー」
t	厚さ	「てぃー」

3-2　材料記号

(1) 材料記号の表示

機械部品に使用する材料を図面に表示したり、記入するときにはJISに定められた記号で表示する。

【例1】　SS400（一般構造用圧延鋼材）

S　S　400

①　②　③　①の部分は材料を表す

鋼：Steel

②の部分は規格名、製品名を表す

構造：Structual

③の部分は種類を表す

最低引張り強さ：400N/mm^2

【例2】S45C（機械構造用炭素鋼鋼材）

S　45　C

①　②　③　①の部分は材料を表す

鋼：Steel

②の部分は規格名、製品名を表す

炭素含有量の平均値

0.45%×100倍＝45で示す

③の部分は種類を表す

炭素含有：C

【例3】SUS304（ステンレス鋼）

S　US　304

①　②　③　①の部分は材料を表す

鋼：Steel

②の部分は規格名、製品名を表す

ステンレス鋼：US（Use Stainless）

③の部分は種類を表す

304種

このように、これらの記号は鉄鋼材料と非鉄金属材料にそれぞれ分類、規格化されている。

(2) 材料記号の例

SS	一般構造用圧延鋼材	例：SS400
S-C	機械構造用炭素鋼鋼材	例：S15C
SK	炭素工具鋼鋼材	例：SK140
SKH	高速度工具鋼鋼材	例：SKH51
FC	ねずみ鋳鉄品	例：FC150
SC	炭素鋼鋳鋼品	例：SC360
SCS	ステンレス鋼鋳鋼品	例：SCS24
SUS-B	ステンレス鋼棒	例：SUS304-B
SWP	ピアノ線	例：SWP-A

3-3 油圧・空気圧用記号（JIS 記号）

油圧・空気圧記号の主なものを**図表 6-10-8 ～ 12** に示す。

図表 6-10-8 ●ポンプ・モータの記号

名　称	記　号	名　称	記　号
油圧ポンプ ・1 方向流れ ・定容量形 ・1 方向回転形	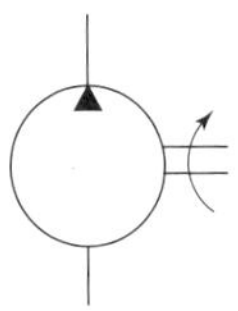	空気圧モータ ・2 方向流れ ・定容量形 ・2 方向回転形	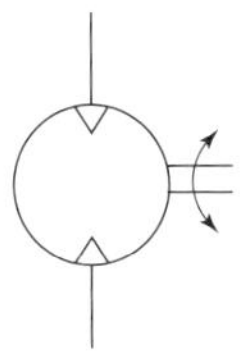
油圧モーター ・可変容量形 ・外部ドレン ・両軸形	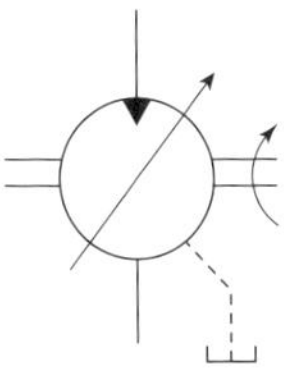	（注）▶油圧、▷空気圧 ・三角形は流体の出口を示す ・1 つは 1 方向流れ、2 つのときは 2 方向流れを示している	

図表 6-10-9 ●逆止弁の記号

名　　称	記　　号	名　　称	記　　号
逆止め弁	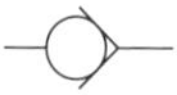	固定絞り付き逆止め弁	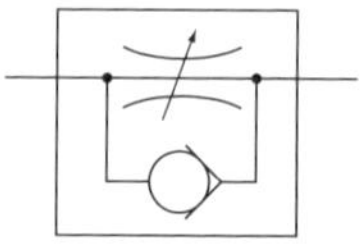
パイロット操作逆止め弁	(1)制御信号によって開く場合 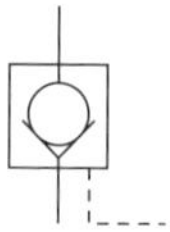 (2)制御信号によって閉じる場合 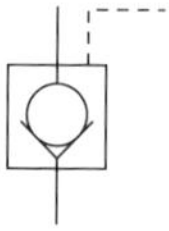	シャトル弁	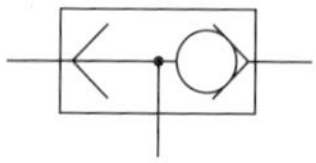
		急速排気弁	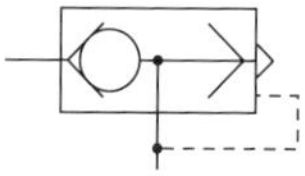

図表 6-10-10 ●圧力制御弁の記号

名　　称	記　　号	名　　称	記　　号
リリーフ弁	(1) 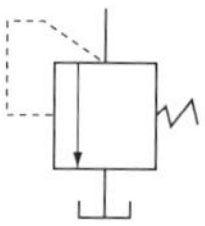	アンロード弁	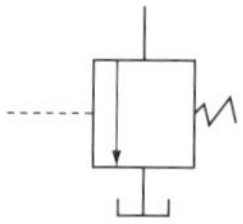
カウンターバランス弁	(2) 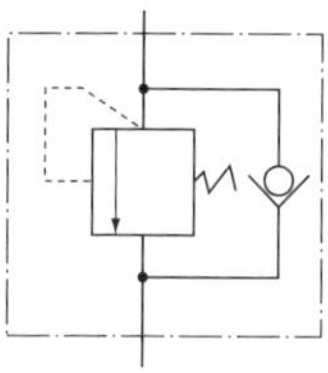	シーケンス弁外部パイロット方式	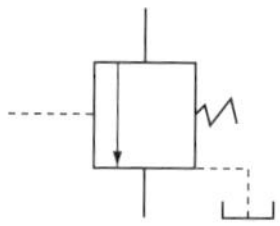
		減圧弁外部パイロット方式	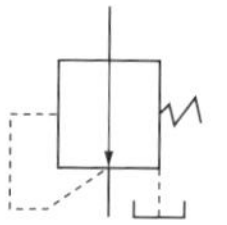

図表 6-10-11 ●流量制御弁の記号

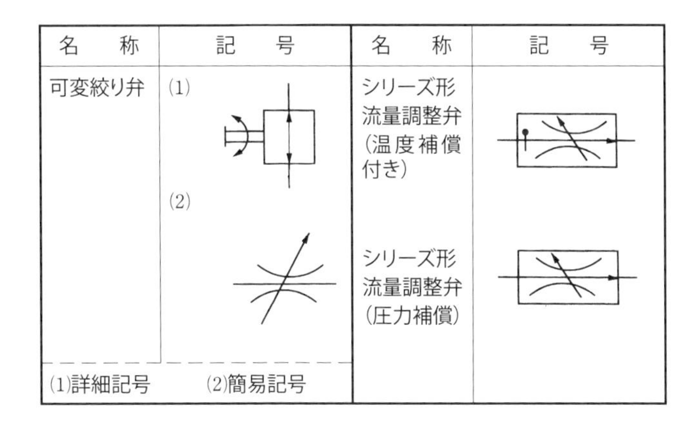

名　称	記　号	名　称	記　号
可変絞り弁	(1) (2)	シリーズ形流量調整弁(温度補償付き)	
		シリーズ形流量調整弁(圧力補償)	
(1)詳細記号　(2)簡易記号			

図表 6-10-12 ●方向制御弁の記号

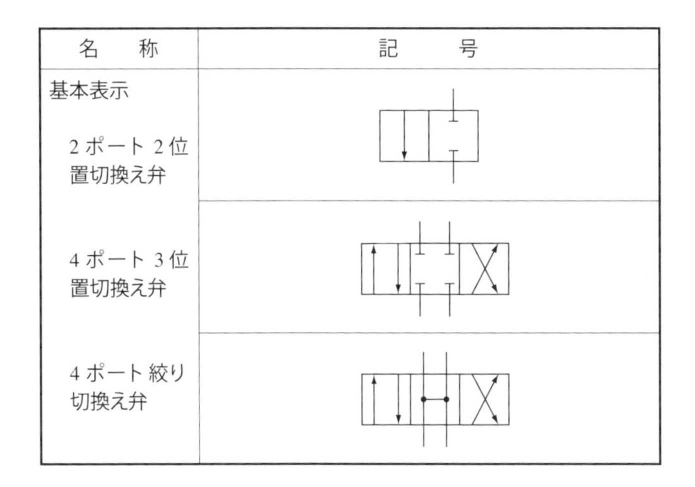

名　称	記　号
基本表示 2ポート 2位置切換え弁	
4ポート 3位置切換え弁	
4ポート 絞り切換え弁	

3-4 電気用記号

接点、操作スイッチの電気用図記号を**図表 6-10-13** に示す。

図表 6-10-13 ●電気用図記号

縦書き表示

名称	図記号		名称	図記号
接点（一般） a 接点 （メーク接点）			押しボタンスイッチ a 接点 （メーク接点）	
b 接点 （ブレイク接点）			b 接点 （ブレイク接点）	
限時復帰接点 a 接点 （メーク接点）	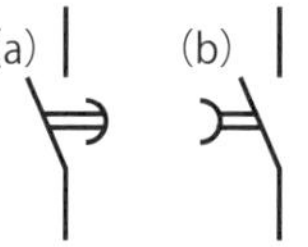 (a)	(b)	リミットスイッチ a 接点 （メーク接点）	
b 接点 （ブレイク接点）	(a)	(b)	b 接点 （ブレイク接点）	

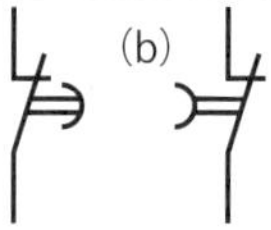

実力確認テスト

問題1　設計・製作図面において、中心線およびピッチ線は細い破線を用いる。

問題2　投影の方法は、第三角法か第一角法によることとしているが、機械製図では第一角法を標準としている。

問題3　日本産業規格の機械製図では、半径10の寸法を表すにはS 10と表示する。

問題4　寸法線・引き出し線は、太い実線を用いる。

問題5　はめ合いにおいてすきまとは、軸の径が穴の径より大きい場合の両方の径の差をいう。

問題6　材料記号SS400は、機械構造用炭素鋼鋼材で、数字の400は引張り強さを表している。

問題7　はめ合いにおいて締まりばめとは、穴の最大許容寸法より軸の最小許容寸法が大きい場合（両者が等しい場合も含む）のはめ合いで、穴と軸の間に締めしろがある。

問題8　S 45 Cの45は、引張り強さを表している。

問題9　日本産業規格の鉄鋼記号で、SUSはステンレス鋼のことである。

解答と解説

問題 1　×

中心線、基準線、ピッチ線は、細い一点鎖線で、かくれ線は細い破線などで描く。

問題 2　×

第三角に品物を置いて投影図を表した場合を第三角法（third angle projection）、第一角に品物を置いて投影図を表した場合を第一角法（first angle projection）という。JIS 製図総則および機械製図では、製図に用いる正投影図は、第三角法により示すことを標準とする。この場合に示す投影法の記号を、表題欄またはその近くに示す（**図表 6-10-2** を参照）。

問題 3　×

半径 10 を表すには、R10 と表示する（**図表 6-10-14**）。

問題 4　×

寸法線・引き出し線は、細い実線で描く（**図表 6-10-3** を参照）。

問題 5　×

図表 6-10-14 ●寸法補助記号

区分	記号	呼び方	用法
直径	φ	まる	直径の寸法の、寸法数値の前に付ける
半径	R	あーる	半径の寸法の、寸法数値の前に付ける
球の直径	Sφ	えすまる	球の直径の寸法の、寸法数値の前に付ける
球の半径	SR	えすあーる	球の半径の寸法の、寸法数値の前に付ける
正方形の辺	□	かく	正方形の一辺の寸法の、寸法数値の前に付ける
板の厚さ	t	てぃー	板の厚さの寸法の、寸法数値の前に付ける
円弧の長さ	⌒	えんこ	円弧の長さの寸法の、寸法数値の上に付ける
45°の面取り	C	しー	45°面取りの寸法の、寸法数値の前に付ける
参考寸法	（　）	かっこ	参考寸法の、寸法数値（寸法補助記号を含む。）を囲む

すき間とは、軸の径が穴の径より小さい場合の両方の径の差を、締めしろとは、軸の径が穴の径より大きい場合の両方の径の差をいう（**図表 6-10-5** を参照）。

問題 6　×

SS 材は、一般構造用圧延鋼材である。ボルト、ナット、リベット類から自動車、鉄道車両、船、橋、建築などの一般構造用として、とくに大きな強度を必要としない個所に多く使用されている。

最低引張り強さは、400 ～ 510N/mm^2 である。

問題 7　○

締めしろとは、軸の径が穴の径より大きい場合の両方の差をいう。軸の最大許容寸法から、穴の最小許容寸法を引いた値を最大締めしろといい、軸の最小許容寸法から、穴の最大許容寸法を引いた値を最小締めしろという（**図表 6-10-15**）。

問題 8　×

機械構造用炭素鋼鋼材の場合、数字は引張り強さではなく炭素含有量の平均値の 100 倍の数字を表している。S45C は、0.45％の炭素含有量平均値である。

問題 9　○

ステンレス鋼（stainless steel）または不廃鋼·（corrosion resisting steel）と呼ばれる合金鋼である。

図表 6-10-15 ●すきまばめと締まりばめ

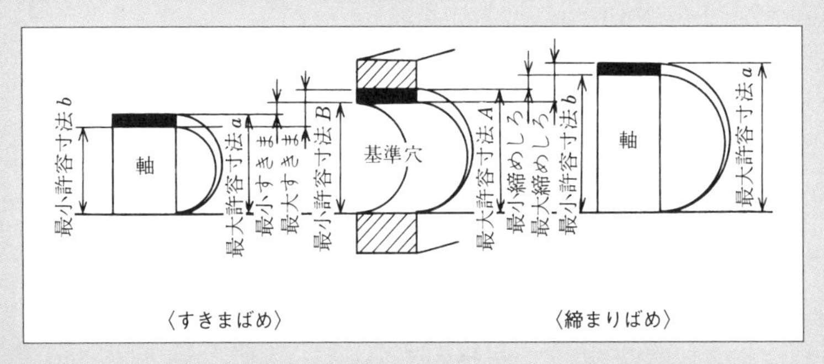

[出題傾向のまとめ・重要ポイント]

毎年この分野からは 1、2 問程度出題されている。

ここ数年間で出題頻度が高いのは、以下のとおりである。

(1) 機械製図において、中心線・ピッチ線には細い一点鎖線を用いる。

(2) 締まりばめは、つねに締めしろができるはめあいで、穴の最大寸法が軸の最小寸法よりも小さい場合をいう(つまり、穴の径より軸の径の方が大きいということ)。

(3) 穴基準のはめあいにおいて、穴の寸法公差は H7 のように示す(穴の寸法公差は大文字 H7、軸径寸法公差は小文字 h7 で示す)。

[今後の学習・重要ポイント]

(1) 製図の投影法において、空間を 4 つに区切り、右上方から左回りに第一角、第二角、第三角、第四角という。

(2) 機械製図において、正投影法は第三角法によって描く。この場合、第三角法の記号を示しておくこと。

(3) 寸法補助記号において、φ(まる、ファイ)は円の直径を示し、□(かく)は正方形の辺、R(アール)は半径、SR は球の半径を示す。

(4) 材料記号で、SS400 は引張り強さ(400N/mm^2)を表し、S45C は炭素含有量(平均値 0.45%)を表している。

(5) 電気記号では、a 接点、b 接点の意味をしっかりと理解しておく。

機械系保全作業

実技試験

1　ボルト・ナットの締結

2　潤滑剤の判別

3　工具の名称と用途

4　空気圧装置の基本構成と点検

5　ころがり軸受の名称および特徴

6　V ベルト・チェンの不具合と対応処置

7　キー、ピンの種類と用途

8　密封装置の種類・特徴・用途

9　バルブの種類・部位名称・特徴

1 ボルト・ナットの締結

締結用ねじ部品のゆるみ、抜けは、機械装置では大きなトラブルの原因となる。ここで、ねじの原理・機能（締付け力など）、取扱いについて理解しておこう。

実技問題では、ボルト・ナットの適正な締付けトルク、ボルトのゆるみ止め法、ボルトの締付け順序などについて、提示された図や語群から選択する課題が出題される。

(1) 問　題

●設問 1

適正な締付けとは、ボルト・ナットに必要な軸力を与えることである。締付けトルクは、**図表 1-1** のようにボルトの軸心から作用点までの距離 ℓ〔m〕と、回す力 F〔N〕の積で表される。下記①～④のそれぞれの締付けトルクを、**図表 1-2** のねじ強度区分締付けトルク表より読み取り、数値を解答欄に記入しなさい。ただし、強度区分は 4.8 とする。

図表 1-1 ●適正な締付けトルク

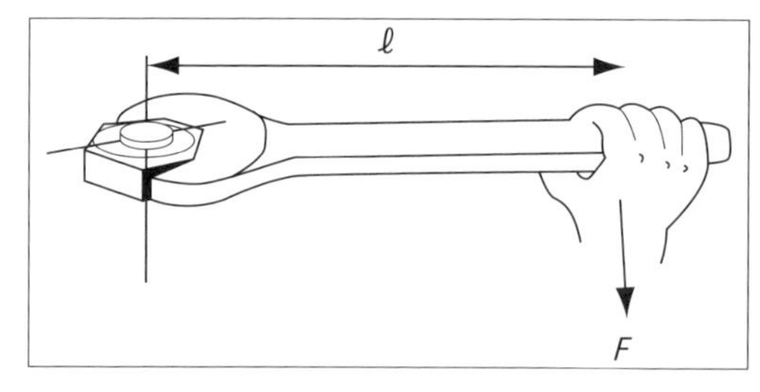

① M 6 × 1.0

② M 8 × 1.25

③ M 10 × 1.5

④ M 16 × 2

図表 1-2 ●ねじ強度区分締付けトルク表

[N・m]

強度区分		4.6	4.8	5.8	6.8
保証荷重応力（N/mm²）		225	310	380	440
ねじの呼び	有効断面積（mm²）				
M 3 × 0.5	5.03	0.44	0.59	0.74	1.08
M 4 × 0.7	8.78	0.98	1.47	1.77	2.06
M 5 × 0.8	14.2	2.2	2.9	3.6	4.2
M 6 × 1	20.1	3.6	5.0	6.2	7.2
M 8 × 1.25	36.6	8.9	12.2	15.1	17.5
M 10 × 1.5	58.0	17.7	24.4	29.9	34.7
M 12 × 1.75	84.3	30.9	42.6	52.2	60.5
M 14 × 2	115.0	49.1	66.8	85.7	96.4
M 16 × 2	157.0	76.7	105.8	129.6	150.3

●設問 2

ボルトのゆるみ止め方法についての記述で、正しいものを 1 つ選び、その記号を解答欄に記入しなさい。

ア．止めねじ法は、ナットを締付け前にとも穴加工をするため精度が良く、十分な締付けが可能となる

イ．二重ナット法は、薄い下側ナットを適正に締め付け、厚い上側ナットを適正トルクで締め付けた後に下側のナットをねじ戻して、密着させて適正締付け力を得る方法である

ウ．ばね座金方式は、ばねの弾性効果を利用するために、平たん状態まで締め付けないようにする

解答欄		
設問 1	① M 6 × 1.0	
	② M 8 × 1.25	
	③ M 10 × 1.5	
	④ M 16 × 2	
設問 2		

(2) 解　答

解答欄		
設問 1	① M 6 × 1.0	5 N・m
	② M 8 × 1.25	12.2 N・m
	③ M 10 × 1.5	24.4 N・m
	④ M 16 × 2	105.8 N・m
設問 2	イ．二重ナット法は、薄い下側ナットを適正に締め付け、厚い上側ナットを適正トルクで締付けた後下側のナットをねじ戻して、密着させて適正締付け力を得る方法である	

(3) 解　説

●設問 1

締付けモーメント（締付けトルク）は、次式により求められる。

締付けトルク〔N・m〕＝力〔N〕×距離〔m〕（**図表 1-3**）

M6 × 1.0 の締付けトルクは、**図表 1-2** から 5 N・m と読み取ることができるが、これは 1 m の距離から 5N の力で締め付けることになる。実際に現場では、200mm 程度のスパナで作業される。

では、加える力はどの程度必要になるだろうか。

距離 1 m が 5 分の 1 の 0.2m になったのだから、必要な締付けトルク値を確保するには、5 倍の力が必要で（**図表 1-4**）、つまり、25N の力で締め付けることになる (1N ≒ 0.1kgf)。

必要な締付けトルクと加える力は、しっかりと区別しておこう。

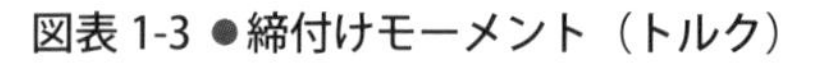

図表 1-3 ●締付けモーメント（トルク）

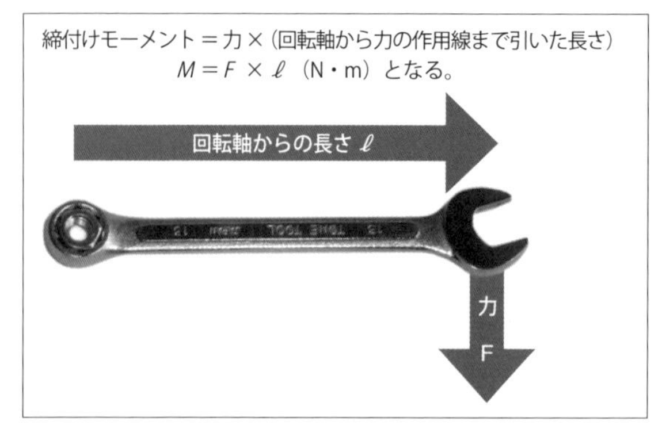

図表 1-4 ●距離と力の関係

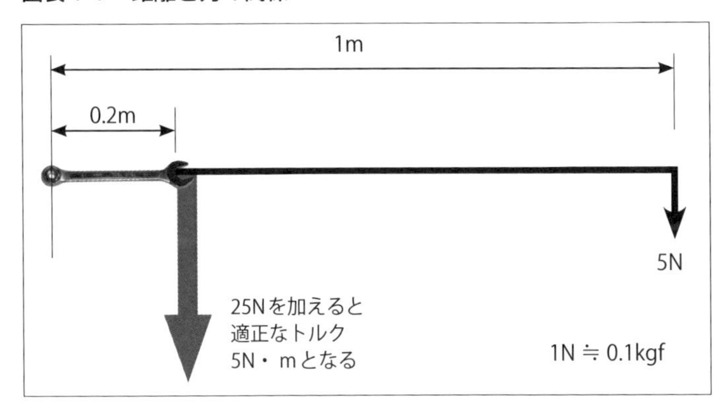

●設問 2

ア：止めねじ法は、ナットを適正トルクで締め付けた後に、とも穴加工をして止めねじをするもので、耐振動、耐衝撃に十分な効果が得られる

イ：題意のとおり

ウ：ばね座金は、座金が平たんになるまで締め付けて、ばねの弾性を利用する。締付け座面が軟らかい場合は効果が薄くなる

　なお、ばね座金の概要を**図表 1-5** に、ボルトのゆるみ止め法を**図表 1-6** に示す。

図表 1-5-1 ●ばね座金の概要 1

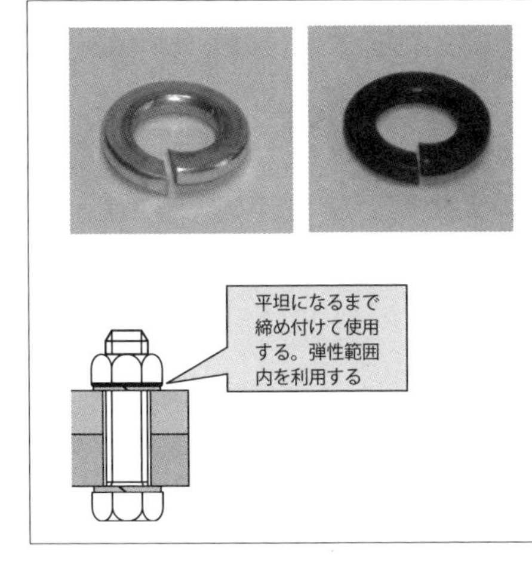

- 一般用のボルト、小ねじ、ナットを使用する場合のゆるみ止め方法の１つである
- コイル状の巻きを切り取った形状の座金である
- 切り口がツメ状のもの、平らなものがある
- 座面に組み込むとき、弾性（変形しても元の形状に戻る性質の範囲内）を利用して締め付けるものである
- 使用時は１ヵ所に１個を基本とする
- 座面に組み込んで、圧縮・変形させ、平坦になるまで締め付けて使用する
- 締結の安定性を得ることから、再利用は好ましくない

図表 1-5-2 ●ばね座金の概要 2

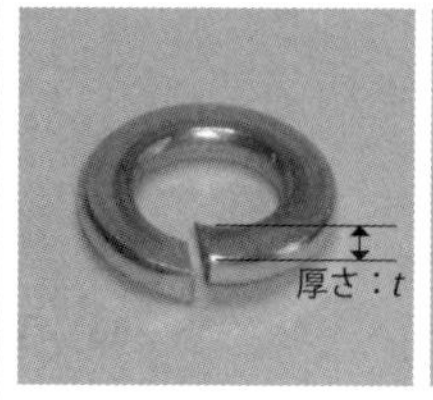

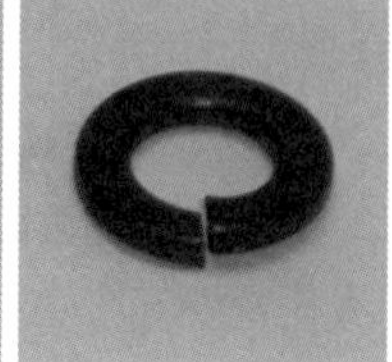

ねじの呼び径 × 外径　　単位：mm
d　　D
（呼び方）

ばね座金	種類	呼び	材料
例　SW	2号	10	SUS

種類は、　2号：一般用　3号：重荷重用
材料は、　鋼製（S）、ステンレス鋼製（SUS）、リン青銅製（PB）

図表 1-6-1 ●ボルトのゆるみ止め法 1

⑴ボルトまたはナットで機械的に固定する方式

①みぞ付きナット

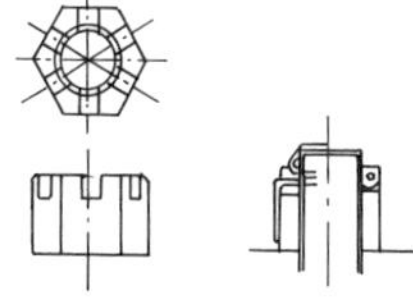

・割りピンをはめて固定する
・確実な抜け止めができる
・ピン穴とみぞを合わせるため、適正締付け力は与えにくい

③舌付き座金

・座金を折り曲げる
・小型電気機器に多く使われている

②止めねじ法

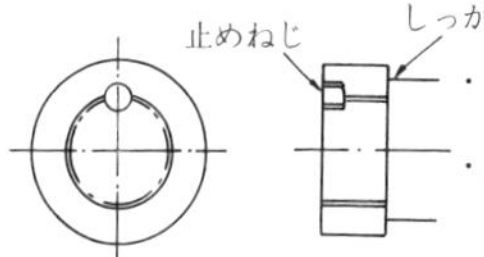

・ナットを締付け後、共加工を行う
・耐振動、耐衝撃に十分な効果がある

④ゆるみ防止板

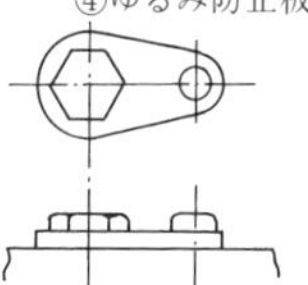

・ゆるみ防止板をねじ止めする
・ねじ穴を合わせるため調整を要す（適正締付け力を与えにくい）

⑵締付けによって起こったねじ山間の圧着を機械の作動中も保持させる方法

⑤スリット法

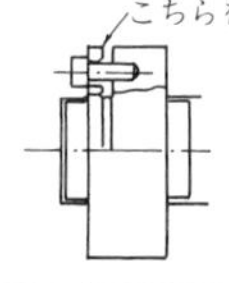

・弾性変形させてねじを圧着する
・ナット端面の使わないほうを薄くする

⑥二重ナット

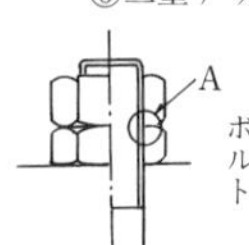

・上のナットに下のナットをねじを戻して締め付ける
・ナット同士の締まりが大切
・ねじを戻しても適正締付け力があること

図表 1-6-2 ●ボルトのゆるみ止め法 2

(3)ねじ山を変形させて、ねじの回転摩擦トルクを高める方式

⑦二重ナット（弾性変形法）

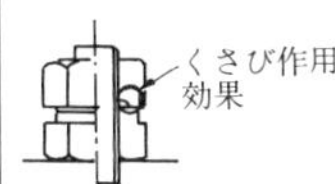

くさび作用効果

・上ナットの締付けによって部分的な弾性変形を起こさせ、おねじを強く締め付ける

⑧塑性変形を与えたナット

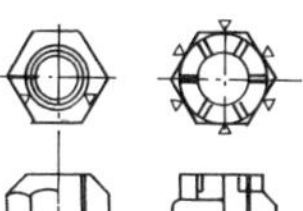

・おねじに締め込むと、変形しためねじの部分がおねじに干渉して、回転摩擦トルクを生じる

(4)ねじ山の間に軟らかいものを介在させ、ねじの回転をさまたげる方式

⑨ナイロン入りナット

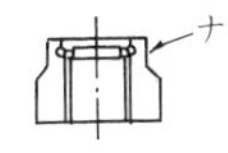

ナイロン

・ナットをねじ込むとナイロンが成形されて摩擦力が生じる

(5)接着剤をねじ山に塗って締付け後固着させる方式

⑩接着剤使用

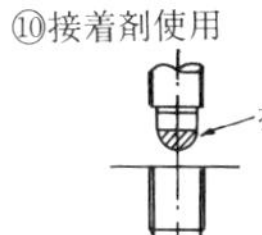

接着剤塗布

・ねじ込み後、接着剤で固着させる

(6)座金を用いる方式

⑪ばね座金

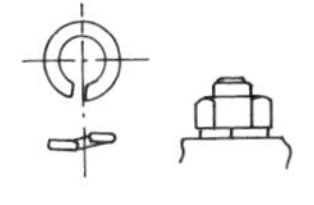

・平たんになるまで締め付ける
・長期間の締付け状態では弾性が低下する
・ばねの反力は切り口部に集中する

⑫さらばね座金

・平たんになるまで締め付ける
・ばねの反力は座面に平均してかかる

⑬歯付き座金

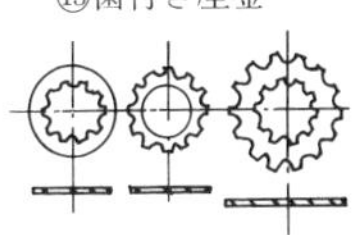

・つめの部分の弾性を利用したもの
・座面が硬すぎたり軟らかすぎる場合には効果が薄い
・小型電気機器に多く使われている

【ボルト締結のしくみ】

ナットを締め付けていくとボルトは上下方向に引っ張られ、その引張り力に相当する反対方向の力（応力）がボルト内部に発生する。この力がボルト首下面とナット接触面を介して、フランジなど（被締結物）を締め付ける力となり、双方がつり合った状態で締付け力が発生する（**図表 1-7**）。

締付け力は、ボルトの持つ弾性範囲内にすることが大切である。弾性とは、加えた荷重および応力を取り去ったとき、もとの形に復帰する場合の性質をいい、その消滅する歪みを弾性歪みという。

図表 1-7 ●ボルトの伸びと締付け力

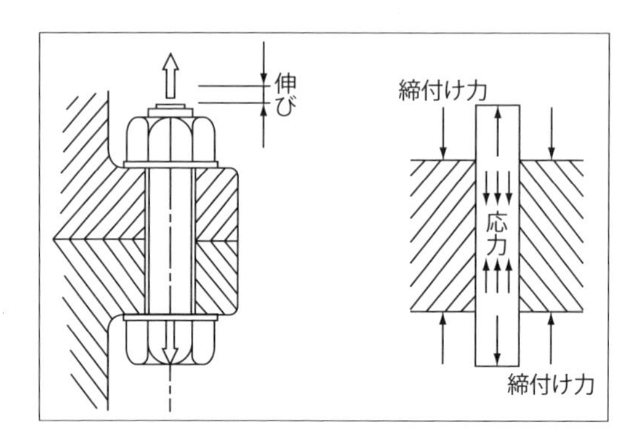

図表 1-8 ●ボルトの伸びと軸力との関係 1

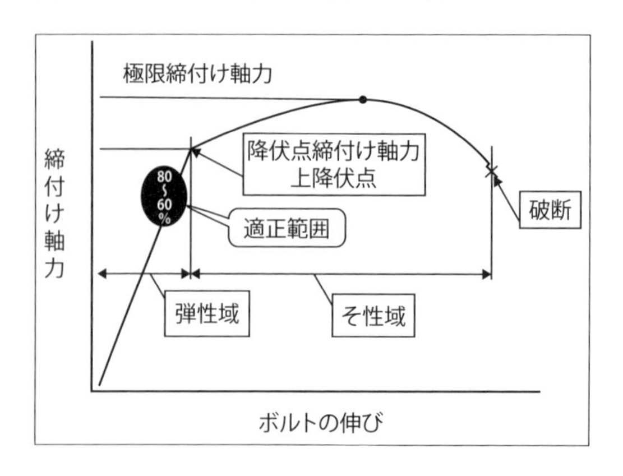

【ボルトの伸びと締付け軸力との関係は】

図表 1-8 の横軸はボルトの伸び（歪み）、縦軸は締付け軸力を示す。

- 降伏締付け軸力の点までは、伸びは弾性域で締付けを解除するとボルトの伸びも解除され、もとの形に戻る（これを弾性という）
- 降伏締付け軸力点を超えて極限締付け軸力点を過ぎると、ボルト破断に至る。この領域は弾性復帰しないそ性域となり、永久歪みになる。つまり、ボルトとしての機能は果たせず、使用不適の状態である

図表 1-9 ●ボルトの伸びと軸力との関係 2

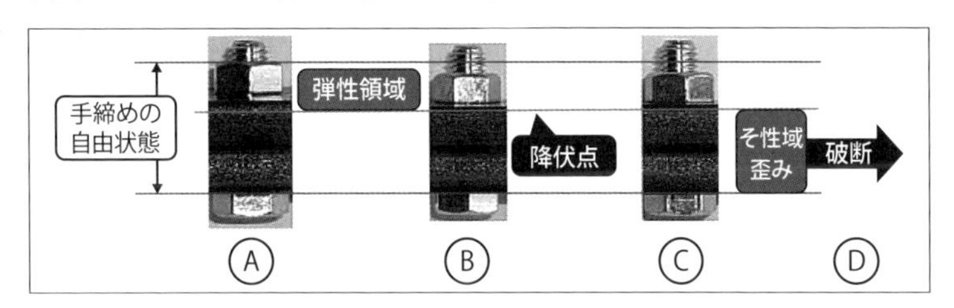

・ボルト・ナットの締付けの場合、**図表 1-9** のとおりである。

A は、締付け不足で手締めのねじ自由状態

B は、弾性領域内で使用（実用）可能範囲

C は、降伏点を超え、そ性域（永久歪み）でボルトは伸びたまま戻らず使用不適状態

D は、破断点に達しボルトの破断となる

＊ボルト・ナットは、**図表 1-9** の B の使用（実用）可能範囲の中でも降伏点（耐力）の 60 ～ 80％程度が適正値である。

図表 1-10 ●ボルトに刻印された強度区分

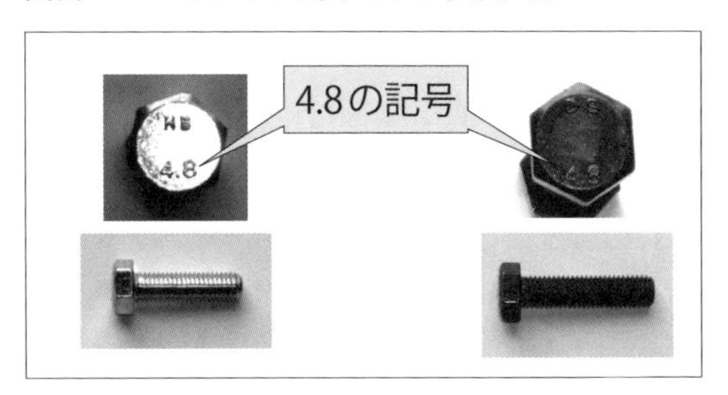

・ボルトに刻印された数値は強度区分を表す（**図表 1-10**）。

小数点の数字は呼び引張り強さに対して何パーセントの荷重が呼び降伏点なのかを表す。

＜例 1 ＞

ボルト表中の強さの記号 4.8 の 4 は、4 × 100 倍で呼び引張り強さ 400N/mm^2 を表し、後ろの .8 は、呼び引張り強さの 0.8（80％）である 320N/mm^2 が呼び降伏点であることを表す。

図表 1-11 ●締付けトルクと伸び（歪み）の例

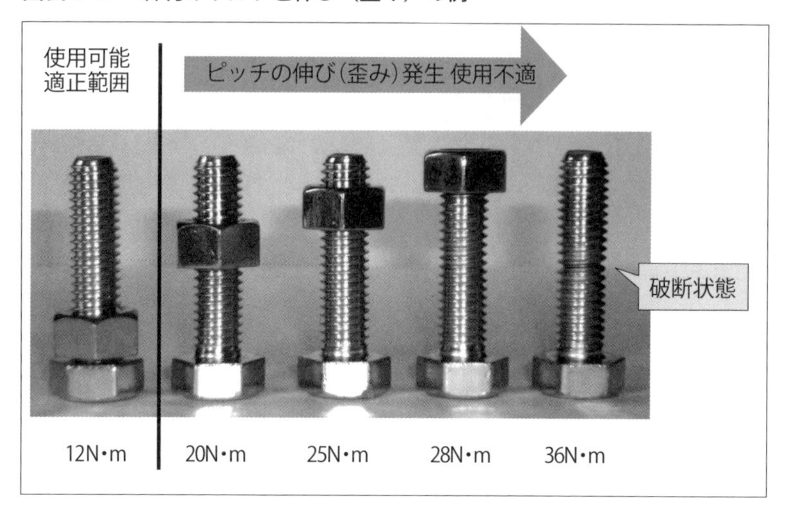

＜例 2 ＞

図表 1-11 に、M8 × 1.25 × 30mm における締付けトルクと伸び(歪み)の例を示す。強度区分は 4.8（生材、焼きが入っていない)、適正締付けトルク値を 12N・m として、ナットを使用してピッチの歪みを比較する。

その結果、適正締付けトルク値を 12N・m としても、オーバートルクはボルトの伸び（歪み）破断につながり、適正な締付け維持継続はできない。

＊重要なライン・機械装置に、この 4.8 の強度区分のボルト・ナット・座金類も含めて、使用不適格である。最低条件でも、6.8 以上の強度区分のものを使用することを推奨する。

【ボルトの締付け順序】

フランジなどをボルトで締め付ける場合、締付け力が平均的にかかるようにすることが大切である。**図表 1-12** に示すように、①～④、①～⑥、①～⑧の番号順に対角を締め付け、次に 90 度角度を変えた個所をフランジ間のすき間が一定になるように締め付ける。

図表 1-12 ●ボルト締付けの順序

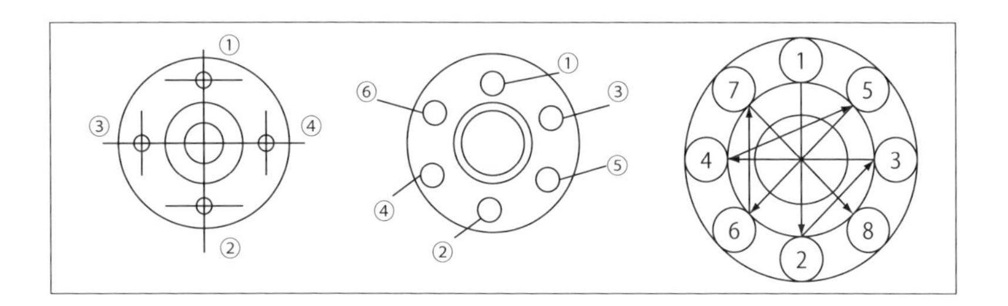

2 潤滑剤の判別

潤滑剤（潤滑油・グリース）は、機械装置の機能を発揮させる重要な要素である。ここで、潤滑油およびグリースの使用目的・性質・種類・用途について理解しよう。

実技試験では、潤滑油が使用される機器・装置において、潤滑油の用途および劣化の判断、油潤滑とグリース潤滑の特徴などが出題される。

(1) 問題

●設問 1

①〜③の潤滑油の用途として、適切なものを語群から選んで、その記号を解答欄に記入しなさい。

ISO グレード	用　途
① VG32	
② VG100	
③ VG460	

語群（用途）

ア．ギヤの減速機（1500 回転程度）
イ．空気圧用ルブリケータへの供給
ウ．ウォームギヤ減速機（1000 回転程度）
エ．油圧（高圧用）油圧タンクへの供給

●設問 2

新しい潤滑油の色が、ASTM カラー 2.0 の色であるとき、どの色になったら酸化劣化の限界になったかを判断して潤滑油の交換をするか、もっとも適切かを語群から選んで、その記号を解答欄に記入しなさい。

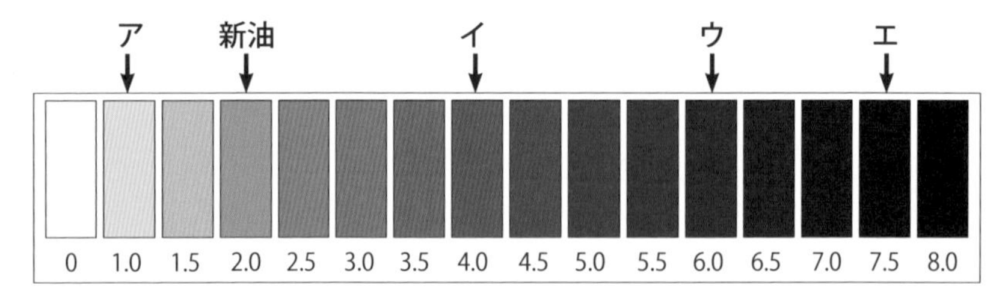

●設問 3

油潤滑とグリース潤滑の特徴の比較について、語群から選んで、その記号を解答欄に記入しなさい。

	潤滑油	グリース
冷却効果	効果大きい	①（　）
洗浄効果	②（　）	なし
防錆効果	あり	③（　）
ごみのろ過	④（　）	困難
回転速度	中・高速	⑤（　）
潤滑剤の交換	⑥（　）	困難

語群（特徴）

A. 循環にてあり
B. 効果はほとんどない
C. あり
D. 容易
E. 低・中速
F. フィルタなど使用容易

解答欄

	ISO グレード	用　途
設問 1	① VG32	
	② VG100	
	③ VG460	
設問 2		

設問 3		潤滑油	グリース
	冷却効果	効果大きい	①（　）
	洗浄効果	②（　）	なし
	防錆効果	あり	③（　）
	ごみのろ過	④（　）	困難
	回転速度	中・高速	⑤（　）
	潤滑剤の交換	⑥（　）	困難

(2) 解答

解答欄

	ISO グレード	用　途
設問 1	① VG32	イ
	② VG100	ア
	③ VG460	ウ
設問 2	イ．4.0	

設問 3		潤滑油	グリース
	冷却効果	効果大きい	①（ B ）
	洗浄効果	②（ A ）	なし
	防錆効果	あり	③（ C ）
	ごみのろ過	④（ F ）	困難
	回転速度	中・高速	⑤（ E ）
	潤滑剤の交換	⑥（ D ）	困難

(3) 解説

●設問 1

図表 2-1 ● ISO 粘度分類　313K（40℃）のときの粘度分類

SO 粘度グレード	工作機械用潤滑油の選定の目安
VG10	
VG15	
VG22	
VG32	空気圧機器（ルブリケータへの給油）、油圧機器（低圧 7MPa 以下）
VG46	
VG68	機械摺動部（横形タイプ）、油圧機器（高圧タイプ 7MPa 以上）
VG100	ギヤ減速・変速機（1500 回転速度程度）
VG150	ギヤ減速・変速機（1000 回転速度程度）
VG220	
VG320	
VG460	ウォームギヤ減速・変速機（1000 回転速度程度）
VG680	
VG1000	
VG1500	

●設問 2

新油が無色透明であれば、酸化劣化により初期段階では黄色みを帯び、徐々に赤、茶色、黒へと変化する。

図表 2-2 ● ASTM カラーシートの使用方法

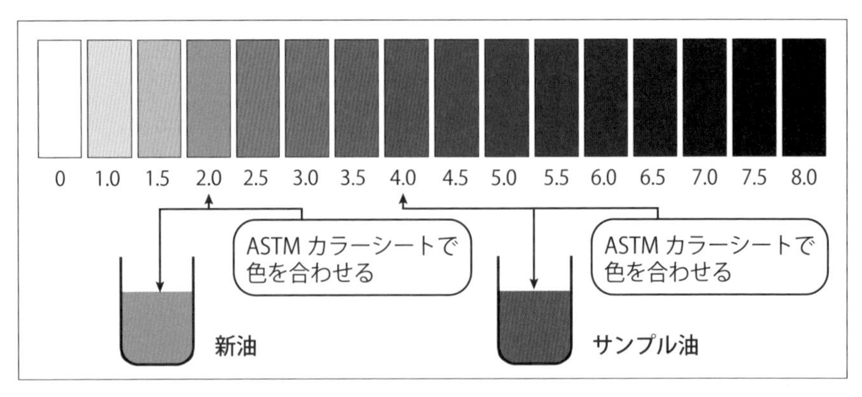

ASTMカラーシートの使用方法

① 新油のASTM番号の色を合わせる

② サンプル油のASTM番号の色に合わせる

③ 両方の番号を比較して、一般的に2ポイント以上で油の交換時期となる

●設問3

図表2-3 ●鉱物性潤滑油とグリース潤滑の比較

項目／潤滑剤	潤滑油	グリース
冷却効果	大きい	なし
洗浄効果	あり	なし
防錆効果	あり	あり
回転速度	中・高速用	低・中速用
密封効果 外部漏れ	なし 大きい	あり 少ない
耐荷重性	あらゆるタイプに可能	中荷重
ゴミのろ過	容易	困難
潤滑剤の取換え・交換	容易	困難
潤滑性能	非常に良い	良い
温度	油温363K（90°C）程度まで 軸受温度473K（200°C）まで使用可能	一般に393K（120°C）以下 473～493K（200～220°C）程度まで使用可能 ただし給油・交換周期が短い
速度ファクター（dn値）	45～50万	30～35万
軸受のタイプ	あらゆるタイプに可能	スフェリカルローラースラスト軸受には不適
ハウジングの設計	複雑なシールと供給装置が必要	比較的簡単
長時間のメンテナンスフリー運転	不可能	運転条件・とくに温度により可能
他の機械要素との兼用	可能	不可能
トルク	循環給油 オイルミスト時は最小となる	適切な充てん量時はオイルよりも小さい
ダスト雰囲気	ろ過装置にて可能	コンタミの混入防止の適切な設計にて可能

3 工具の名称と用途

モノをつくったり、修理や点検作業を行う場合、多くの手作業工具、測定器が使用される。工具や計測器は、その使用目的に合わせてさまざまなものがある。点検作業においては、計測の結果が装置や部品の機能管理、整備精度を大きく左右する。

しかし、これらの器具の名称、用途、機能、使い方については、意外とあいまいなことが多い。モノづくりに携わる者にとって、工具や機械設備を定量測定・診断する測定器の適切な選び方、正しい使い方を知り、会得することは必須条件である。

実技試験では、工具や測定器の写真を見て、その名称・用途を選択する問題が出題される。

(1) 問　題

提示された工具および測定器の写真 No.1 ～ 8 について、名称および用途を語群から選んで、記号を解答欄に記入しなさい。

写真 No.1

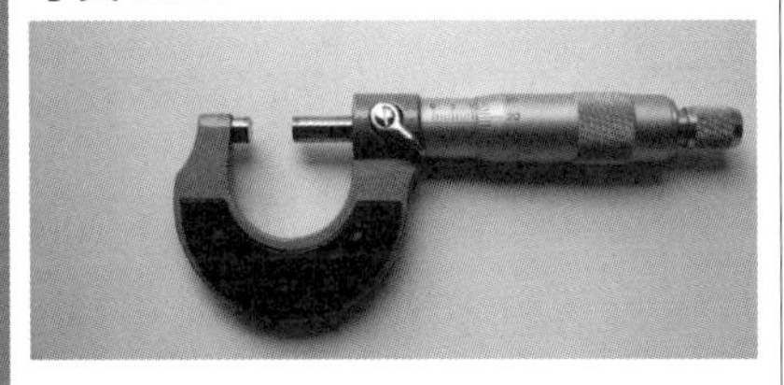

写真 No.2

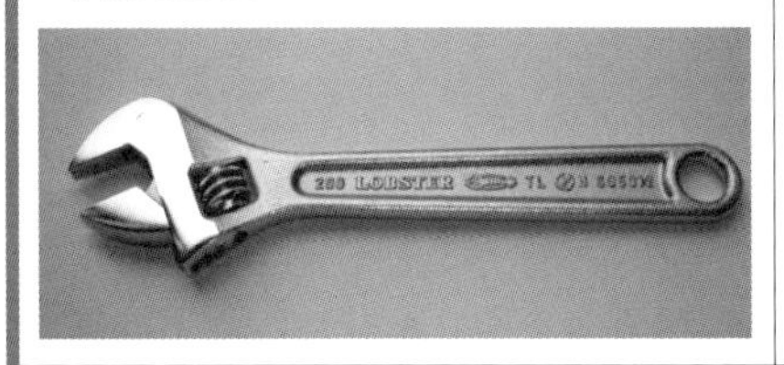

写真 No.3

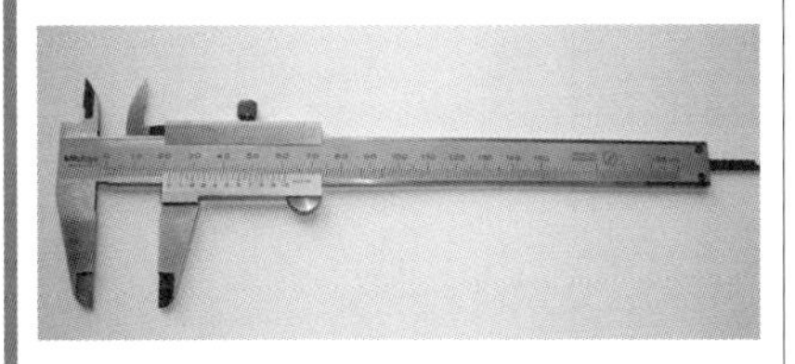

写真 No.4

写真 No.5

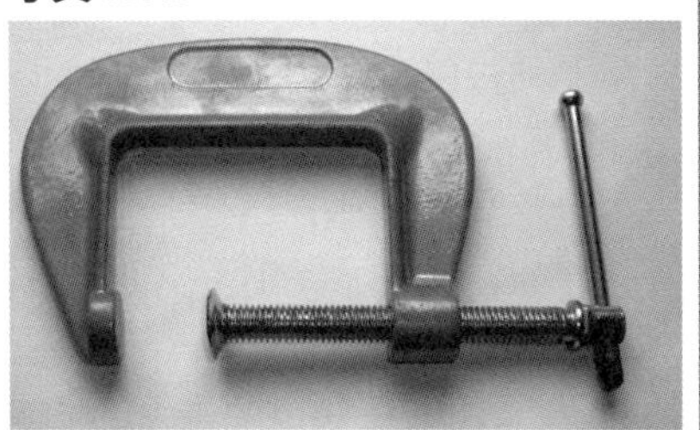

写真 No.6

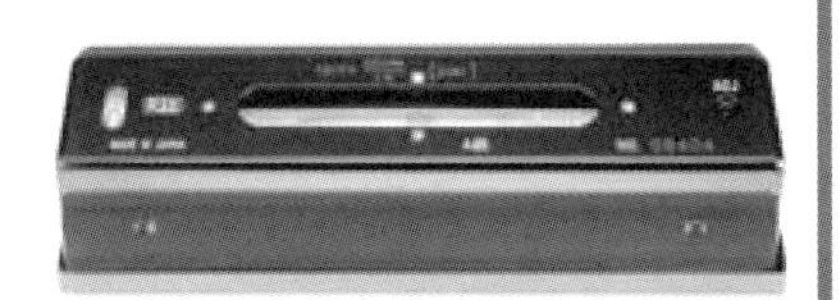

写真 No.7

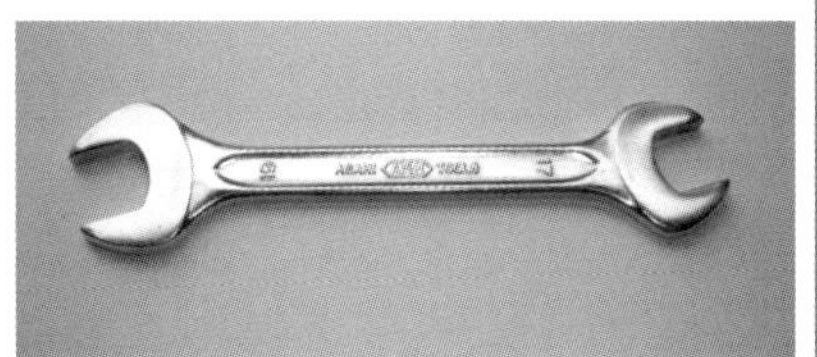

写真 No.8

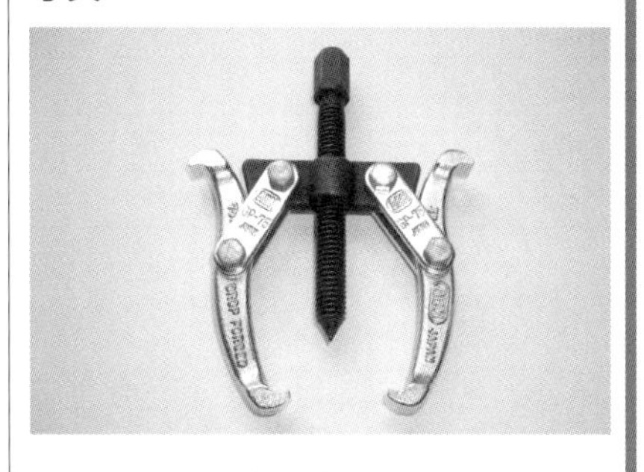

語群（名称）

ア．シャコ万力	イ．プーラ	ウ．マイクロメータ	エ．水準器
オ．両口スパナ	カ．トースカン	キ．ノギス	ク．モンキーレンチ

語群（用途）

a. 六角ボルト・ナットにかけて締め付け、ゆるめに使用する。片口タイプ、メガネタイプなどがある

b. ギヤやプーリの取外しに使用する

c. ねじを利用したはさみ尺の一種で、外測、内測などがあり測定面にくわえて　測定する

d. 六角ボルト・ナットの多種寸法に調整して対応して締め付け、ゆるめに使用　する

e. ケガキや線引きに使用する

f. 外測、内測、段差などの長さを測定する

g. 水平度、垂直度を見る角度の測定器

h. 材料(素材)を加工・成形する際に、これを強い力で挟み込んで固定する

解答欄		
写真	名　称	用　途
No.1		
No.2		
No.3		
No.4		
No.5		
No.6		
No.7		
No.8		

(2) 解　答

解答欄		
写真	名　　称	用　　　途
No.1	ウ．マイクロメータ	c. ねじを利用したはさみ尺の一種で、外測、内測などがあり測定面にくわえて測定する
No.2	ク．モンキーレンチ	d. 六角ボルト・ナットの多種寸法に調整して対応し、締付け、ゆるめに使用する
No.3	キ．ノギス	f. 外測、内測、段差などの長さを測定する
No.4	カ．トースカン	e. ケガキや線引きに使用する
No.5	ア．シャコ万力	h. 材料（素材）を加工・成形する際に、これを強い力で挟み込んで固定する
No.6	エ．水準器	g. 水平度、垂直度を見る角度の測定器
No.7	オ．両口スパナ	a. 六角ボルト・ナットにかけて締付け、ゆるめに使用する。片口タイプ、メガネタイプなどがある
No.8	イ．プーラ	b. ギヤやプーリの取外しに使用する

(3) 解　説

工具･測定器は、用途によってたくさんの種類がある。問題のほかにも、以下の工具、測定器について覚えておこう。

【工　具】

・六角棒レンチ

六角穴付きボルトに差し込んで締め付け、ゆるめに使用する。

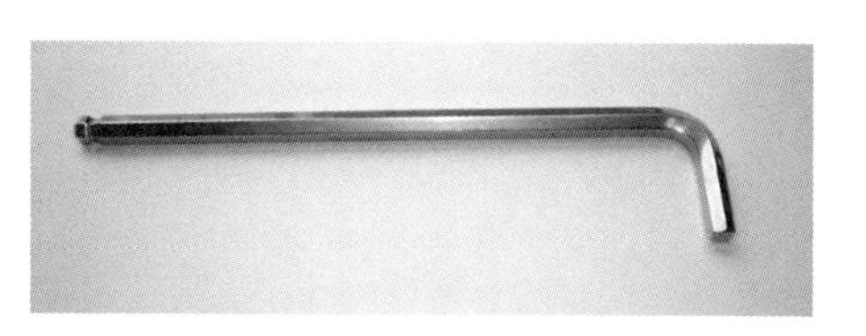

・ラチェットハンドル

先端にソケットをサイズに合わせて取り付け、六角ボルト・ナットの締付け、ゆるめに使用する。

・パイプレンチ

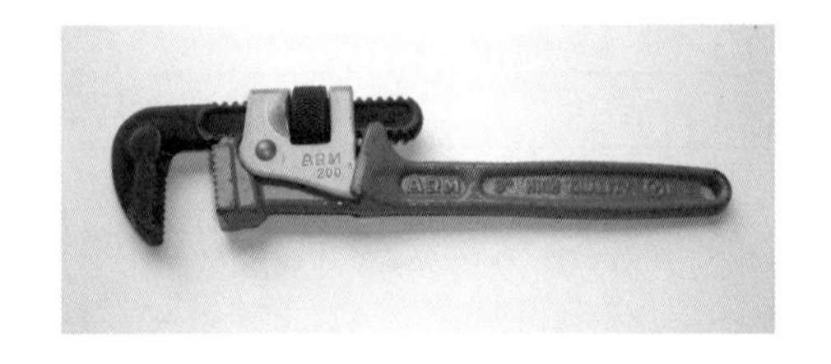

配管パイプなどの外形にくわえて、締付け・ゆるめに使用する。

そのほかの工具として、T形ソケットレンチ、スピーダ、ひっかけスパナ、スナップリングプライヤ、きさげ（スクレーパ）などがある。

【測定器】

・ダイヤルゲージ

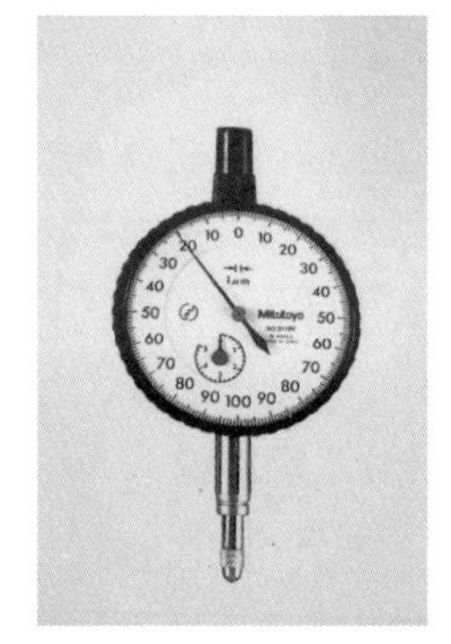

先端の移動量を指針の回転に変えて、寸法を比較測定する。

・ハイトゲージ

定盤などから高さ寸法を測り、ケガキもできる。

以上のほかに、測定具としてシリンダゲージ、ディプスゲージ、ピッチゲージなどがある。

4 空気圧装置の基本構成と点検

空気圧装置は、空気を利用して機械の運転・動作を行い、比較的安全で扱いやすいので、幅広い分野で利用されている。

空気圧装置は空気を圧縮機によって圧縮し、得られる圧力エネルギをアクチュエータで直線運動や回転運動の機械的仕事（動き）に変換する装置である。

実技試験では、提示された空気圧装置の概略図から、機器の名称・役割を選択する問題、空気圧装置の点検法、誤動作防止の方策を選択する問題が出題される。

(1) 問　題

空気圧装置に関する設問に答えなさい。

●設問 1

提示された空気圧装置の概略図の②、⑤、⑦の名称および用途について、正しいものを語群から選び、その記号を解答欄に記入しなさい。

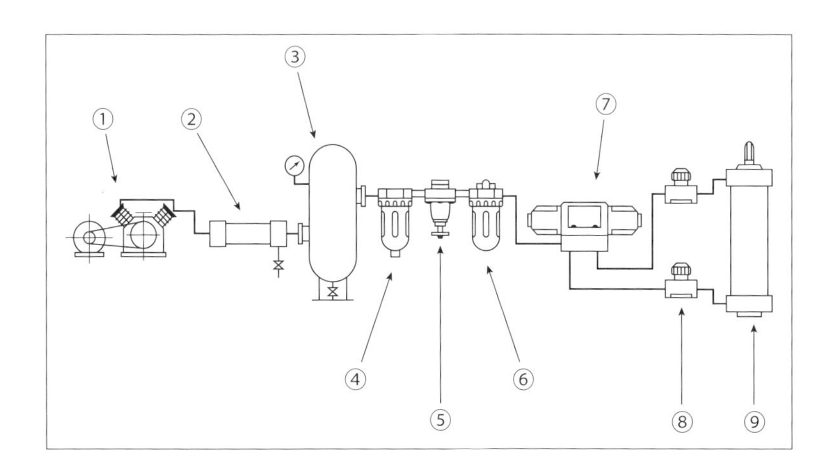

語群（名称）

a. レギュレータ（減圧弁）　b. アクチュエータ　c. アフタークーラ
d. ルブリケータ（潤滑装置）　e. 方向切換弁（方向制御装置）

語群（用途）

ア. 空気圧回路機器に適度な潤滑油を供給する
イ. 加熱された空気を冷却して、混入蒸気を水滴にして除去する
ウ. 圧縮空気のエネルギーを機械的エネルギーに変換して、直線運動、回転運動により仕事をする
エ. 圧縮空気の流れを変えて、アクチュエータなどの始動、停止を制御する
オ. 1次側の圧縮空気を減圧して、2次側の機械装置の要求する必要圧力にする

●設問2

下表は、空気圧機器のおもな日常点検についての点検内容である。A、B、Cに入る適切なものを語群から選んで、その記号を解答欄に記入しなさい。

点検機器	点検内容
アフタークーラ	・自動排水器は正常に作動しているか A
空気圧フィルタ	・ケース内にゴミがたまっていないか B
レギュレータ	・圧力計に狂いはないか ・圧力調整機能は働くか
ルブリケータ	C ・ケース内にドレンやゴミがたまっていないか

語群（点検内容）

イ. 油は正常に滴下しているか
ロ. 冷却機能を維持しているか
ハ. エレメントが目詰まりしていないか

●設問 3

安全作業手順とは、空気圧装置を安全に点検する作業内容で、運転停止状態から運転再開状態まで、誤作業、誤操作、誤動作を防止する。①～③にあてはまる手順として、もっとも適切なものを語群（手順）から選び、また④～⑥にあてはまる作業内容としてもっとも適切なものを語群（作業内容）から選んで、その記号を解答欄に記入しなさい。

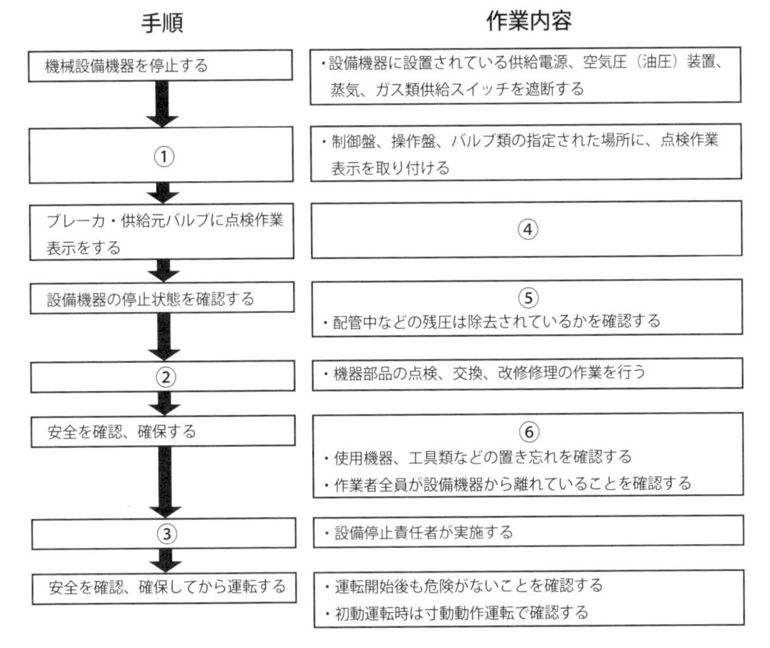

語群

ア．ブレーカ・バルブ類の表示の撤去

イ．制御盤・操作盤・バルブ類の指定された場所に、点検作業表示を取り付ける

ウ．点検作業の実施

エ．設備機器が空転動作運転をしていないか

オ．起動動作することを作業者全員に連絡、確認する

カ．設備停止責任者が供給、元ブレーカを遮断（切る）してスイッチ投入厳禁表示を取り付ける

解答欄			
	番号	名　称	用　途
設問 1	②		
	⑤		
	⑦		
	記号	点検内容	
設問 2	A		
	B		
	C		
設問 3	①		
	②		
	③		
	④		
	⑤		
	⑥		

(2) 解　答

解答欄			
	番号	名　称	用　途
設問 1	②	c. アフタークーラ	イ. 加熱された空気を冷却して、混入蒸気を水滴にして除去する
	⑤	a. レギュレータ	オ. 1 次側の圧縮空気を減圧して、2 次側の機械装置の要求する必要圧力にする
	⑦	e. 方向切換弁	エ. 圧縮空気の流れを変えて、アクチュエータなどの始動、停止を制御する
	番号	点検内容	
設問 2	A	ロ. 冷却機能を維持しているか	
	B	ハ. エレメントが目詰まりしていないか	
	C	イ. 油は正常に滴下しているか	
設問 3	①	イ. 制御盤・操作盤・バルブ類の指定された場所に、点検作業表示を取り付ける	
	②	ウ. 点検作業の実施	
	③	ア. ブレーカ・バルブ類の表示の撤去	
	④	カ. 設備停止責任者が供給、元ブレーカを遮断(切る)してスイッチ投入厳禁表示を取り付ける	
	⑤	エ. 設備機器が空転動作運転をしていないか	
	⑥	オ. 起動動作することを作業者全員に連絡、確認する	

(3) 解　説

●設問 1

空気圧システムの名称および用途は、**図表 4-1** のとおりである（丸数字は図と対応している）。

図表 4-1 ●空気圧システムの名称と用途

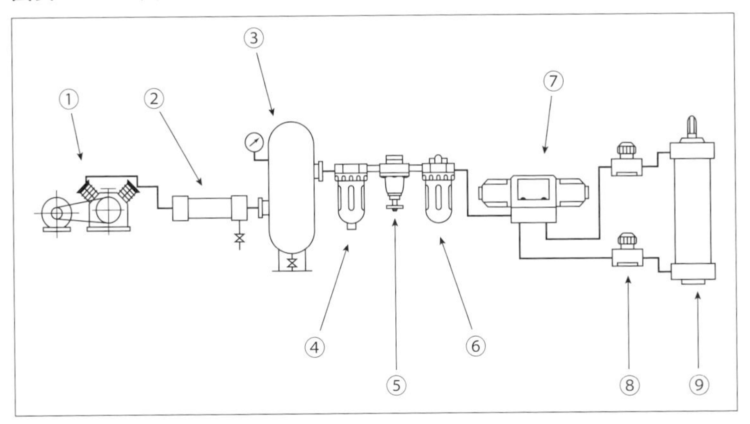

① 空気圧源装置(コンプレッサ):大気を吸い込み圧縮機を回して 0.7MPa 程度の圧縮空気を空気圧回路に送り出す

② アフタークーラ：加熱された空気を冷却して、混入蒸気を水滴にして除去する

③ 空気タンク：圧縮空気を貯めることで、消費変動を少なく抑え、空気脈動を平滑する

④ エアフィルタ（清浄化装置):配管中から送り込まれてくる水滴、油滴、異物などを、フィルタの遠心力により分離除去する（**図表 4-2**）

⑤ レギュレータ（減圧弁）：1 次側の圧縮空気を減圧して、2 次側の機械装置の要求する必要圧力にする（**図表 4-2**）

⑥ ルブリケータ（潤滑装置）：空気圧回路機器に適度な潤滑油を供給する（**図表 4-2**）

⑦ 方向制御弁：圧縮空気の流れを変えて、アクチュエータなどの始動、停止を制御する

図表 4-2 ●エア 3 点セット

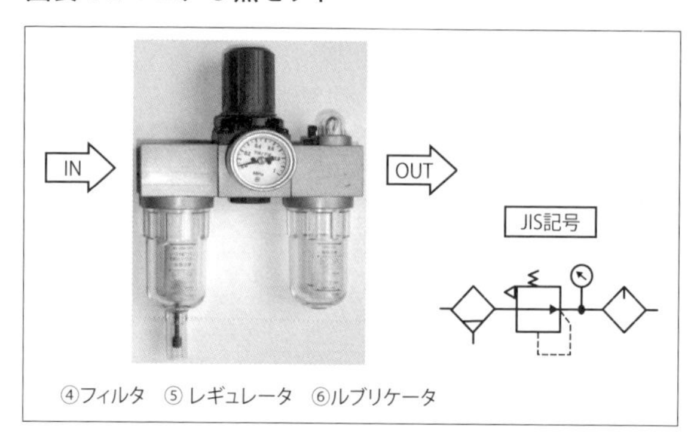

⑧ スピードコントローラ（流量制御装置）：圧縮空気の流量を制御して、アクチュエータの動作速度、回転方向などを調整する

⑨ アクチュエータ：圧縮空気のエネルギを機械的エネルギに変換して、直線運動、回転運動により仕事をする

【空気圧システムの概要】

図表 4-3 に空気圧回路の基本構成と流れを紹介する。

図表 4-3 ●空気圧回路の基本構成と流れ

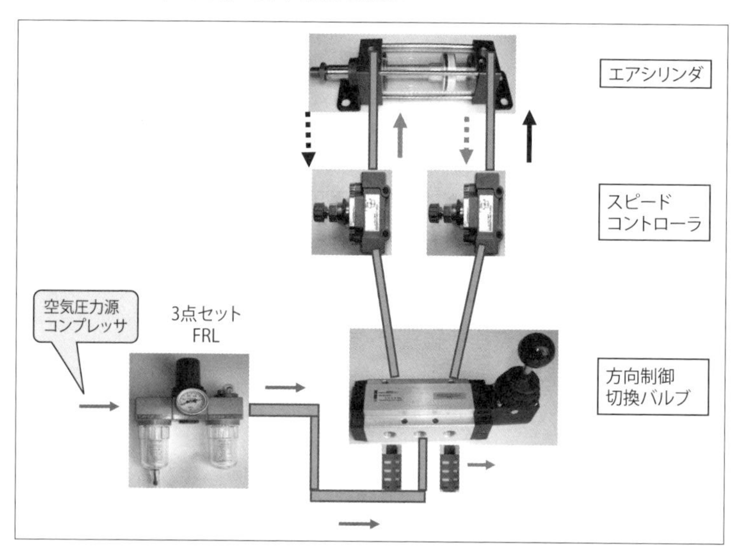

●設問 2

空気圧装置の点検項目や点検時期は、装置の重要度や使用頻度に基づいて、装置ごとに決めておく必要がある。**図表 4-4** におもな装置の点検内容を示す。

図表 4-4 ●空気圧装置の点検内容

点検装置	点検内容
空気圧縮機	・吸込みフィルタが目詰まりしていないか ・異常な音はしないか ・アンロード弁や圧力スイッチは正常に作動しているか
アフタークーラ	・出口空気温度が低く、冷却機能を維持しているか ・自動排水器は正常に作動しているか
空気圧フィルタ	・ケース内にゴミがたまっていないか ・エレメントが目詰まりしていないか ・自動排出弁は正常に作動しているか
レギュレータ	・圧力計に狂いはないか ・圧力調整機能は働くか ・リリーフ弁に漏れはないか
ルブリケータ	・ケース内にドレンやゴミがたまっていないか ・油は正常に滴下しているか
アクチュエータ	・取付け部や接続部にゆるみ、ガタなどはないか ・金属摺動部に油切れ、摩耗がないか ・摺動シール部からの空気漏れはないか

●設問 3

空気圧装置の安全作業手順と作業内容は、**図表 4-5** のとおりである。

図表 4-5 ● 空気圧装置の安全作業手順と作業内容

手順	作業内容
機械設備機器を停止する	・設備機器に設置されている供給電源、空気圧（油圧）装置、蒸気、ガス類供給スイッチを遮断する
↓ 操作盤・バルブ類の指定場所に点検作業表示を取り付ける	・制御盤、操作盤、バルブ類の指定された場所に、点検作業表示を取り付ける
↓ ブレーカ・供給元バルブに点検作業表示をする	・設備停止責任者が供給元ブレーカを遮断（切る）してスイッチ投入厳禁表示を取り付ける
↓ 設備機器の停止状態を確認する	・設備機器が空転動作運転をしていないか ・配管中などの残圧は除去されているかを確認する
↓ 点検作業の実施	・機器部品の点検、交換、改修修理の作業を行う
↓ 安全を確認、確保する	・起動動作することを作業者全員に連絡、確認する ・使用機器、工具類などの置き忘れを確認する ・作業者全員が設備機器から離れていることを確認する
↓ ブレーカ・バルブ類の表示の撤去	・設備停止責任者が実施する
↓ 安全を確認、確保してから運転する	・運転開始後も危険がないことを確認する ・初動運転時は寸動動作運転で確認する

5 ころがり軸受の名称および特徴

軸受は、動力伝達を効率よく円滑に伝える機能を持つ。その中でも、数多く使われているころがり軸受について、それぞれの種類・特徴を理解しておこう。

軸に対して直角方向に働く力をラジアル荷重、軸方向に働く力をアキシャル荷重という。

(1) 問 題

提示された軸受の写真 No.1 ～ 6 の名称およびその特徴について、語群の中から適切なものを選んで、その記号を解答欄に記入しなさい。

語群（名称）

a. 自動調心玉軸受　b. スラスト玉軸受　c. 深みぞ玉軸受
d. 円すいころ軸受　e. アンギュラ玉軸受　f. 円筒ころ軸受

語群（特徴）

ア. 内輪は傾くことができる玉軸受で、軸心のくるいを調整できるがアキシャル荷重能力は小さい
イ. 転動体と軌道面は線接触で、ラジアル荷重は十分に可能であるが、アキシャル荷重はタイプによりほとんど不可能となる
ウ. 転動体は線接触で、ラジアル荷重と一方向のアキシャル荷重を負荷できる。2個対向させるか複列にして使用する
エ. シール、シールドのタイプがあり、ラジアル荷重、アキシャル荷重の両方向の負荷もある程度受けて使用できる
オ. アキシャル荷重を受ける単式と複式タイプがあり、ラジアル荷重は負荷できない
カ. 接触角をもつ玉軸受で、一般的に2個組み合わせて使用する

解答欄		
写真	名　称	特　徴
No.1		
No.2		
No.3		
No.4		
No.5		
No.6		

(2) 解　答

解答欄		
写真	名　称	特　徴
No.1	c. 深みぞ玉軸受	エ. シール、シールドのタイプがあり、ラジアル荷重アキシャル荷重の両方向の負荷もある程度受けて使用できる
No.2	e. アンギュラ玉軸受	カ. 接触角をもつ玉軸受で、一般的に2個組み合わせて使用する
No.3	a. 自動調心玉軸受	ア. 内輪は傾くことができる玉軸受で、軸心のくるいを調整できるがアキシャル荷重能力は小さい
No.4	f. 円筒ころ軸受	イ. 転動体は線接触で、ラジアル荷重は十分に可能であるが、アキシャル荷重はタイプによりほとんど不可能となる
No.5	d. 円すいころ軸受	ウ. 転動体は線接触で、ラジアル荷重と一方向のアキシャル荷重を負荷できる。2個対向させるか複列にして使用する
No.6	b. スラスト玉軸受	オ. アキシャル荷重を受ける、単式と複式タイプがあり、ラジアル荷重は負荷できない

(3) 解　説

問題にある6つの軸受について、そのほかの特徴について以下に示す。

① 深みぞ玉軸受（図表5-1）

- ころがり軸受の中で、もっとも多く使用されている
- 摩擦抵抗が少なく、とくに高速回転、低騒音部に使用可能
- ラジアル荷重、アキシャル荷重の両方向からの負荷もある程度可能

② アンギュラ玉軸受

- 玉と内外輪の接触点を結ぶ直線は、軸受の中心線に対して接触角（θ：シータ）をもつ。標準は15°、30°、40°の3種類である
- 接触角が大きくなるほどアキシャル負荷能力は高くなり、小さくなるほど高速回転に有利になる
- 一般的には、2個組み合わせて使用する

③ 自動調心玉軸受

- 外輪の軌道面が球面なので、内輪、玉、保持器は自由に傾くことができる

図表 5-1 ●深みぞ玉軸受

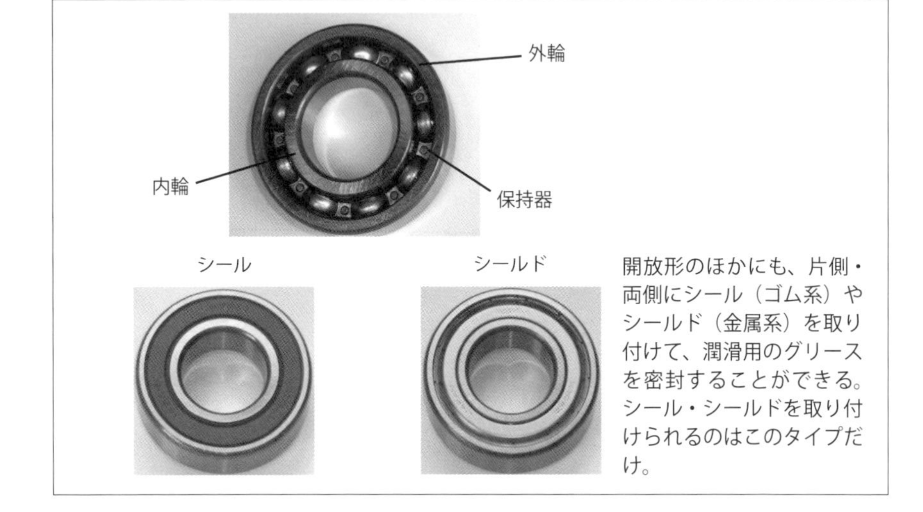

・軸やハウジングのたわみ、心違い、軸心のくるいを自動的に調整される（自動調心性）
・接触角が小さく、アキシャル荷重能力は小さい

④ 円筒ころ軸受

・円筒状のころ（転動体）と軌道面は線接触で、点接触の玉軸受と比べると負荷荷重は大きい
・ラジアル荷重は十分に可能であるが、アキシャル荷重は負荷できない
・内輪または外輪につばのないタイプは自由側軸受として、つば輪があるタイプは固定軸受として使用される

⑤ 円すいころ軸受

・転動体が円すい台のころで線接触する
・ラジアル荷重と一方向のアキシャル荷重を負荷できる
・1 個で使用されることは少なく、2 個を対向させた組合わせ、または転動体を 2 個入れた複列で使用される

⑥ スラスト玉軸受

・内輪、外輪と玉を組み込んだ保持器に分かれる

図表 5-2 ●軸受形式による性能比較

	深みぞ玉軸受	アンギュラ玉軸受 単列	アンギュラ玉軸受 組合わせ	アンギュラ玉軸受 複列	4点接触玉軸受	自動調心玉軸受	円筒ころ軸受 NU-N	円筒ころ軸受 NJ-NF	円筒ころ軸受 NUP-NH	円筒ころ軸受 NNU-NN
ラジアル荷重	○	○	◎	◎	○	○	◎	◎	◎	◎
アキシャル荷重（荷重方向）	○ ↔	◎ ←	◎ ↔	◎ ↔	◎ ↔	△ ↔	×	△ ←	△ ↔	×
合成荷重	○	○	◎	◎	○	△	×	△	△	×
振動・衝撃	△	△	△	△	△	△	◎	◎	◎	◎
高速回転	◎	◎	◎	○	◎	△	◎	◎	◎	◎
高精度回転	◎	◎	◎		◎		◎			◎
低騒音・低トルク	◎						○			
剛性			○		○		○	○	○	◎

	針状ころ軸受	円すいころ軸受 単列	円すいころ軸受 複列四列	自動調心ころ軸受	スラスト玉軸受 平面座	スラスト玉軸受 調心座金付	複式スラストアンギュラ玉軸受	スラストころ軸受 円筒ころ軸受	スラストころ軸受 針状ころ軸受	スラストころ軸受 円すいころ軸受	スラストころ軸受 自動調心ころ軸受
ラジアル荷重	◎	◎	◎	◎	×	×	△	×	×	×	△
アキシャル荷重（荷重方向）	×	◎ ←	◎ ↔	△ ↔	○ ↑	○ ↑	◎ ↕	◎ ↑	◎ ↑	◎ ↑	◎ ↑
合成荷重	×	◎	◎	△	×	×	△	×	×	×	△
振動・衝撃	○	◎	◎	◎	△	△	△	○	○	◎	◎
高速回転	○	○	○	○	△	△	○	△	△	△	△
高精度回転		○			○		◎				
低騒音・低トルク											
剛 性	○	○	◎				○	◎	◎	◎	

・アキシャル荷重は負荷できるが、ラジアル荷重は負荷できない

・一方向のアキシャル荷重を受ける単式と、両方向のアキシャル荷重を受ける複式タイプがある

図表 5-2 に軸受の形式による性能比較を、**図表 5-3** にころがり軸受の名称と特徴を示す。

図表 5-3 ●ころがり軸受の名称と特徴

深みぞ玉軸受

断面図

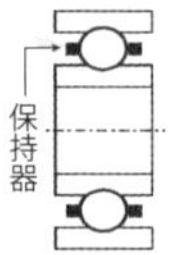

特徴
- 開放形
- 片側、両側シール形
- 片側、両側シールド形

がある

円筒ころ軸受

断面図

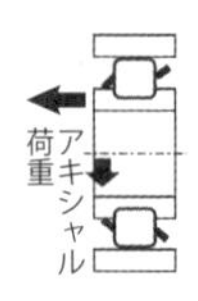

特徴
- ラジアル荷重は十分に受けられるが（可能）、アキシャル荷重はタイプ（つばとつば輪形状）により不可能もある

アンギュラ玉軸受

断面図

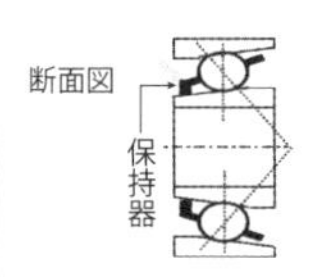

特徴
- 接触角（α）をもつ
  標準は 15°、30°、40°
- 一般的に 2 個を組み合わせて使用する
- 単列形と複列形がある

円すいころ軸受

断面図

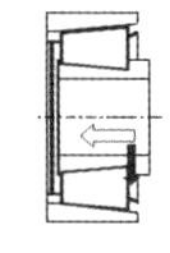

特徴
- ラジアル荷重と一方向のアキシャル荷重を負荷できる
- 2 個を対向させるか複列タイプを使用する

自動調心玉軸受

断面図

特徴
- 軸心のくるいを調整・調節できる
- 許容調心角（θ）は 2.5°～3° 程度

スラスト玉軸受

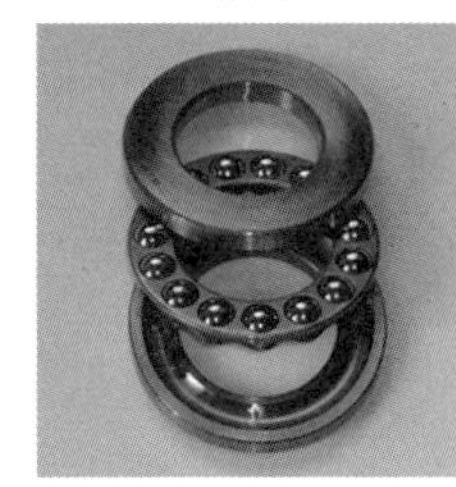

断面図

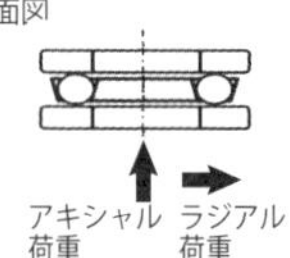

特徴
- アキシャル荷重は負荷できるが、ラジアル荷重は負荷できない

6 Vベルト・チェンの不具合と対応処置

Ｖベルトとローラチェンは、動力を伝える伝動装置として、機械装置のあらゆるところに使用されており、欠かせない機械要素部品である。この特徴・用途・不具合の原因および対応処置を理解することが大切である。

(1) 問題

●設問 1

Ｖベルトの不具合対策として、①～③の不具合の原因および対応処置を語群から選んで、その記号、番号を解答欄に記入しなさい。

解答欄		
① ベルトのスリップ	原因	
	対応処置	
② ベルトの早期摩耗	原因	
	対応処置	
③ ベルトの転覆（沈み）	原因	
	対策	

語群（原因）

ア	・ベルトのスリップ ・プーリのアライメントの不良 ・プーリにさび、粉じんの付着など
イ	・初期張力不足 ・油の付着など
ウ	・プーリの摩耗 ・プーリ、アライメントの不良 ・ベルトの過大摩耗

語群（対応処置）

1	・プーリの交換 ・軸およびプーリの整列（平行度）の調整 ・ベルトの張り直しおよび交換
2	・ベルト張力の張り直し ・油類の除去など
3	・ベルトの張り直し ・軸およびプーリの整列（平行度）の調整 ・粉じん、さびの除去

●設問 2

チェンの進行方向と接続クリップの取付けで、もっとも適切なものを選んで、その記号を解答欄に記入しなさい。

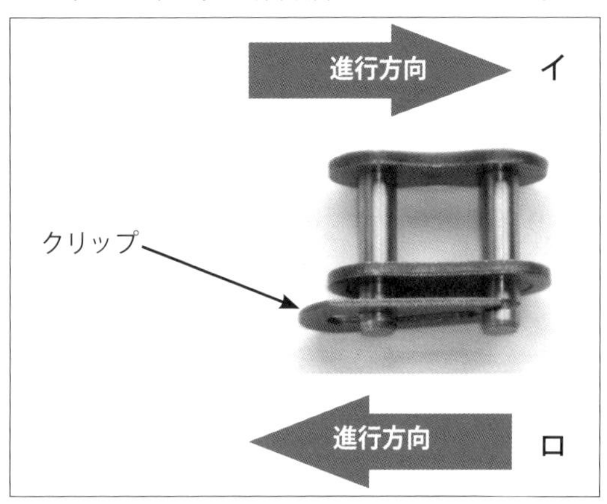

図	記号
方向	

(2) 解　答

解答欄			
設問 1	① ベルトのスリップ	原因	イ
		対応処置	2
	② ベルトの早期摩耗	原因	ア
		対応処置	3
	③ ベルトの転覆（沈み）	原因	ウ
		対策	1
設問 2	回転方向		ロ

(3) 解　説

●設問 1

図表 6-1 にベルトトラブルの要因と対策を示す。

●設問 2

(1) ローラチェンの構造

内リンクと内リンクの片側間を外リンクが連結することでチェンが構成されている（定尺寸法まで）。連結の後、外リンクのピン（リベット）の両外側をかしめて一連のチェンリンクが完成する（**図表 6-2**）。

(2) チェンの接続

チェンをつなぐ場合には、チェンの内リンクと内リンクが残るようにチェンを切り詰めておくことが重要である（**図表 6-3**）。継手リンク（ジョイントリンク）を用いてつなぐクリップタイプ、割りピンタイプ、スプリングピンタイプがある。**図表 6-4** にチェンのトラブル要因と対策を示す。

図表 6-1 ●ベ V ベルトトラブルの要因と対策

トラブルの内容	要　因	対　策
ベルトのスリップ	・初期張力の不足 ・オーバーロード ・プーリの摩耗 ・油の付着	・ベルトの張り直し ・負荷の低減またはベルトの再設計 ・プーリの交換 ・油類の除去
ベルトの転覆	・プーリ、アライメントの不良 ・プーリの摩耗 ・過大なベルトの振動 ・抗張体の部分折損	・軸およびプーリの整列調整（1/3°以内） ・プーリの交換 ・ベルトの張り直し ・ベルトの交換
ベルトの過大な振動	・機械側回転数との共振 ・ベルト長さのふぞろい	・ベルトの張り直し ・ベルトのサイズ長さをそろえる
ベルトの早期摩耗	・ベルトのスリップ ・プーリ、アライメントの不良 ・プーリにさびの付着 ・プーリ径の過小	・ベルトの張り直し ・軸およびプーリの整列調整（1/3°以内） ・さびの除去 ・ベルトの再設計
ベルトの過大な伸び	・ベルトのスリップ ・オーバーロード ・ベルト張りしろの不足 ・抗張体の部分折損	・ベルトの張り直し ・負荷の低減またはベルトの再設計 ・ベルトの張りしろを増す ・ベルトの交換
ベルトの発音	・ベルトのスリップ ・接触角度の不足	・ベルトの張り直し ・ベルトの再設計

図表 6-2 ●チェンの構造

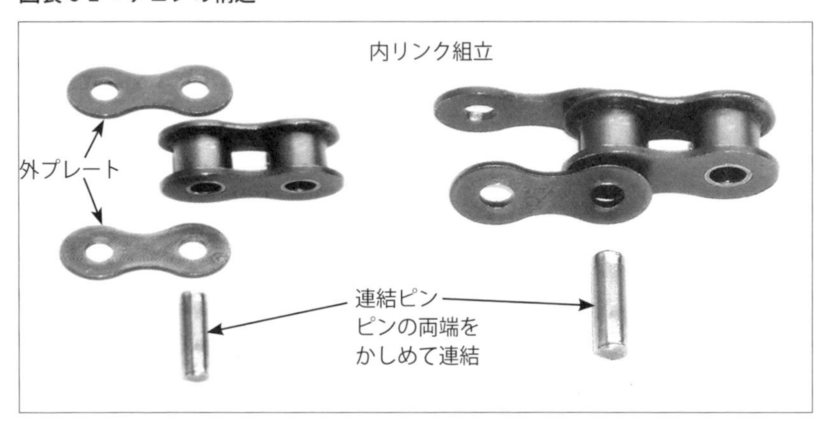

図表 6-3 ●チェンの接続

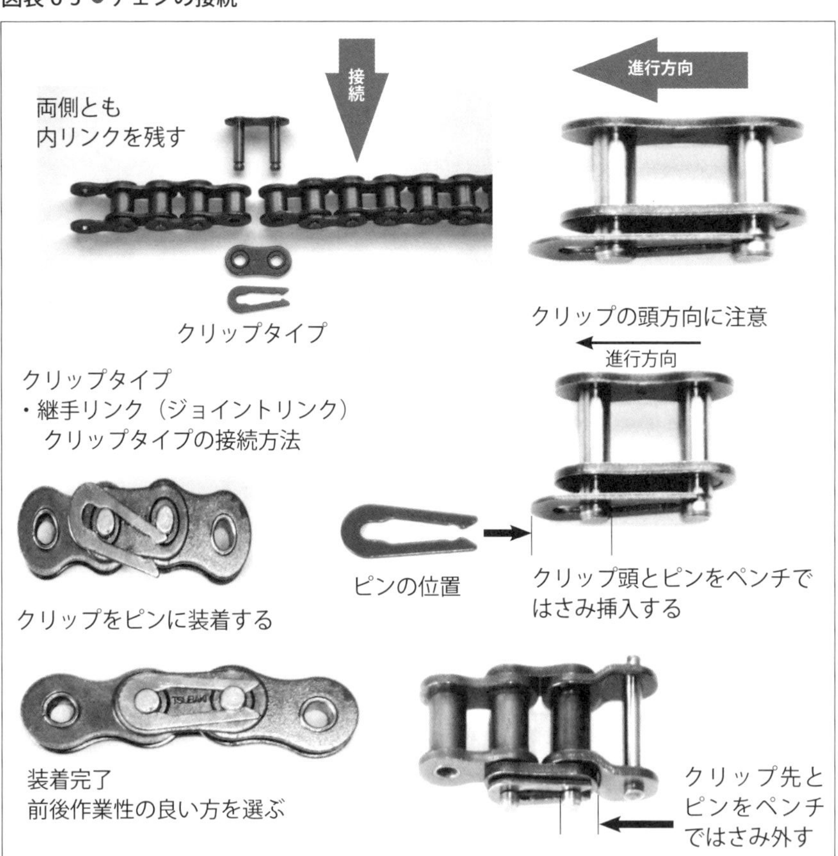

図表 6-4 ●チェンのトラブル要因と対策

トラブルの内容	要　因	対　策
異常な騒音がする	・スプロケットや軸の据え付け不良 ・チェンケーシングまたは軸受のゆるみ ・チェンのゆるみ量の過大、過小 ・チェン、スプロケットの過大な摩耗 ・無給油または不適当な給油方法	・スプロケット、軸の据付け状態を修正する ・すべてのボルトを締め直す ・チェンの適正たるみ量に調整する ・交換する ・点検給油方法を適切にする
チェンが振動する	・チェンが外力の周期と共振する ・荷重の変動が異常に大きい	・チェンの自己振動数、外力の周期を変える ・トルクコンバータ、流体継手などの使用を考慮する
リンクプレート内側やスプロケットの歯面が摩耗する	・据付け不良	・チェン、スプロケット、軸の据付けを修正する
スプロケットに乗り上げる	・チェンとスプロケットが適合しない ・はなはだしい過負荷 ・チェンが摩耗して伸びている	・チェン、スプロケットを交換する ・負荷を減少させる、再設計の考慮 ・チェンを交換する
ローラブッシュが割れる	・回転数あるいは負荷がチェーンに対して高すぎる ・不十分な給油	・伝動能力表にてチェンの再選定 ・給油方法の再確認
ピンが破断する	・衝撃負荷がかかる ・腐食	・緩衝装置などで弱める ・ケーシングを付ける、洗浄給油方法を考慮する
リンクプレートが破断する	・衝撃負荷がかかる ・振動がある ・被動機械の慣性が大きすぎる	・緩衝装置などで弱める ・タイトナ、遊車などで振動を防止する ・チェンの列数、サイズを上げるなど再選定
チェンとスプロケットが巻きつく	・スプロケットの中心距離が長すぎるかまたは大きな変動負荷がかかる ・チェンのゆるみ量が大きすぎる	・中心距離を短くするか、遊車を入れる ・チェンのゆるみ量の再調整
チェンの屈曲が硬い	・据付け不良 ・不適当な給油 ・はなはだしい過負荷 ・腐食	・スプロケット、軸の据付け状態を修正する ・チェンの洗浄、適切な給油方法の考慮

7 キー、ピンの種類と用途

キーは、回転軸に、プーリ、スプロケット、歯車、カップリングなどを固定するために用いるもので、荷重条件や構造、機能に応じて多くの形状がある。

ピンは小径の丸棒で、一般に機械部品の取付け位置を一定にする場合や、ハンドルと軸との位置を固定するためなどに用いられる。

これらの使用目的・機能・種類・特徴・用途について理解しよう。

実技試験では、キー、ピンの写真を見て、その名称・用途を語群から選択する問題が出題される。

(1) 問　題

提示されたキー、ピンの写真No.1 ～ 4について、それぞれの名称および用途を語群から選んで、その記号を解答欄に記入しなさい。

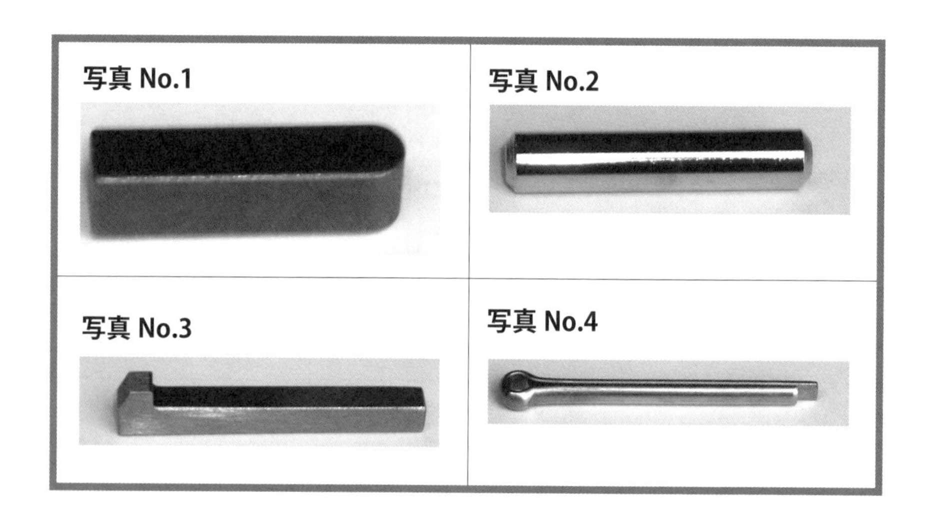

語群（名称）

a. 勾配キー　　b. 割ピン　　c. 平行キー　　d. 平行ピン

語群（用途）

ア. あまり力のかからない個所の抜け止め、ゆるみ止めなどに使用される
イ. 上下面で打ち込んで固定し、頭付き、頭なしのタイプがある
ウ. 軸と部品のキー溝は、両方ともに軸に平行に加工し、正転、逆転する個所には不向きである
エ. ストレートドリルで加工後、リーマを通して精度を上げて位置決めピンとしても使われる

解答欄		
写真	名　称	用　途
No.1		
No.2		
No.3		
No.4		

(2) 解　答

解答欄		
写真	名　称	用　途
No.1	c. 平行キー	ウ. 軸と部品のキー溝は、両方ともに軸に平行に加工し、正転、逆転する個所には不向きである
No.2	d. 平行ピン	エ. ストレートドリルで加工後、リーマを通して精度を上げて位置決めピンとしても使われる
No.3	a. 勾配キー	イ. 上下面で打ち込んで固定し、頭付き、頭なしのタイプがある
No.4	b. 割ピン	ア. あまり力のかからない個所の抜け止め、ゆるみ止めなどに使用される

(3) 解　説

キーやピンは、出題のほかにも多くのものがある。以下に、それらについて用途や特徴を示す。

① 半月キー

- 形状は半円板形のキーで、軸側のキー溝を円状に加工する
- キー溝に対する傾きが自動的に行われるので、テーパ軸に適している
- あまり力のかからない小径軸に適している

② テーパピン

- 軸に部品（ボス）を固定する場合に用いられる
- 呼び径（d）は小さいほうの直径で表され、テーパは1/50

③ スプリングピン

- 機械部品の組立部の固定用や、部品の位置決め用としてのノックピンとして使用する
- ドリル穴加工だけでピンを打ち込んで使用できる

8 密封装置の種類・特徴・用途

密封装置は、機械装置、機器部品から、液体など流体の漏れや、外部からのじん埃やガスなどの侵入によるトラブルを防止するために用いられる。

密封装置は、設備機器や使用される流体によってさまざまなものがある。ここでは、機能を十分発揮させるため、それぞれの名称・特徴・用途について理解しよう。

実技試験では、密封装置の写真を見て、その名称・特徴・用途を語群から選択する問題が出題される。

(1) 問　題

提示された密封装置の写真 No.1 ～ 4 の名称・特徴・用途について、適切なものを語群から選んで、その記号を解答欄に記入しなさい。

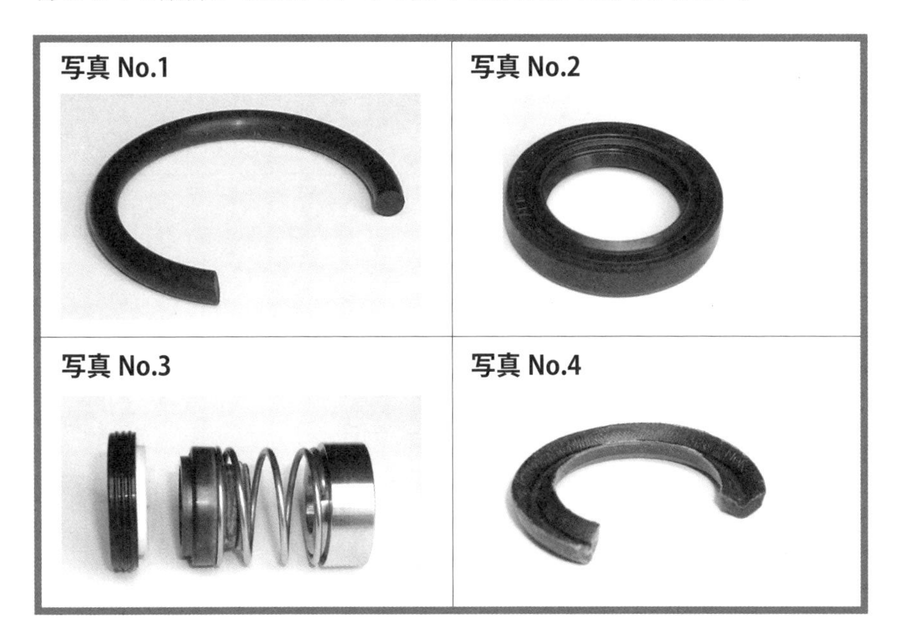

語群（名称）

a. メカニカルシール	b. Oリング	c. Vパッキン	d. オイルシール

語群（特徴）

ア. 1ヵ所に数枚重ねて装着し、アダプタで押さえて使用する
イ. シートリングとスプリング作用で回転部を密封し、バランス形とアンバランス形がある
ウ. パッキンに方向性はなく、適当なつぶししろを与えて使用する
エ. 比較的低圧の潤滑系統で、回転軸からの油漏れや水などの浸入を防ぐ

語群（用途）

オ. 耐圧性は低く、回転軸シールとしてモータや減速機に使用される
カ. ポンプ、モータなどの回転軸シールで、高圧タイプもあり、連続回転使用も可能である
キ. 摺動抵抗が大きく、油圧シリンダのピストンやロッド軸用シールに使用される
ク. パッキン用やガスケット用として、スクイーズを与えて1個で十分なシールができる

解答欄			
写真	名　称	特　徴	用　途
No.1			
No.2			
No.3			
No.4			

(2) 解 答

解答欄			
写真	名 称	特 徴	用 途
No.1	b. Oリング	ウ. パッキンに方向性はなく、適当なつぶししろを与えて使用する	ク. パッキン用やガスケット用として、スクイーズを与えて1個で十分なシールができる
No.2	d. オイルシール	エ. 比較的低圧の潤滑系統で、回転軸からの油漏れや水などの浸入を防ぐ	オ. 耐圧性は低く回転軸シールとしてモータや減速機に使用される
No.3	a. メカニカルシール	イ. シートリングとスプリング作用で回転部を密封し、バランス形とアンバランス形がある	カ. ポンプ、モータなどの回転軸シールで、高圧タイプもあり、連続回転使用も可能である
No.4	c. Vパッキン	ア. 1ヵ所に数枚重ねて装着し、アダプタで押さえて使用する	キ. 摺動抵抗が大きく、油圧シリンダのピストンやロッド軸用シールに使用される

(3) 解 説

問題以外の密封装置について、以下に解説する。

① Uパッキン

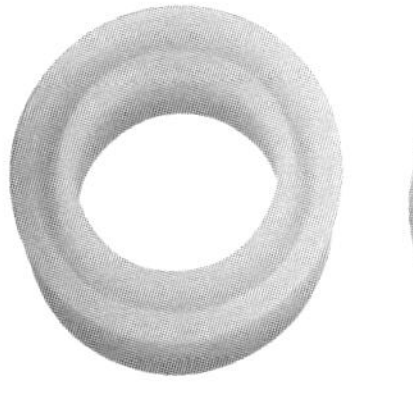
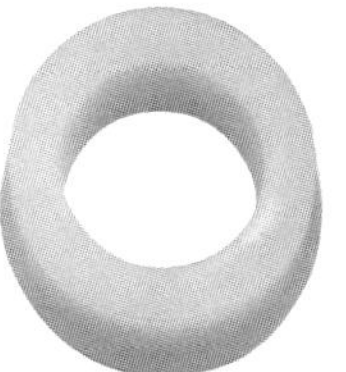

- 1ヵ所に1本装着を基本として、リップが開くことでシール効果が生まれる
- 空気圧シリンダーのピストンやロッドなどの軸用シールとして使用される

使い方(図表8-1)

- 空圧、油圧シリンダのピストン、ロッド軸用シールとして使用される
- 1ヵ所1本の装着が基本である
- 比較的、低圧回路(3.5MPa以下)で使用する
- 使用圧力によりバックアップリングも併用する

図表 8-1 ● U パッキンの使用例

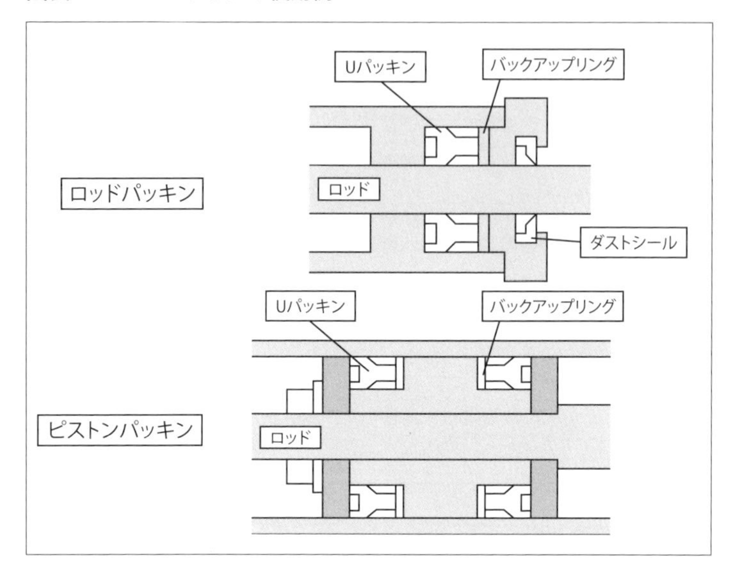

② ダストシール

- シリンダー内部への異物や粉じんの侵入を防ぐ
- 往復運動用シールでシリンダのロッドシールとして、おもにシリンダ保護を目的とする

③ V パッキン（図表 8-2）

- 往復動用のパッキンである
- 圧力に応じて、数枚を重ねて使用する
- 前後にオス、メスのアダプタではさんで安定させる
- 高圧回路用（摺動摩擦抵抗が大きい）である
- 油圧シリンダなどのピストン、ロッド軸用シールとして使用される

図表 8-2 ● V パッキンの使用例

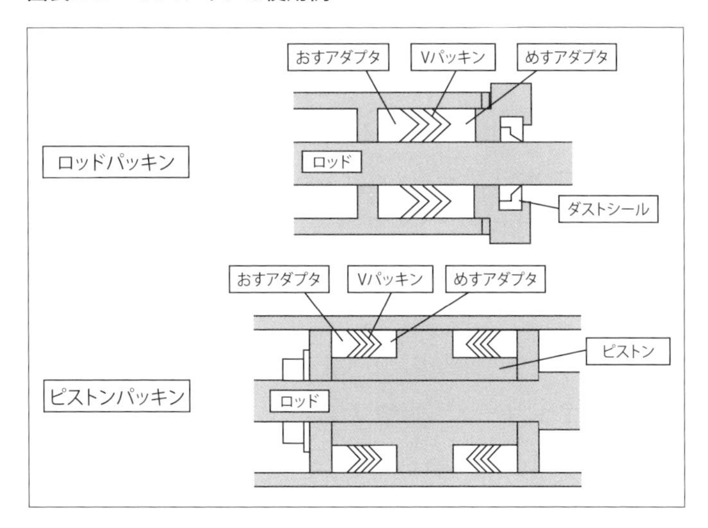

④ L パッキン（図表 8-3）

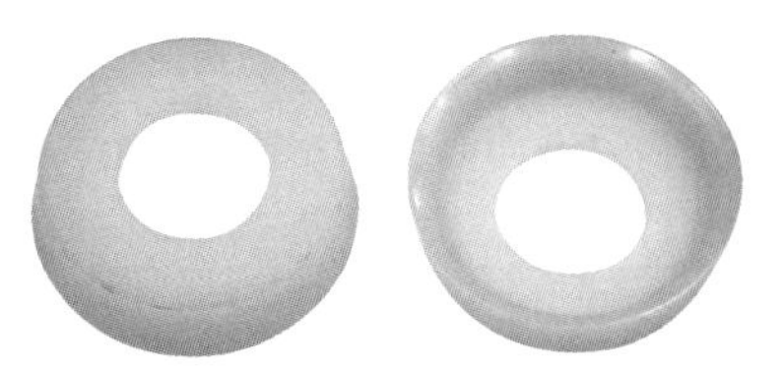

- 断面形状が L 字形カップである
- 装着は 1 方向に 1 枚が基本である
- 平面部をフランジで締め込んで使用する
- 低圧用回路に使用される（油圧、空圧シリンダなど）

図表 8-3 ● L パッキンの使用例

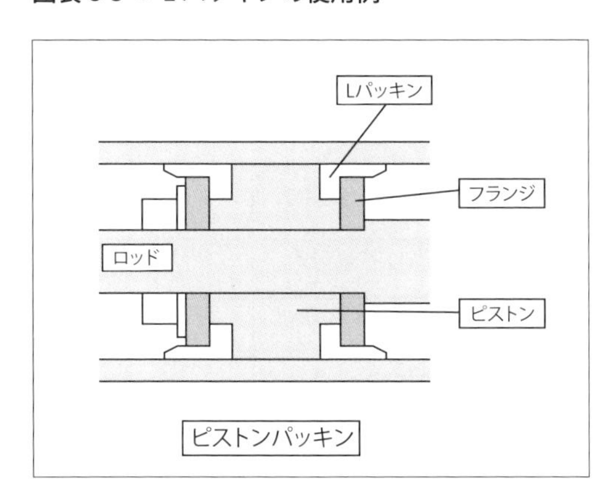

スクイーズパッキンとは、適当な圧縮変形（つぶししろ）を与えて使用するパッキンである。種類としては、Oリング、角リング、Dリング、Xリング、Tリングなどがある。

使用する場合のスクイーズ量としては、パッキン用は8～20%、ガスケット用は15～30%程度が適正である。スクイーズすることにより、パッキンの持っている反力（弾性範囲内において）によってシール効果を得るようになっている。

⑤ Oリング（図表8-4）

・用途は、一般機器用、Pシリーズ（運動用、固定用）、Gシリーズ（固定用）、Vシリーズ（真空フランジ用）、自動車用、航空機用などがある

・Oリングの寸法は内径基準であり、使用するタイプにより太さが変わるので、外径も変わる

図表8-4 ● Oリングに使用する材料の用途と特徴の例

JIS記号	ゴムの種類	特　徴	使用温度範囲の例
1種A	ニトリルゴム (NBR)	一般的な材料で耐油性、耐摩耗性、耐熱性をもつ（HS70）	373K～243K (＋100～－30℃)
1種B	ニトリルゴム (NBR)	1種Aよりも硬く耐圧性材料（HS90）	373K～248K (＋100～－25℃)
2種	ニトリルゴム(NBR) フッ素ゴム(FKM)	灯油、軽油、ガソリンなど耐油性をもつ一般燃料油用材料	353K～248K (＋80～－25℃)
3種	スチレンブタジエンゴム (SBR)	エチレングリコール、ブレーキ油など動・植物油用材料	353K～243K (＋80～－50℃)
4種C	シリコンゴム(Si、VMQ)	優れた耐熱性、耐寒性をもち、使用温度範囲が広い、固定用で使用	473K～223K (＋200～－50℃)
4種D	フッ素ゴム (FKM)	とくに耐熱性、耐油性、耐薬品性に優れ、高温油、薬品中での使用範囲が広い	473K～258K (＋200～－15℃)
	クロロプレンゴム (CR)	耐候性、耐油性、機械的強度が大きい耐フロンガス性大	353K～228K (＋80～－45℃)
JWWAG116	ブチルゴム (IIR)	耐薬品性、気体を透過しにくい材料、耐熱水、耐蒸気性シール材	373K～233K (＋100～－40℃)
JASOF404 4種E	アクリルゴム (ACM)	ニトリルゴムより耐熱性、耐油性をもつ	403K～258K (＋130～－15℃)
	フロロシリコンゴム (FVMQ)	低温から高温までの燃料油、鉱油などに優れた材料、自動車用	473K～223K (＋200～－50℃)
	エチレンプロピレンゴム (EPT)	耐候性、耐油性、機械的強度が大きい	373K～228K (＋100～－45℃)
	エチレンプロピレンジエンゴム (EPDM)	耐スチーム、ブレーキ油、耐オゾン性、リン酸エステル系作動油に使用	423K～233K (＋150～－40℃)

9 バルブの種類・部位名称・特徴

バルブは、気体や水などの流体が通る配管の開閉を行ったり、流れを制御する機能を持つ機器である。

構成基本要素として、弁箱、弁棒、弁本体、弁座があり、さらにパッキン、弁押さえ、パッキン押さえ、はめ輪、ハンドルなどの小部品によって構成される。

実技試験では、提示された写真を見て、バルブの名称・特徴、バルブの各部位の名称について、語群から選ぶ問題が出題される。

(1) 問　題

提示されたバルブの写真および図について、設問に答えなさい。

●設問 1

提示されたバルブの写真 No.1 ～ 4 について、名称および特徴を語群から選んで、その記号を解答欄に記入しなさい。

写真 No.1

写真 No.2

写真 No.3

写真 No.4

写真提供：東洋バルヴ株式会社

語群（名称）

a. ゲートバルブ　b. バタフライバルブ　c. グローブバルブ
d. ボールバルブ

語群（用途・特徴）

ア. 玉形弁に分類され、弁体が弁座に円すい状に接触して流れを止めるタイプが多い
イ. 仕切り弁に分類され、設備機器類のブロックが目的なので全閉または全開の状態で用いられる
ウ. 弁体が全面球または半面球で、流路の開閉を行う
エ. ちょう形弁とも呼ばれ、円板状の弁体が回転して開閉を行う

●設問 2

提示された図はグローブバルブの断面図である。図中の部位 A ～ C の名称を語群から選んで、解答欄に記入しなさい。

写真提供：東洋バルヴ株式会社

語群（名称）

ア．弁座（シート部）　イ．弁本体（ボディ）　ウ．ガスケット

<table>
<tr><th colspan="4">解答欄</th></tr>
<tr><td rowspan="5">設問 1</td><td>写真</td><td>名　称</td><td>用途・特徴</td></tr>
<tr><td>No.1</td><td></td><td></td></tr>
<tr><td>No.2</td><td></td><td></td></tr>
<tr><td>No.3</td><td></td><td></td></tr>
<tr><td>No.4</td><td></td><td></td></tr>
<tr><td rowspan="4">設問 2</td><td>部位</td><td colspan="2">名　　称</td></tr>
<tr><td>A</td><td colspan="2"></td></tr>
<tr><td>B</td><td colspan="2"></td></tr>
<tr><td>C</td><td colspan="2"></td></tr>
</table>

(2) 解　答

<table>
<tr><th colspan="4">解答欄</th></tr>
<tr><td rowspan="5">設問 1</td><th>写真</th><th>名　称</th><th>用途・特徴</th></tr>
<tr><td>No.1</td><td>b. バタフライバルブ</td><td>エ．ちょう形弁とも呼ばれ、円板状の弁体が回転して開閉を行う</td></tr>
<tr><td>No.2</td><td>d. ボールバルブ</td><td>ウ．弁体が全面球または半面球で、流路の開閉を行う</td></tr>
<tr><td>No.3</td><td>a. ゲートバルブ</td><td>イ．仕切り弁に分類され、設備機器類のブロックが目的なので全閉または全開の状態で用いられる</td></tr>
<tr><td>No.4</td><td>c. グローブバルブ</td><td>ア．玉形弁に分類され、弁体が弁座に円すい状に接触して流れを止めるタイプが多い</td></tr>
<tr><td rowspan="4">設問 2</td><th>部位</th><th colspan="2">名　　称</th></tr>
<tr><td>A</td><td colspan="2">ウ．ガスケット</td></tr>
<tr><td>B</td><td colspan="2">イ．弁本体（ボディ）</td></tr>
<tr><td>C</td><td colspan="2">ア．弁座（シート部）</td></tr>
</table>

(3) 解　説

●設問 1

問題のほかに、よく使われるスイングチャッキバルブの形状と特徴を示す。

- 流体の流れを常に一定方向に保つバルブである
- 逆流すると流体の背圧により、弁体がボディのシートに密着して、逆流を防止する

図表 9-1 ●スイングチャッキバルブ

●設問 2

問題のグローブバルブの部位名称は、以下のとおりである。

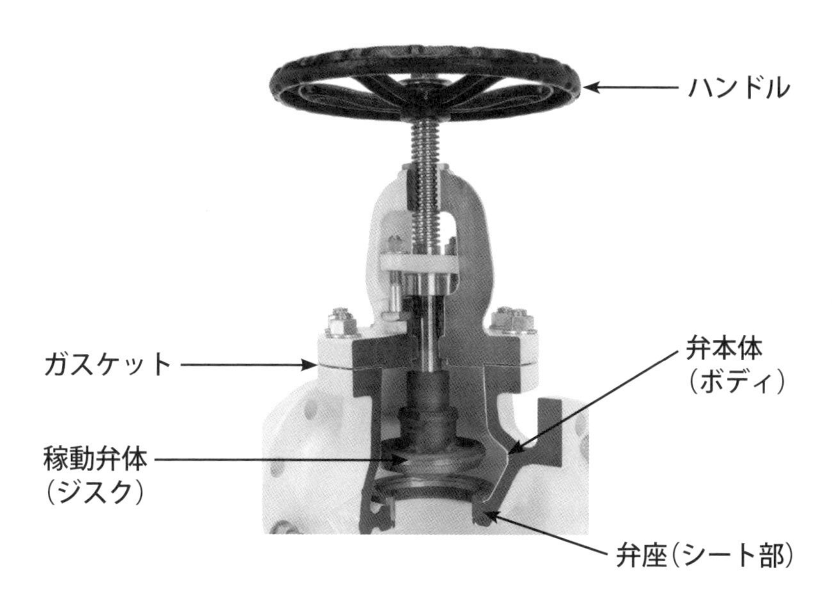

写真提供：東洋バルヴ株式会社

① ゲートバルブ（仕切り弁）（図表 9-2）

【特徴】

・流体の流れを仕切る構造から名付けられた
・バルブのボディ（弁箱）内部にある円盤状の弁体（ジスク）が、流路に対して直角に移動して流路の開閉を行う。弁体（ジスク）のクサビ効果を利用して流体を止める構造である
・ハンドルを左（反時計回し）に回すと、弁体（ジスク）は上に移動して流路が開き、流体が流れる。右（時計回し）に回すと、下に移動して流路が閉じて流体の流れは止まる
・全閉または全開使用に適したバルブである
・流量調節用としては不適である
・内ねじ式タイプ、外ねじ式タイプがある

【利点】

・流体抵抗が少なく、高粘度流体に適する

・面間距離が短く、大口径弁（バルブ）として適する

・全閉時の流体流れ（加圧）方向において、弁体（ジスク）下部に圧力逃がし穴を設けて異常昇圧防止が可能となる

【欠点】

・気密面のすり合わせが難しく、全閉の気密が十分でない

・開閉に気密面の摩擦が大きく摩耗が早い

・リフトが大きく開閉に時間がかかる

・流量調節は不適である

図表 9-2 ● ゲートバルブの特徴

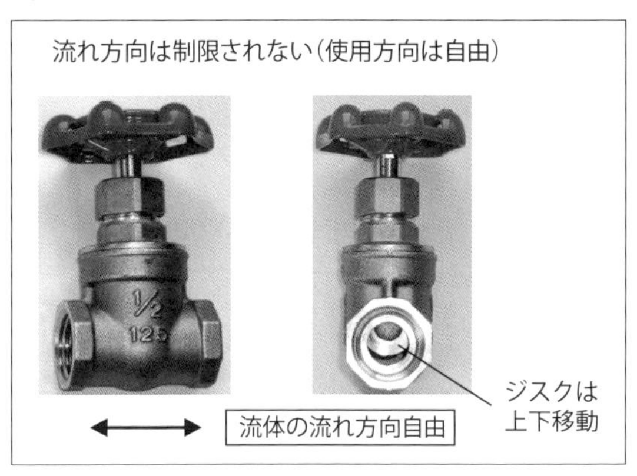

② グローブバルブ（玉形弁）（図表 9-3）

・プロセス配管などに多く用いられ、弁体が弁座に円すい状に接触して流れをとめる

・流体の流れ方向にディスクが移動し、シート間のすき間から流体が通り抜け流れる高精度のすり合わせで、高圧でも完全な閉塞ができる

・構造上から矢印の一方向に流れが決められており、使用時には注意を要する。あまり大口径バルブには使用されない

図表 9-3 ●グローブバルブの特徴

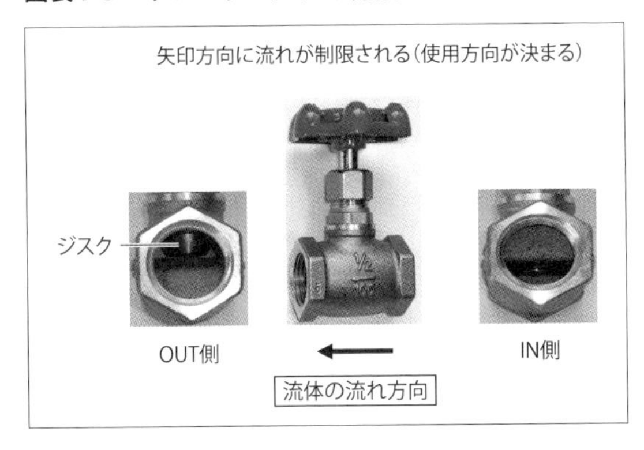

図表 9-4 ●チャッキバルブ（スイング形）の特徴

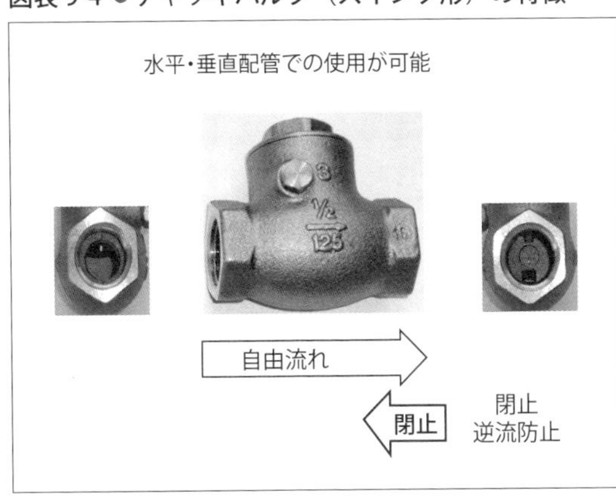

図表 9-5 ●チャッキバルブ（リフト形）の特徴

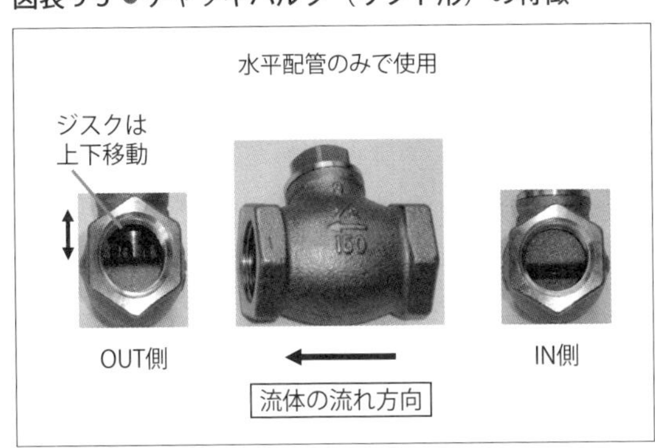

図表 9-6 ●バタフライバルブの特徴

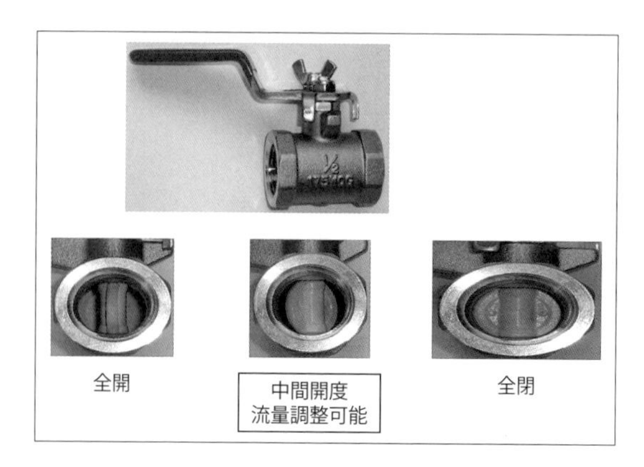

【利点】

・気密性がよく、完全閉塞ができるストップバルブともいう

・流量調節が可能

・開閉が迅速である

【欠点】

・高粘度流体には適さない

・流れ方向が矢印一方向のみと制限される

③ チャッキバルブ（逆止弁）（図表 9-4、9-5）

・流体を一定方向のみに流し、流れの下流側から逆流して圧力が加わった場合、弁体が弁座に自動的に密着して管内の流れを閉止して逆流を防止する構造である

・スイング形とリフト形、2 種類のタイプがある。スイング形は、水平または垂直配管に取り付けられるが、リフト形は、構造上水平配管だけに取付け可能である

④ バタフライバルブ（蝶形弁）（図表 9-6）

・弁棒に円板状の弁体を取付け、弁棒を中心にして回転して弁箱側の弁座に接触して止まり管路を閉止する

・弁体が流れと平行な位置で流路は全開となり、流体の抵抗が少なく動作できる

図表 9-7 ●ボールバルブの特徴

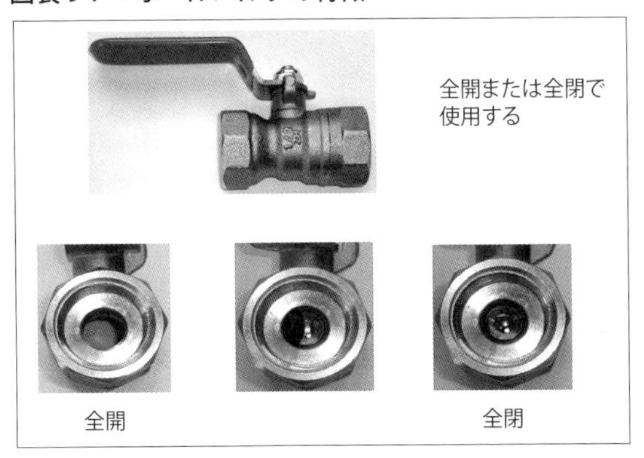

・弁体を軸として 90 度回転すると全閉となり、取付けスペースもコンパクトになる
・全開、全閉、中間開度で流量調整コントロールが可能である

⑤ ボールバルブ（図表 9-7）

・弁体が球状（ボール）で、中心を流路となる通し穴があけられ、弁内部・弁座の周りにソフトシートを組み込んで気密性を高めている
・操作ハンドルを 90 度回転させることで、ボールを回転して管路の開閉を行う。ソフトシートの材質（機械的、物理的性質）により優れた気密性が得られるが、高温タイプには制限が出てくる
・構造上全開、全閉での使用となり、中間開度での使用には適さない。回転抵抗からも小形タイプが主力である

本書の内容に関するお問合わせは、インターネットまたはFaxでお願いいたします。電話でのお問合わせはご遠慮ください。
・URL　https://www.jmam.co.jp/inquiry/form.php
・Fax番号　03(3272)8128
機械保全技能検定試験の詳細については、日本プラントメンテナンス協会（http://www.kikaihozenshi.jp）に直接ご確認ください。
また、正誤表を以下に掲載しております。
https://www.jmam.co.jp/pub/additional/pdf/9784820728528.pdf

筆者　吉新道夫

写真・資料提供
トラスコ中山株式会社、岩瀬産業株式会社、新潟精機株式会社、東洋バルヴ株式会社、日本機械学会、日本精工株式会社

機械保全の徹底攻略
3級機械系学科・実技 テキスト&問題集

2020年 11月30日　初版第1刷発行
2024年 10月 5日　　第12刷発行

編　者――日本能率協会マネジメントセンター

発行者――張　士洛
発行所――日本能率協会マネジメントセンター

〒103-6009　東京都中央区日本橋2-7-1　東京日本橋タワー
TEL　03（6362）4339（編集）／03（6362）4558（販売）
FAX　03（3272）8127（編集・販売）
https://www.jmam.co.jp/

装　丁――冨澤 崇（EBranch）
本文デザイン――土屋 章（土屋デザイン室）
本文DTP――渡辺トシロウ本舗
印刷所――株式会社グロップ
製本所――株式会社三森製本所

ISBN 978-4-8207-2852-8　C3053
落丁・乱丁はおとりかえします。
PRINTED IN JAPAN